开源安全运维平台

运维平台

OSSIM

疑难解析

51CTO 学院策划

李晨光 著

人民邮电出版社

北 京

图书在版编目（ＣＩＰ）数据

开源安全运维平台OSSIM疑难解析. 入门篇 / 李晨光
著. -- 北京：人民邮电出版社，2019.9（2022.1重印）
（51CTO学院丛书）
ISBN 978-7-115-50550-7

Ⅰ．①开⋯ Ⅱ．①李⋯ Ⅲ．①Linux操作系统－安全
技术 Ⅳ．①TP316.89

中国版本图书馆CIP数据核字(2019)第003024号

内 容 提 要

OSSIM（Open Source Security Information Management，开源安全信息管理）系统是一个非常流行和完整的开源安全架构体系，通过将开源产品进行集成，从而提供一种能实现安全监控功能的基础平台。

本书精选了作者在 OSSIM 日常运维操作中遇到的许多疑难问题，并给出了相应的解决方案。本书共分为 10 章，内容包括 SIEM 与网络安全态势感知、OSSIM 部署基础、安装 OSSIM 服务器、OSSIM 系统维护与管理、OSSIM 组成结构、传感器、插件处理、SIEM 控制台操作、可视化报警以及 OSSIM 数据库等。

本书适合具有一定 SIEM 系统实施经验的技术经理或中高级运维工程师阅读，还可以作为开源技术研究人员、网络安全管理人员的参考资料。

◆ 著　　　　李晨光
责任编辑　傅道坤
责任印制　焦志炜

◆ 人民邮电出版社出版发行　　北京市丰台区成寿寺路 11 号
邮编　100164　电子邮件　315@ptpress.com.cn
网址　http://www.ptpress.com.cn
北京捷迅佳彩印刷有限公司印刷

◆ 开本：800×1000　1/16
印张：21.75　　　　　　　　　　2019 年 9 月第 1 版
字数：465 千字　　　　　　　　2022 年 1 月北京第 2 次印刷

定价：89.00 元
读者服务热线：(010)81055410　印装质量热线：(010)81055316
反盗版热线：(010)81055315
广告经营许可证：京东市监广登字 20170147 号

作者简介

　　李晨光，OSSIM 布道师、资深网络架构师、UNIX/Linux 系统安全专家、中国计算机学会高级会员。他写作的《Linux 企业应用案例精解》《UNIX/Linux 网络日志分析与流量监控》《开源安全运维平台 OSSIM 最佳实践》在图书市场上具有相当抢眼的表现与上佳口碑，且中文繁体字版本也被输出到中国台湾。

　　李晨光先生还是 51CTO、ChinaUnix、OSchina 等社区的专家博主，撰写的技术博文被国内各大 IT 技术社区广泛转载，还曾多次受邀在国内系统架构师大会和网络信息安全大会上发表技术演讲。

前 言

写作本书的目的

目前，OSSIM 在中国移动、中国电信、中国石油、华为等大型企业内得到应用推广，这些企业在安全运营中心（SOC）基础上组建了 OSSIM 运维和二次开发团队，但图书市场缺乏专门讲解 OSSIM 运维和开发的书籍。为了解答 OSSIM 运维工程师在工作中遇到的疑难问题，本书应运而生。

本书借助作者在 OSSIM 领域长达 10 年的开发应用实践经验，以大量实际问题为线索，阐述了基于插件收集的日志并实现标准化、安全事件规范化分类、网络威胁情报、事件关联分析等前沿技术问题。

本书涵盖的知识面广，讲解由浅入深。本书可以帮助初学者熟悉 OSSIM 基础架构，能完成系统安装、部署任务，能处理安装故障，并对 Web UI 进行简单的汉化。对于中、高级用户而言，通过学习本书可以将 OSSIM 框架和底层源码融汇贯通，通过开发脚本来深挖 OSSIM 的潜力。

本书编写形式新颖，表达方式独特，图文并茂，通俗易懂，有着很强的实用性。读者在学习和阅读的过程中可以针对自己感兴趣的问题得到及时、明确的解答。在满足碎片化阅读的同时，本书还通过近百道课后习题加深读者对 OSSIM 系统的理解。

本书主要内容

本书介绍了开源 OSSIM 系统安装部署以及运维管理的若干疑难问题，共分为 10 章。

- ❑ **第 1 章，SIEM 与网络安全态势感知**，讲解 SIEM 系统与网络安全态势感知技术在 OSSIM 系统中的应用。
- ❑ **第 2 章，OSSIM 部署基础**，讲解 OSSIM 部署过程中的常见故障及其解决方法。
- ❑ **第 3 章，安装 OSSIM 服务器**，讲解服务器安装过程中的疑难问题。
- ❑ **第 4 章，OSSIM 系统维护与管理**，讲解系统维护与管理中遇到的配置难点、疑点。
- ❑ **第 5 章，OSSIM 组成结构**，讲解 OSSIM 开源框架以及各个模块的用途，并对通信端口进行了详细分析。

- ○ **第 6 章，传感器**，讲解传感器部署和管理的技术问题。
- ○ **第 7 章，插件处理**，讲解在 OSSIM 插件处理过程中遇到的重点技术问题。
- ○ **第 8 章，SIEM 控制台操作**，讲解 SIEM 控制台操作过程中遇到的问题。
- ○ **第 9 章，可视化报警**，讲解可视化报警在 OSSIM 应用中遇到的问题。
- ○ **第 10 章，OSSIM 数据库**，讲解 OSSIM 的 MySQL 数据库存储机制以及备份恢复等技术问题。

本书读者对象

本书精选了在 OSSIM 日常运维操作中总结的近 300 个疑难问题，是 OSSIM 运维工程师故障速查手册，专门针对 OSSIM 常见故障而编写。本书适合具有一定 SIEM 系统实施经验的技术经理或中高级运维工程师阅读，可作为信息安全专家和相关领域的研究人员的参考书，也可作为高等学校网络工程和信息安全专业的教材。

本书约定

关于版本

本书软件的安装环境为 Debian Linux 8.0。在安装其他软件时，必须符合该版本要求。

关于菜单的描述

OSSIM 的前台界面复杂，书中经常会用一串带箭头的单词表示菜单的路径，例如 Web UI 的 Dashboards→Overview→Executive，表示 Web 界面下鼠标依次单击 Dashboards、Overview，最后到达 Executive 仪表盘。

路径问题

除非特别说明，本书所涉及的路径均指在 OSSIM 系统下的路径，而不是其他 Linux 发行版。终端控制台是指通过 root 登录系统，然后输入 ossim-setup 后启动 OSSIM 终端控制台的界面。

在终端控制台下，选择 Jailbreak System 菜单就能进入 root shell，登录日志会保存在 /var/log/ossim/root_access.log 文件中。

SIEM 事件分析控制台

SIEM 控制台是指通过 Web UI 进入系统，在菜单 Analysis→SIEM 下的界面。

关于 OSSIM 服务器端与传感器端的约定

本书讲述的 OSSIM 服务器端是指通过 Alienvault USM 安装的系统，包括 OSSIM 四大组件；传感器端是通过 AlienVault Sensor 安装的系统。

关于地图显示问题

本书所有地图信息均引自谷歌地图，大家在做实验前确保连上谷歌地图，而且在使用系统中的 OTX 时也需要能连接到谷歌地图。

浏览器约定

OSSIM Web UI 适合采用 Safari 7.0、Google Chrome 44.0、IE 10.0 以上的浏览器访问。

实验环境下载

本书涉及的软件较多，其中一些重要的软件可到异步社区的本书页面中统一获取。

学习之路中如何面对失败

与其他 Linux 系统一样，在学习 OSSIM 的过程中也会出现各种问题和故障。由于网上能直接找到的资料有限，所以很多新手都担心出现问题，在面对问题时都很局促，特别是当一个个问题接踵而来时会显得无可奈何。

学习 OSSIM 可以充分暴露你的"知识短板"，这体现在编程语言、数据库、操作系统、TCP/IP、网络安全的各个方面。不过通过解决 OSSIM 中遇到的问题，就会逐步弥补这些短板。学习就是一个发现问题与解决问题的过程，只要掌握了 OSSIM 的体系结构和运行原理，很多问题都可以迎刃而解。当然，前提是我们已经具备了下面所列的这些扎实的基本功：

- 有一定的英文水平；
- 了解网络原理尤其是 TCP/IP 的内容；
- Debian Linux 系统和网络管理知识；
- MySQL 数据库的基本操作；
- 服务器、网络设备运维基础；
- 系统攻击与应急响应相关的技能；
- IDS 部署和 SIEM/SOC 应用基础。

要想成为 OSSIM 系统运维人员，面对问题时头脑中必须有一个清晰、明确的故障解决思路，一般有以下 5 个步骤。

- 从报错提示挖掘幕后问题：OSSIM 在 Web UI 中报错，主要内容都显示在屏幕上，只要能看懂错误提示（前提是能读懂英文），就能基本猜出发生问题的几种可能性。

○ 查看日志文件：Web 前台报错，在后台日志会有详细的错误日志。系统日志在文件 /var/log 中，OSSIM 日志在/var/log/ossim 或/var/log/alienvault/中，结合两个目录下的日志内容就有可能发现问题。

○ 定位问题：这个过程相对复杂，查看 Web 里的提示和挖掘日志就能基本推测出现问题的几种途径。

○ 解决问题：抓住最有可能的途径进行排查，最后就能解决真正的问题。

○ 不要恋战：一些人特别执着，有着不解决问题誓不罢休的架势。当遇到一些 OSSIM 故障问题时，若在尝试各种思路后依然无法得到自己想要的结果，这时就不要再恋战了，而是跳过这个问题，继续前进。通过休息等方式来疏解一下心中的情绪，没准在过几天的实验结果中会联想到实验失败的教训，激发出新的灵感来解决以前的问题。

以上只是解决问题的基本步骤，实验失败是一段充满教育性的成长经历，没有失败积累经验，何谈成功呢？失败次数越多，你对它的理解就越深，离突破性成功就越近。但很多人却不这么看，他们在安装配置 OSSIM 的过程中，接连遇到一两个失败的经历就对这款工具没什么兴趣以至于最后放弃。

在安装阶段遇到的典型问题有下面这些。

○ 无法找到硬盘或者网卡驱动。这主要是硬件驱动问题，初学者只要选择 VMware 虚拟机进行安装就能解决。

○ 安装过程停滞。在 OpenVAS 解包安装时，界面上出现卡死现象（其实是后台更新脚本时间比较长，在安装界面表现为停滞状态）。很多人在这个环节直接将机器重启，认为自己的操作或者安装文件出了问题，其实只要耐心等待 20 分钟就能过去。

○ 系统引导应是短暂的，但有时候却长期停留在引导界面。其实这是假象，只要在控制台按下 Ctrl+Alt+F3 组合键就会出现命令行登录界面。

○ 安装完成，经过长时间的系统引导后，发现无法登录 Web UI。

○ 登录 Web UI 后设置的 admin 密码不符合系统的复杂度要求，其实采用 8 位字母数字的组合就能快速解决这个问题。

除此之外，还有路由不通、图形无法显示、抓不到包、采集不到日志等许多故障。无论你是新手还是专家，只要坚持学习 OSSIM，就会不断遇到各种问题。老问题解决了，换个环境，新问题还会不断发生。如果都能逐一化解，那么你的业务能力和分析问题、解决问题的能力会逐步增强。

学习过程中的提问技巧

在系统出现问题时，大家通常会上网寻找答案，比如通过 QQ 群、百度、谷歌或者 AlienVault

社区、Blog 等方式。在这些地方，他们往往将自己的报错信息粘到网上，便坐等答案出现（其实"坐等""跪求"都无济于事）。

在专家眼里，是否对你提出的技术问题进行解答，很大程度上取决于提问的方式与此问题的难度。一些读者在提问前不深入思考，也不做功课，而是随便提出问题，想利用守株待兔的方式轻易获取问题的答案，这样能取得真经吗？不经历风雨又怎能见到彩虹！

从另一个方面看，专家会觉得你不愿意自己付出，在浪费他们的时间，因此你自然也不会得到想要的结果。专家最喜欢那些真正对问题有兴趣并愿意主动参与解决问题的人，而且只有提出有技术含量的问题，他才会花时间为你回答问题。

提问前的准备工作

作为提问者，必须表现出解决此问题的积极态度，应该提前做些功课，举例如下。

- 善于利用搜索引擎在网络中搜索。在相关技术论坛发帖时要注意，不要在面向高级技术的论坛上发布初级的技术问题，反之亦然。发帖时不要在同一论坛反复发布同一问题，以免被管理员认定为"灌水"。
- OSSIM 帮助系统比较完善，如果善用帮助系统，那么可以解决大部分参数的使用问题。
- 自己检查，反复做实验。
- 尝试阅读 OSSIM 源代码。

问题描述技巧

在描述问题时，请遵循以下技巧。

- 描述症状时不做猜测：明确表达问题的原始状态。
- 按时间顺序描述问题症状：解决问题最有效的线索就是故障出现之前发生的情况。所以，应准确地记录计算机和软件在崩溃前的情况。在使用命令行处理的情况下，对话日志的记录会非常有帮助。如果崩溃的程序有诊断选项，就试着选择能生成排错日志的选项。
- 大段问题的处理：如果你的问题记录很长（如超过 3 段），那么在开头简述问题，然后按时间先后详细描述过程也许更有用。

附件格式及注意事项

有些读者在提问时，喜欢贴一堆日志或者几张图然后发问，什么前因后果都不讲清楚，就想着获得答案。提问都懒得说清楚，专家也懒得回复。所以，请稍微花一些时间组织语言，把问题说清楚。注意体现文字的准确性和你思考问题的积极性。

最好把问题连同故障截图（提供完整截图）作为附件发给专家，建议使用标准的文件格式发送，以下是参考格式。

- 使用纯文本或者 PDF 格式，也可以使用 DOC、RTF 格式。

- 发送邮件时如有多个附件，压缩打包后检查附件内容是否能正常打开。
- 发送原始数据，并保持内容一致，例如截屏或者屏幕录像。
- 如果使用 Windows 操作系统发送电子邮件，关闭"引用"功能，以免在邮件中出现乱码。

致谢

首先感谢我的父母多年来的养育之恩；其次感谢在我各个求学阶段给予帮助和支持的老师；最后感谢我的妻子，正因为有了她的精心照顾，我才能全身心地投入到图书创作中。

勘误和支持

由于作者水平有限，书中难免会出现错误和不准确的地方，恳请读者批评指正。如果您有更多宝贵意见，欢迎给我发邮件或者通过我的微信公众号进行反馈。本书的勘误也会通过公众号进行发布。请读者扫描下面的二维码进行关注。

2019 年 7 月

资源与支持

本书由异步社区出品，社区（https://www.epubit.com/）为您提供相关资源和后续服务。

配套资源

本书提供如下资源：

● 本书涉及的部分重要软件。

要获得以上配套资源，请在异步社区本书页面中点击 配套资源 ，跳转到下载界面，按提示进行操作即可。注意：为保证购书读者的权益，该操作会给出相关提示，要求输入提取码进行验证。

如果您是教师，希望获得教学配套资源，请在社区本书页面中直接联系本书的责任编辑。

提交勘误

作者和编辑尽最大努力来确保书中内容的准确性，但难免会存在疏漏。欢迎您将发现的问题反馈给我们，帮助我们提升图书的质量。

当您发现错误时，请登录异步社区，按书名搜索，进入本书页面，单击"提交勘误"，输入勘误信息，单击"提交"按

钮即可。本书的作者和编辑会对您提交的勘误进行审核，确认并接受后，您将获赠异步社区的100积分。积分可用于在异步社区兑换优惠券、样书或奖品。

扫码关注本书

扫描下方二维码，您将会在异步社区微信服务号中看到本书信息及相关的服务提示。

与我们联系

我们的联系邮箱是 contact@epubit.com.cn。

如果您对本书有任何疑问或建议，请您发邮件给我们，并请在邮件标题中注明本书书名，以便我们更高效地做出反馈。

如果您有兴趣出版图书、录制教学视频，或者参与图书翻译、技术审校等工作，可以发邮件给我们；有意出版图书的作者也可以到异步社区在线提交投稿（直接访问 www.epubit.com/selfpublish/submission 即可）。

如果您是学校、培训机构或企业，想批量购买本书或异步社区出版的其他图书，也可以发邮件给我们。

如果您在网上发现有针对异步社区出品图书的各种形式的盗版行为，包括对图书全部或部分内容的非授权传播，请您将怀疑有侵权行为的链接发邮件给我们。您的这一举动是对作者权益的保护，也是我们持续为您提供有价值的内容的动力之源。

关于异步社区和异步图书

"**异步社区**"是人民邮电出版社旗下 IT 专业图书社区，致力于出版精品 IT 技术图书和相关学习产品，为作译者提供优质出版服务。异步社区创办于 2015 年 8 月，提供大量精品 IT 技术图书和电子书，以及高品质技术文章和视频课程。更多详情请访问异步社区官网 https://www.epubit.com。

"**异步图书**"是由异步社区编辑团队策划出版的精品 IT 专业图书的品牌，依托于人民邮电出版社近 30 年的计算机图书出版积累和专业编辑团队，相关图书在封面上印有异步图书的 LOGO。异步图书的出版领域包括软件开发、大数据、AI、测试、前端、网络技术等。

异步社区

微信服务号

目 录

第 9 章　可视化报警 ··· 243

第 10 章　OSSIM 数据库 ··· 273

## 第 1 章

SIEM 与网络安全态势感知

关键术语

- ○ SIEM
- ○ SOC
- ○ OSSIM
- ○ OTX
- ○ 安全态势感知
- ○ 安全运维
- ○ IP 信誉
- ○ OpenSOC
- ○ Apache Metron
- ○ Server（服务器）
- ○ Sersor（传感器）

「Q001」 什么是 SIEM？

安全信息与事件管理（Security Information and Event Management，SIEM）是指为企业中所有资源（包括网络、系统和应用）产生的安全信息（包括日志、报警等）进行统一、实时的监控、历史分析，对外部的入侵和内部的违规、误操作行为进行监控、审计分析、调查取证、出具各种报表报告，以实现资源合规性管理的目标，同时提升企业的安全运营、威胁管理和应急响应的能力。

安全信息与事件管理技术能够对系统中的安全设备实现统一管理，同时能从其产生的大量安全信息与事件中找出安全威胁，使安全管理人员能够快速地对安全状况进行全方面的把握。

「Q002」 SIEM 处理流程是什么？

对于 SIEM 来说，可以大致将其分为 3 个阶段：信息采集、事件处理、安全评估，如图 1-1

所示。

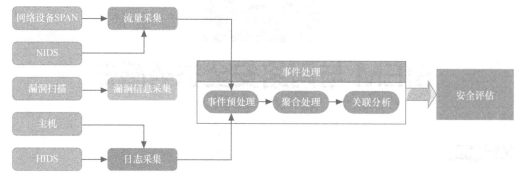

图 1-1　SIEM 处理流程

信息采集是对分布式的异构事件进行统一采集，将采集的信息初步合并，集中存储。信息采集是整个安全信息与事件管理的第一阶段，整个处理过程都是以各个安全设备和主机上采集到的安全信息为基础进行的。

在安全信息与事件管理中收集的数据主要包括安全信息和安全事件，具体包括当前目标网络中受控主机信息和网络信息，以及部署在目标网络上的安全设备的日志和报警信息。

❑　主机信息。

主机信息包括操作系统日志、文件访问记录、用户登录信息、各个主机或服务器上的系统漏洞信息、数据库访问记录等。

❑　网络信息。

网络信息包括网络流量信息、网络拓扑信息、网络协议使用情况等。

❑　安全设备信息。

安全设备信息主要包括安全设备日志和安全设备报警信息。安全设备报警信息主要包括由入侵检测系统产生的攻击事件、端口扫描事件，由防火墙产生的拒绝访问事件、防火墙策略修改事件等，由漏洞扫描产生的漏洞扫描结果、漏洞扫描策略变更，由防病毒软件产生的病毒事件。

『Q003』 SIEM 基本特征分为几个部分，技术门槛是什么，有哪些商业产品？

SIEM（安全信息与事件管理）并非最新的概念，早在 2006 年国内就有大量的专业安全公司投身于 SIEM 技术的研发，并一度引爆了企业安全管理、内部威胁管控与安全运营中心 SOC 的话题。企业用户不太了解 Zabbix、Splunk、OSSIM、ELK 这些技术之间到底有什么区别。要知道，SIEM 作为以安全信息和安全事件为基础的管理平台，一直以来都是企业安全策略的重要组成部分。应该说 SIEM 的关键信息点在于平台集成化、日志标准化、事件关联化、界面可视化。它的核心思想是通过信息源的收集，实现关联分析，提供风险评估和威胁报告，最终帮助安全团队快速做出响应。

事实上，在激烈的市场竞争中，有 McAfee、IBM QRadar、HP ArcSight、ManageEngine 等基于 SIEM 理念的商业产品脱颖而出，但这些产品有以下 3 点不足。

- ○ 内需不明确。并不是所有的企业都适合类似 SIEM 的产品，上市企业的信息安全管理和流程管理一般在达到较高的层次后，为了进行网络审计和合规需求会提出的更高要求。

- ○ 资金不足。开发厂家必须有足够的资金和业界号召力来开发 SIEM 各项标准，这样才能确保实现基础信息的收集分析。

- ○ 缺少 SIEM 技术专家。中小企业通常无力购买适合自身的 SIEM 解决方案，因为其年度开销可达几十万甚至上百万元；小公司也没能力雇佣持续维护开发 SIEM 系统所需的人才（开发人员、架构师、分析人员、管理人员）。对中小企业而言，云安全服务是它们的选择。

中小企业的业务系统通常会选择主机托管或者虚拟主机。对于将数据存储在云端的企业，通过安装监控代理来推送流量和日志到公共的云服务器，利用软件即服务（SaaS）应用程序接口从公有云端采集日志信息，就能实现跨多个平台的流量事件分析。这种云平台的应用程序同样可以提供统一的仪表盘视图和审计报告，然而它的最大问题在于所有企业数据和分析报表的数据库都存储在云端，数据的安全性让人担忧。

『Q004』 SIEM 中的安全运维模块包含哪些主要内容?

SIEM 安全运维模块包含以下内容。

① 安全设备管理：包括安全设备的配置、监控、分析、备份、巡检等工作。

② 资产管理：不少企业上线的 IP 资产比较混乱，资产管理往往没有头绪。由于人员的更替，业务负责人对某些设备可能也不是十分清楚。安全资产管理属于安全运维中的重要部分。安全资产发现是安全资产管理的核心，包括资产漏洞管理、补丁管理、杀毒软件管理、主机入侵检测管理。最后是业务分级、资产分级，不同级别的资产采用不同级别的防护。

③ 资产发现：具有自研能力的企业首选使用嵌入主动扫描程序和 Nmap 功能的资产管理程序，通过主动扫描和流量分析两种方式识别 IP 资产。如果部署了 OSSIM 运维管理系统，那么也可以通过运维管理系统来识别 IP 资产。

④ 漏洞管理：漏洞管理包括 OpenVAS、绿盟极光、Nessus 等工具。

⑤ 主机入侵检测：常见的 OSSEC 包含主机入侵检测、文件完整性分析、rootkit 分析等功能。最新版本的 OSSEC 输出日志可以直接设置成 JSON 格式，以输出到 ELK（开源日志、分析平台 Elasticsearch+Logstash+Kibana 的简称），这很方便。

⑥ 网络入侵检测系统：开源软件，如 Snort 和 Suricata。

⑦ 网络流量分析：如 NetFlow Ntop。

⑧ 日志管理：首先分析需要收集哪些日志，可以关联哪些日志，通过这些日志能分析出哪些安全事件，怎么处理其他安全事件。收集的日志包括以下内容。

- 安全设备（如堡垒机）的日志。
- Web 日志。
- 主机入侵检测日志。
- 主机操作历史日志。
- 主机应用日志。
- 业务日志（如登录事件、关键业务操作事件）。

⑨ 知识库系统：包括安全部门的各种制度、漏洞的修复方法、内部培训资料等。所有安全文档可以集成到一个合适的知识库平台，以方便所有人员使用，也能减少由于人员离职导致的各种问题。

「Q005」 为什么要选择 OSSIM 作为运维监控平台？

谈到监控工具，首先要知道哪些指标需要监控？能监控到什么？应监控到何种程度？下面先谈谈运维的现状。

1. 运维现状

传统企业的网络运维是用户在使用计算机时发现故障之后通知运维人员，再由运维人员采取相应的补救措施。运维人员大部分时间和精力都花在处理简单且重复的问题上，而且由于故障预警机制不完善，往往是故障发生后才进行处理。因此运维人员的工作经常处于被动"救火"状态，这种模式让 IT 部门疲惫不堪。此处，不少企业存在盲目建设、重复建设运维系统的现象。目前在运维管理过程中缺少明确的角色定义和责任划分，以及自动化的集成运维管理平台，以至于问题出现后很难快速、准确地找到原因，而且在处理故障之后也缺乏必要的跟踪与记录。这种状况下，运维质量怎么能提高？生产部门怎么能对运维部门有满意的评价？

2. 发觉隐藏在流量背后的秘密

监测网络接口的通断流量已满足不了目前运维的需要，我们需要将流量分析得更深入。传统流量监控工具多数只能查看流量变化趋势，而很多漏洞、ShellCode 攻击往往混杂在正常流量中进入企业网。要想知道每个数据包中携带了什么内容，普通的"摄像头"无法满足需求，需要更强大的"X 透视相机"进行协议分析。只有准确理解事物的本质，才能对症下药。图 1-2 所示为利用 Snort 发现 ShellCode 攻击的实例。

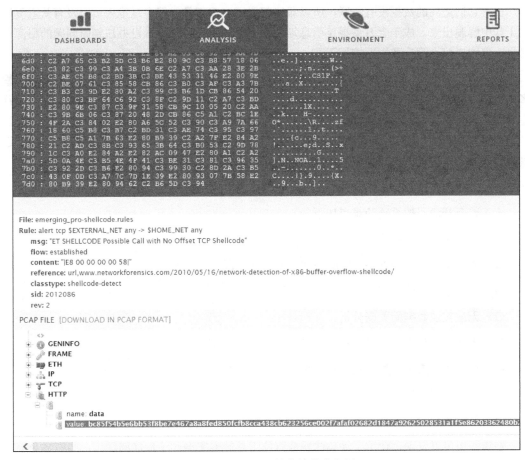

图 1-2　ShellCode 的有效载荷实例

3．安全运维的挑战

在大数据时代下，运维工程师面对大量网络安全事件，往往遇到如下挑战。

- 每天出现的巨大数量的安全报警。管理员很难对这些报警做出响应。

- 误报严重。管理员无法准确判断故障。

- 大量重复报警。黑客的一次攻击行动会在不同阶段触发不同安全设备的报警，这样导致在时间和空间上存在大量重复报警数据。如果不实现安全事件的关联处理，就无法提高报警质量。

出现这些问题的原因是企业缺乏事件监控和诊断的运维工具，如果没有高效的管理工具来支持，那么就很难让故障事件得到快速处理。市面上有很多运维监控工具，例如商业版的 Cisco Works 2000、SolarWinds、ManageEngine 以及专注于故障监控的 WhatsUp Gold，在开源领域有 MRTG、Nagios、Cacti、Zabbix、Zenoss、OpenNMS、Ganglia、ELK 等。

由于它们之间的数据没有关联，所以即便部署了这些工具，很多运维人员也没有从重复性的工作中解脱出来。成千上万条报警信息堆积在一起，运维人员根本没办法判断问题的根源在哪里，更别提信息筛选和数据挖掘了。

另外，在需要多次登录才能查看各种监控系统时，没有统一的门户站点，这就需要查看繁多的界面。而且更新管理的大多数工作都是手工操作，即使一个简单的系统变更或更新，往往也需要运维人员逐一登录系统，当需要维护成百上千台设备时，其工作量之大可想而知。而这样的变更和检查操作在 IT 运维中往往每天都在进行，这无疑会占用大量的运维资源。因此，运维工作人员需要统一的集成安全管理平台。

4. 人工整合开源工具

人工整合开源监控系统的难点如下。

○ 软件和各种依赖问题难以解决。

○ 各子系统的界面存在重复验证和界面风格问题。

○ 各子系统中的数据无法共享。

○ 无法实现数据间关联分析。

○ 无法生成统一格式的报表。

○ 缺乏统一的仪表盘来实时展示重要的监控报警。

○ 无法对网络风险进行评估。

○ 各子系统的维护难度增大。

在实践中可以发现，使用手动集成安全监控工具的方案遇到了性能问题，一些脚本会周期性地消耗较多的 CPU 和 I/O 资源，很难做到实时分析。

5. 集成安全运维平台的选择

优秀的安全运维平台需要将事件与 IT 流程关联起来，一旦监控系统发现性能超标或出现宕机现象，就会触发相关事件以及事先定义好的流程，自动启动故障响应和恢复机制。还需要能够筛选出运维人员以完成日常的重复性工作，提高运维效率。这些功能都是常规监控软件（如 Cacti、Zabbix）所无法实现的。

与此同时，还要需能预测网络威胁，能够在故障发生前报警，让运维人员把故障消除在萌芽状态，将损失降到最低。

总体来说，运维工程师需要在一个平台中实现资产管理、分布式部署、漏洞扫描、风险评估、策略管理、实时流量监控、异常流量分析、攻击检测报警、关联分析、风险计算、安全事件报警、事件聚合、日志收集与分析、知识库、时间线分析、统一报表输出、多用户权限管理等功能。是否有这种平台呢？

目前市面上有多种产品可满足这样的要求，SIEM 产品主要有 HP ArcSight、IBM Security QRadar SIEM 和 AlienVault 的 OSSIM。现在的问题是并不缺少商业 SIEM 解决方案，在开源软件中，OSSIM 是最佳选择。OSSIM 可以将原来一个机架上复杂的应用服务器（OSSEC、OpenVAS、Ntop、Snort 等）整合进 OSSIM 系统中，如图 1-3 所示。这样不但整合了系统，而且提高了机房利用率。

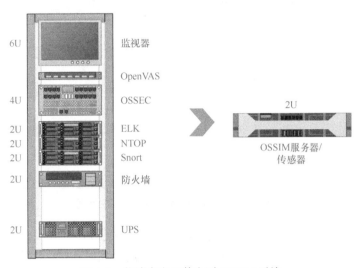

图 1-3　将诸多应用整合到 OSSIM 系统

之所以能够整合，原因在于 OSSIM 可将很多优秀的开源软件集成在一起，用户无须安装软件，无须编程就能将一个复杂的 SIEM 平台一步到位地部署在企业网中。

在使用 OSSIM 系统时，也不用考虑如何建模和考虑收集什么数据。它有设计好的几百个现成的插件，能帮你归纳并整理日志信息，保证所有数据都具有规范化的事件格式。

用户也不用考虑日志收集过多而导致的存储压力，因为 OSSIM 提供了关联分析技术和优化的存储设计，这可以从成千上万条日志中通过归纳、关联分析筛选出安全分析人员感兴趣的安全事件，并存储到数据库，同时向管理员发出报警。引入日志在线鲜活窗口可分析最新鲜的日志，而超过时间窗口的老数据会被归档到磁盘，这使得枯燥的日志收集分析变得更加智能化。OSSIM 企业版为了将自己打造成一款智能化的运维分析平台，内置了 2 000 多条网络攻击关联分析规则和上百个不同指标的报表模板。

以前，网络运维人员为了掌握网络内部数据的情况，需要花费大量精力和时间去尝试各种管理软件，配置各种安全管理工具，但真正用于数据分析的时间却不多。OSSIM 提供的平台可将企业网中所有的数据汇总组成一个大数据分析平台，让安全分析人员能够用更多的时间去分析数据，并能够利用这个集成化的统一运维平台更加客观、理性地分析现有网络的安全情况，而不是像过去一样花费大量时间搭建平台。

为了满足不同用户的需要，OSSIM 既有可以部署在本地的版本，也提供了云平台（Hyper-V、Azure、AWS、VMware）的商业版本 AlienVault USM Anywhere，主界面如图 1-4 所示。

图 1-4 AlienVault USM Anywhere 主界面

根据用途不同，AlienVault 又可细分为开源 OSSIM 和商业版 USM 及云平台这 3 种。这些集成监控工具可约束用户操作规范，并对计算机资源进行准实时监控，包括服务器、数据库、中间件、存储备份、网络、安全、机房、业务应用等内容，并通过自动监控管理平台来对故障或问题进行综合处理和集中管理。如果不想购买昂贵的商业软件，不愿意投入大量精力进行开发，那么可使用 OSSIM 平台。

〖Q006〗 在 OSSIM 架构中为何要引入威胁情报系统？

传统的 SIEM 系统不适合用来处理非结构化数据。如果输入大量未经验证的数据（没有经过归一化处理的数据），那么这些数据将会以垃圾信息的形式来呈现，从而妨碍管理人员分析数据，并快速导致 SIEM "消化不良"，拖垮整个系统。

而威胁情报能为安全团队提供 "及时识别和应对攻陷指标的能力"。虽然有关攻击的信息比比皆是，但威胁情报在过程中能识别攻击行为，其原因是将这些信息与攻击方法和攻击进程的上下文知识进行了紧密结合。OSSIM 将 SIEM 模块与威胁情报相结合。企业将以敏捷和快速反应的方式应对不断发展的、大批量、高优先级的威胁。如果不进行匹配，则企业就是在盲目地努力并且要面对混乱报警的局面。

在 SIEM 中观察网络威胁时，会令运维人员会过度关注内部细节。在所有威胁数据中，不论是结构化的还是非结构化的，都需要从更"全球化"的角度进行综合分析和研究。只有使用筛选后的高质量的威胁情报来预警，才能形成对威胁态势的感知能力。

「Q007」 在 OSSIM 中 OTX 代表什么含义？

OTX（Open Threat Exchange）是 AlienVault 公开威胁交换项目建立在 USM（统一安全管理平台）之上的系统，其作用是共享 OSSIM 用户收到的威胁，包括各种攻击报警发现的恶意代码信息。OTX 是互联网中所有用户汇集力量共建的一个共享情报系统。

根据威胁来源的不同，还可以将威胁分为内部威胁和外部威胁两种。内部威胁是指系统的合法用户以非法方式进行操作所产生的威胁。外部威胁来自互联网，外部威胁情报通过从整个网络搜集来的本地威胁情报进行增强，并与环境数据关联。

这些实时威胁数据来自安全情报交流社区。在这个社区中有 170 多个国家和地区，30 000 多个用户成功部署的 OSSIM。各安全社区会上报威胁数据，其目的是更全面、多样化地防范各种攻击模式。

OTX 的显示特性与 Norse（可以反映全球黑客网络攻击的实时监控数据）显示的数据有些类似，不同的是 OTX 主要展示的是一种威胁交换分享。可以进入 OSSIM Web 界面查看 OTX 带来的动态特性，从一级菜单 Dashboards 中进入 Risk Maps 子菜单之后，系统可以利用数字技术在世界地图上动态展现网络威胁出自哪些国家或地区，它的 IP 信誉数据主要记录位于 /etc/ossim/server/reputation.data 文件中，其中包含了已知恶意 IP 地址数据库检查的 IP 信誉度评价。

「Q008」 为什么要对 IP 进行信誉评级？

传统安全解决方案一般是先判断行为的好坏，再执行"允许"或"拦截"之类的策略。不过随着高级攻击的日益增多，这种方法已不足以应对各种威胁。许多攻击在开始时伪装成合法的流量进入网络，然后再实施破坏。因为攻击者的目标是渗透系统，所以需要对其行为进行跟踪，并对其 IP 地址进行信誉评级。

OSSIM 中反映出的 IP 特征包括 IP 地址的域名、地理位置、操作系统和提供的服务功能等。这些信息用来构建出全球 IP 信誉系统。

「Q009」 如何激活 OTX 功能？

刚装好 OSSIM 系统并初次进入 Web UI 配置向导时，系统会提示设置 OTX，这时候首先注册账户并登录 AlienVault 官网，注册成功后用户会收到 64 位令牌。将这串数字复制下来，在 OSSIM Web UI 的 Configuration→Administration→Main→Open Threat Exchange 下输入令牌并激活，如图 1-5 所示。注意，此账户一定要激活才能生效。

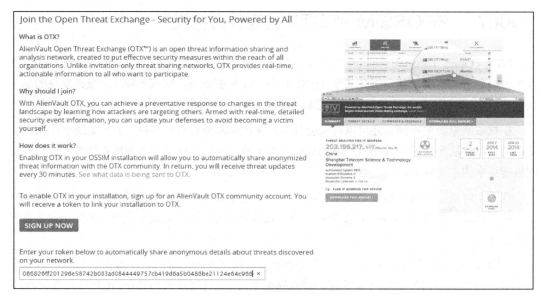

图 1-5　输入 OTX 注册码

当启用 OTX 功能后，再次查看 SIEM 事件，会发现在 IP 地址后面多出了一个黄色的图标，如图 1-6 所示（见箭头所指的位置）。如果希望在地图上查看这些 IP 地址，那么需要开启 OTX 功能，其位置在菜单 DashBoards→OTX 中。

图 1-6　成功注册 OTX 的效果

注意，假如没有 VPN 环境，则 OTX 账号可能无法成功注册。

『Q010』　如何手动更新 IP 信誉数据并查看这些数据？

AlienVault 通过计划任务每小时更新一次 IP 信誉数据集，并同步产生一个修订版（文件名称为 reputation.rev）。如果希望实现手动更新，那么需要知道信誉数据集的下载位置。

步骤 1　使用 wget 命令下载数据文件。

```
virtualUSMAllInOne:/etc/ossim/server# wget http://reputation.alienvault.com/reputation.data
--2017-04-12 02:49:22--  http://reputation.alienvault.com/reputation.data
Resolving reputation.alienvault.com... 54.230.151.197, 54.230.151.215, 54.230.151.167, ...
Connecting to reputation.alienvault.com|54.230.151.197|:80... connected.
HTTP request sent, awaiting response... 200 OK
Length: 3659881 (3.5M) [application/octet-stream]
Saving to: `reputation.data.1'

49% [===================================>                                    ]
51% [=====================================>                                  ]
53% [========================================>                               ]
100%[=======================================================================>] 3,659,881   231K/s   in 17s

2017-04-12 02:49:40 (206 KB/s) - `reputation.data.1' saved [3659881/3659881]
```

步骤 2　验证该文件的行数。

```
virtualUSMAllInOne:/etc/ossim/server# wc -l reputation.data
282894 reputation.data
```

从结果中可以看出，共有 28 万条数据。AlienVault 的 IP 信誉数据库容量大约为 18MB。

下面是一个 IP 信誉数据文件的实例，并查看该文件的前 10 行内容。

```
virtualUSMAllInOne:/etc/ossim/server# head -10 reputation.data
203.121.165.16#6#5#C&C#TH##15.0,100.0#2
46.4.123.15#4#2#Malicious Host#DE##51.0,9.0#3
61.67.129.145#6#5#C&C#TW#Taipei#25.0391998291,121.525001526#2
222.124.202.178#9#5#C&C#ID#Jakarta#-6.17439985275,106.829399109#2
62.209.195.186#6#5#C&C#CZ#Karvina#49.8568000793,18.5468997955#2
210.253.108.243#6#4#C&C#JP##35.6899986267,139.690002441#2
71.6.167.105#2#2#Scanning Host#US#San Diego#32.8073005676,-117.132400513#11
218.6.132.45#3#2#Scanning Host;Malicious Host#CN#Chengdu#30.6667003632,104.066703796#11;3
195.211.154.9#2#2#Scanning Host#UA##49.0,32.0#11
195.211.154.13#2#2#Scanning Host#UA##49.0,32.0#11
```

『Q011』　如何读懂 IP 信誉数据库的记录格式？

从下载的 IP 信誉数据文件可以看出，IP 信誉数据库具有一个比较简单的记录格式，该格式包含了若干个#，它作为分隔符来分隔 8 个字段。

```
61.67.129.14X#6#5#C&C#TB#Taip#25.0391998291,121.525001526#2
IP,Reliability,Risk,Type,Country,Locale,Coords,x
```

每条记录对应一个 IP 地址的属性，每个 IP 地址通过 Coords 字段设定地理定位信息：经度/纬度。一个 IP 信誉数据库有 28 万条 IP 位置坐标，要从中提取坐标字段，解析这些数据需要花费一些时间。详细分析请参考/usr/share/ossim/www/otx/js/otx_dashboard.js.php。

程序提取经度/纬度信息后就能调用谷歌地图 API 展现位置了。

注意，若要完成本实验，需要能够顺利访问谷歌地图。

『 Q012 』 为什么在浏览器中无法显示由谷歌地图绘制的 AlienVault IP 信誉数据？

Google Maps API（谷歌地图 API）是谷歌为开发者提供的地图编程接口，可以在 OSSIM 系统不自己建立地图服务器的情况下，将数据通过接口程序嵌入到 OSSIM Web UI 中来显示，从而借助于谷歌地图来显示恶意 IP 的地理位置。在 OSSIM 中，该服务以 XML 的形式在 HTTP 请求中回传数据。

由谷歌地图 API 提供的服务是免费的，对于通过 API 正常使用谷歌地图的网站基本没有限制。若无法显示地图，那么可能是无法访问谷歌服务器，建议先确保 VPN 网络环境畅通。

『 Q013 』 OSSIM 使用的 Google Maps API 在什么位置？

Google Maps API 是谷歌为开发者提供的地图编程 API。它可使开发者省无须建立自己的地图服务器，将 Google Maps 地图数据嵌入 OSSIM 的 IP 信誉数据库，从而实现嵌入 Google Maps 的地图服务应用，并借助 Google Maps 的地图数据为安全分析人员提供定位服务。要寻找 Google Map key，可查看/usr/share/ossim/www/session/login.php 源码文件，其中 key 的值为 $map_key= 'ABQIAAAAbnvDoAoYOSW2iqoXiGTpYBTIx7cuHpcaq3fYV4NM0BaZl8Ox DxS9p QpgJkMv0RxjVl6cDGhDNERjaQ'。

『 Q014 』 在 OSSIM 系统中成功添加 OTX key 之后，为何仪表盘上没有显示？

初次进入 Web UI 后会发现仪表盘右侧没有任何 OTX 数据，如图 1-7（a）所示，系统提示申请 OTX 账号后才能连接服务器。通常 OTX 成功连接之后，同步数据需要半小时，所以刚导入 OTX key 时，在仪表盘上不会立即显示出可视化数据，如图 1-7（b）所示。当数据同步完成，即可查看 OTX 数据（以柱图形式显示），如图 1-7（c）所示。

(a) 未设置 OTX　　　　　　　　　(b) OTX 的载入状态

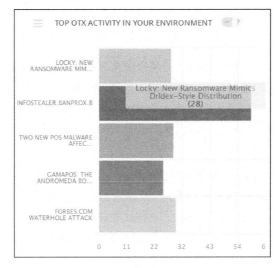

(c) 正常状态 OTX

图 1-7　OTX 数据的 3 种状态

『Q015』将已申请的 OTX key 导入 OSSIM 系统时，为何提示连接失败？

此类问题和无法显示地图的原因一样，是由访问 AlienVault OTX 服务器失败造成的，建议搭建畅通的 VPN 网络环境，重做此实验。

『 Q016 』 外部威胁情报和内部威胁情报分别来自何处？

威胁情报系统的技术框架如图 1-8 所示。从中可看出，它包含了内部威胁和外部威胁两个方面的共享和利用。

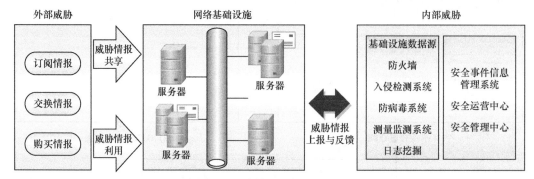

图 1-8　威胁情报系统总体框架

外部威胁情报主要来自互联网已公开的情报源及各种订阅的安全信息、漏洞信息、合作交换情报和购买的商业公司的情报信息。公开的信息包含安全态势信息、安全事件信息、各种网络安全预警信息、网络监控数据分析结果、IP 地址信誉等。威胁情报系统能够提供潜在的恶意 IP 地址，包括恶意主机、垃圾邮件发送源头与其他威胁，还可以将事件和网络数据与系统漏洞相关联。

在 OSSIM 仪表盘中，风险地图显示的交换信息主要来自安全厂商的客户，比如 AlienVault 公司的 OSSIM 可将客户上报的威胁汇聚为一个威胁数据库并在云端共享，其他客户可以共享这些情报。只要有一个客户在内网中发现了某种威胁并上报给 AlienVault 服务器，其他用户便可通过网络分享信息。只要在系统中发现可疑 IP，就可以立即通过威胁系统里的 IP 信誉数据库发现该恶意 IP 的档案信息，详情如图 1-9 所示。

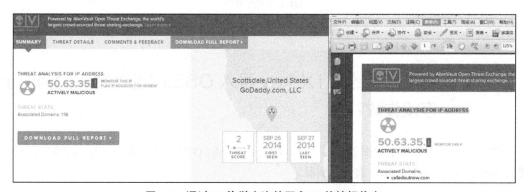

图 1-9　通过 IP 信誉查询的恶意 IP 的情报信息

内部威胁情报相对容易获取，因为大量的攻击来自网络内部。内部威胁情报源主要是指网络基础设施自身的安全检测防护系统所形成的威胁数据信息，其中既有来自基础安全检测系统的数据，也有来自 SIEM 系统的数据。企业内部运维人员主要通过收集资产信息、流量和异常流量信息、漏洞扫描信息、HIDS/NIDS 信息、日志分析信息以及各种合规报表来统计信息。

『Q017』 如何利用 OSSIM 系统内置的威胁情报识别网络 APT 攻击事件？

通常 APT 攻击事件的持续时间很长，它在 OSSIM 系统中反映出来的是一组可观测到的事件序列，这些攻击事件显示出多台攻击主机在某一段时间内的协同活动，如图 1-10 所示。

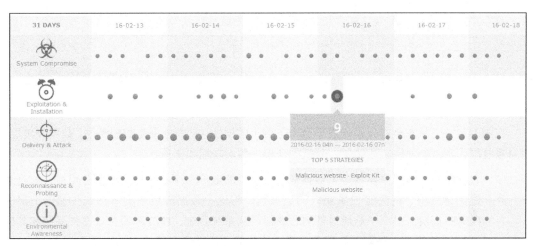

图 1-10　一组网络攻击报警图

网络安全分析人员需要综合不同的证据，以查清互联网全球性攻击现象的原因。可将攻击图和关联工具结合在一起进行评估，报警关联工具可以把特殊、多步攻击的零散报警合理地组合在一起，以便把攻击者的策略和意图清晰地告诉安全分析人员。除了以上实例之外，它还包括安全分析和事件响应。

『Q018』 OpenSOC 的组成结构和主要功能是什么，它和 OSSIM 之间的区别是什么？

OpenSOC 是思科公司于 2014 年夏天推出的开源安全大数据分析框架，专注于网络数据包和事件的大数据分析，可实时检测网络中的异常。从时间节点上比较，当时的 OSSIM 已 10 岁，当 OSSIM 发展到 5.5 版本并推出企业版 OSSIM 时，它已身居魔力象限的第三象限。而思科的 OpenSOC 刚刚起步，目前尚无成功落地的项目。

同样都是依靠开源软件组成 SOC 平台，OpenSOC 在存储上采用 Hadoop，实时索引采用 ElasticSearch 组件，在线实时分析使用了 Storm 技术。图 1-11 所示为 OpenSOC 的组成结构。

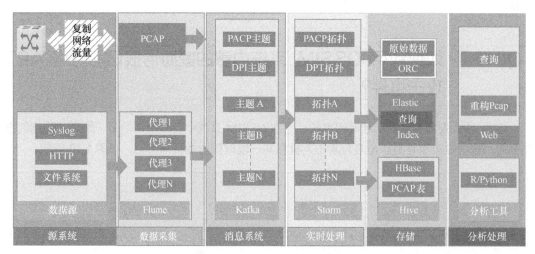

图 1-11　OpenSOC 的组成结构

在图 1-11 中，从左至右分别代表平台由下到上的层次，它们分别是数据源层、数据收集层、消息系统层、实时处理层、存储层、分析处理层，各层功能如下所示。

○ 数据源层：该层主要设定大数据分析平台中的数据来源。它由两个部分组成，一是通过网络路由、网关等设备获取的数据包，将这些数据流量以副本形式传递给上层的 PCAP 模块；另一个是通过部署传感器，从系统日志、HTTP 流量、文件系统和其他用户/系统行为中获取到的日志信息，这些信息传递给上层的 Flume 模块。

○ 数据收集层：该层主要收集初步获取的大量数据。一方面利用 PCAP 机制收集数据包，另一方面利用 Flume 框架收集大量的日志信息。Flume 可将数据从一个地方实时传输到另一个地方，可以对数据进行二次加工（例如筛选、标准化处理等），目的是将这些零散的数据发送到统一的数据中心。

○ 消息系统层：数据收集层将捕获的数据包和海量日志提交给消息系统层，该层主要将这些数据包和日志封装为消息队列，以便于上层 Storm 的实时处理。这里主要使用的软件是开源的 Kafka，主要用于进行日志处理的分布式消息队列。

○ 实时处理层：下层处理形成的消息队列交由该层实时处理，OpenSOC 使用了 Storm 框架。Storm 是一个开源的在线流分析系统，可以方便地在一个集群中编写、扩展复杂的实时计算，其用于实时处理，就好比 Hadoop 用于批处理。

○ 存储层：该层的主要任务是有效、合理地将前面获得的数据存储到文件系统中。对于结构化数据，OpenSOC 使用 Hive 来实现；对于非结构化数据，则使用 ElasticSearch 来实现。Hive 是基于 Hadoop 的数据仓库，其特点是可以将 SQL 语句与 Hadoop 架构无缝对接，将 SQL 语句转换成 MapReduce（分布式计算模型）任务，从而在 Hadoop 集群上进行大数据的存储、查询与分析。

○ 分析处理层：完成数据的收集、存储、查询之后，接下来就是数据的分析工作。这里的分析工具可以由 Python 来编写，这里使用的是 PowerPivot（PP）和 Tableau（TB）两类分析工具。其中 PowerPivot 工具是一组应用程序和服务，能以极高的性能处理大型数据集；而 Tableau 则是一款企业智能化软件，主要用于分析数据。

OpenSOC 和 OSSIM 之间的区别如下所示。

○ 架构分析：OSSIM 的架构更简洁，适合处理中小规模的数据量，而 OpenSOC 借助于 Flume+Strom+ElasticSearch 的结构更适合大规模数据的采集分析。

○ OpenSOC 采用 Kafka 作为缓冲区，为数据的生产方和消费方提供了一个缓冲区域，而 OSSIM 采用了 Redis+RabbitMQ 的方式。两者的目的都是实现多队列并行处理，有着异曲同工之处。

○ 在存储数据方面，OpenSOC 采用 Hive 技术，而 OSSIM 并不是存储所有采集的数据，而是只存储经过分析和加工后的事件和报警日志。

○ 在数据可视化方面，OpenSOC 采用了 ElasticSearch 方式对数据进行索引，再利用 Kibana 通过 API 读取数据，最后以 Web 方式来呈现。OSSIM 使用 Python+Perl 对数据进行深度分析，消耗的资源比较大。

「Q019」 Apache Metron 是新生代的 OpenSOC 吗？部署难度大吗？

2016 年伊始，被思科"遗弃"的 OpenSOC 项目加入 Apache 项目，并改名为 Apache Metron。从此开源 SIEM 领域又多了一员猛将，可直到 2018 年年底，Apache Metron 各项功能依然比较简单，其部署难度比 OSSIM 要大。

Apache Metron 致力于提供可扩展的开源安全分析工具，集成了各种开源的大数据技术，以提供安全监控和分析所需的集中工具。它还提供了日志聚合、全面的数据包捕获索引、存储、行为分析和数据丰富功能。Metron 的运行机制如图 1-12 所示。

Metron 框架集成了许多 Hadoop 的元素，为安全分析提供一个可扩展的平台，该平台包含全面的数据包捕获、流处理、批量处理、实时搜索。它能实现快速有效的检测，并能快速响应先进的安全威胁。Apache Metron 的框架如图 1-13 所示。

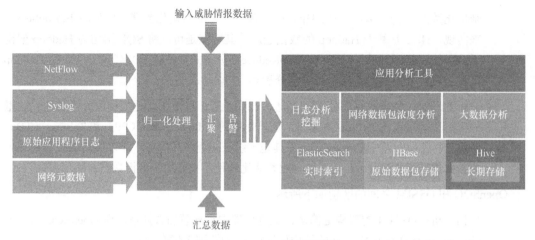

图 1-12　Metron 的运行机制

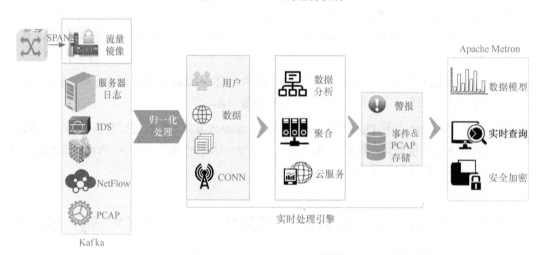

图 1-13　Apache Metron 的框架

就 Metron 与 OSSIM 的部署对比来说，虽然 Apache Metron 是从思科 OpenSOC 项目中发展出来的，但安装部署依然比较费时，而且对安装人员的要求也比较高，但 Metron 能处理的数据量比 OSSIM 大。如果你在研究机构工作，并且有足够的人力资源、时间资源，那么 Metron 是一个非常值得研究的系统。

安装 Metron 需要用到的知识有 Apache Flume、Apache Hadoop、Apache HBase、Apache Hive、Apache Kafka、Apache Spark、Apache Storm、ElasticSearch、MySQL 等。而且在安装 Metron 时，从安装基础的 Linux 平台开始，到软件下载编译安装、解决各种依赖关系、配置连接文件、调试故障等过程都极其复杂。

本 章 测 试

下面列出部分测试题，以帮助读者强化对本章知识的理解。

1．AlienVault OTX 表示开放式威胁交换，OSSIM 中将 IP 信誉评价数据记录在哪个文件中？（A）

　　A．/etc/ossim/server/reputation.data　　　B．/etc/ossim/agent/config.cfg

2．SIEM 的全称是什么？（A）

　　A．安全信息与事件管理　　　　　　　　B．安全信息管理系统

3．下列选项中不属于开源 SIEM 系统的是哪一项？（D）

　　A．OSSIM　　　　　　　　　　　　　B．OpenSOC

　　C．Apache Metron　　　　　　　　　　D．HP ArcSight

4．下列产品中不属于威胁情报系统的是哪一个？（I）

　　A．AlienVault USM Enterprise　　　　　B．InsightIDR

　　C．Securitycenter CV　　　　　　　　　D．FireEye

　　E．Cyveilance　　　　　　　　　　　　F．IBM X-force Exchange

　　G．LogRhythm　　　　　　　　　　　H．Verisign

　　I．ElasticSearch

5．IP 信誉评价在 SIEM 系统中起什么作用？

传统安全解决方案一般是先判断行为的好坏，再执行"允许"或"拦截"之类的策略。不过随着高级攻击日益增多，这种方法已不足以应对各种威胁。许多攻击在开始时伪装成合法的流量进入网络，然后再实施破坏。因为攻击者的目标是渗透系统，所以需要对其行为进行跟踪，并对其 IP 地址进行信誉评级。

OSSIM 中反映出的 IP 特征包括 IP 地址的域名、地理位置、操作系统和提供的服务功能等。攻击行为一旦被 NIDS 检测出来，可立即通过威胁系统里的 IP 信誉数据库发现该恶意 IP 的档案信息，分析人员就可依据这些信息快速识别攻击源。

## 第 2 章

OSSIM 部署基础

关键术语

○ 大数据平台
○ 堡垒机
○ OSSIM 后台
○ SPAN
○ 分布式部署

「Q020」 OSSIM 主要版本的演化过程是怎样的?

表 2-1 总结了 OSSIM 2.3～5.5 几个主要版本使用的开发环境、网络服务、数据库/中间件等工具软件的演变情况。从中可以看出,越新的软件,其版本越高,但核心的安全软件版本并没有使用最新版本,而是使用稳定的版本。表 2-1 中的"×"表示无此软件包。

表 2-1　OSSIM 软件版本演进

OSSIM 框架版本		2.3	3.1	4.3	4.15	5.4	5.5
Debian 版本		5.0.5（Lenny）	5.0.9（Lenny）	6.0.9（Squeeze）	6.0.10（Squeeze）	8.7（Jessie）	8.9（Jessie）
开发环境	文件系统	ext3					
	内核	2.6.31		2.6.32		3.16.0	3.16.0
	PHP	5.2.6		5.3.3		5.6.29	5.6.30
	Zend Engine	2.2.0		2.3.0		2.6.0	
	Perl	5.1.0	5.10.0	5.10.1		5.20.2	5.20.2
	Python	2.5	2.5.2	2.6.6		2.7.9	
	Erlang	×			5.8	6.2	
	GCC	4.2	4.3.2	4.4		4.9.2	
网络服务	Apache	2.2.9		2.2.16		2.4.10	
	OpenSSL	0.9.8g		0.9.8o		1.0.1t	

续表

OSSIM 框架版本		2.3	3.1	4.3	4.15	5.4	5.5
Debian 版本		5.0.5（Lenny）	5.0.9（Lenny）	6.0.9（Squeeze）	6.0.10（Squeeze）	8.7（Jessie）	8.9（Jessie）
网络服务	OpenSSH	5.1p1		5.5p1		6.7p1	
	OpenVAS	3.0	3.2	3.3	3.4.2	5.0.4	
	Monit	4.10		5.1.1		5.9.0	
	OSSEC	2.3.1	2.5.1	2.7.0	2.8.1	2.8.3	2.9.1
	Nagios	3.0.6	3.2.3		3.4.1	3.5.1	
	Rsyslog	4.4.2		4.6.4		8.4.2	
	Samba	3.2.5		3.5.6		4.2.14	
	Squid	×			3.1.6	3.4.8	
	Snort	2.8.5	2.9.0	2.9.3		×	×
	Suricata	×		1.4	2.0	3.2	3.2
	Ntop	3.3.10		4.0.3		×	×
数据库/中间件	MySQL	5.1.45	5.1.61	5.5.29	5.5.33	5.6.32	5.6.36
	Redis	×		×	2.4.15	3.2.3	
	Memcached	×	×	1.4.5	1.4.5	1.4.21	
	RabbitMQ	×	×	×	3.2.1	3.3.5	
邮件	Postfix	2.5.5		2.7.1		2.11.3	
其他	Nmap	4.62	5.51	6.40		7.30	
	Snmp	5.4.1		5.4.3		5.7.2	

OSSIM 版本的变迁如表 2-2 所示。

表 2-2　OSSIM 版本的演变过程

OSSIM 诞生	2003 年	8 月	OSSIM 0.1～0.4
		9 月	OSSIM 0.5
		10 月	OSSIM 0.6
		11 月	OSSIM 0.7
OSSIM 成长期	2004 年	1 月	OSSIM 0.8
	2005 年	2 月	OSSIM 0.9.8
	2006 年	6 月	OSSIM 0.9.9 rc2
	2007 年	6 月	OSSIM 0.9.9 rc3
	2008 年	2 月	OSSIM 0.9.9
	2009 年	1 月	OSSIM 2.0
		7 月	OSSIM 2.1

续表

OSSIM 成长期	2010 年	2 月	OSSIM 2.2
	2011 年	7 月	OSSIM 2.3.1
		9 月	OSSIM 3.0
OSSIM 发展期	2012 年	1 月	OSSIM 3.1
		12 月	AlienVault OSSIM 4.1
		5 月	AlienVault OSSIM 4.2
		11 月	AlienVault OSSIM 4.3
		12 月	AlienVault OSSIM 4.4
	2014 年	3 月	AlienVault OSSIM 4.5
		4 月	AlienVault OSSIM 4.6
		5 月	AlienVault OSSIM 4.7
		6 月	AlienVault OSSIM 4.8
		6 月	AlienVault OSSIM 4.9
		7 月	AlienVault OSSIM 4.10
		9 月	AlienVault OSSIM 4.11
		10 月	AlienVault OSSIM 4.12
		11 月	AlienVault OSSIM 4.13
		12 月	AlienVault OSSIM 4.14
	2015 年	1 月	AlienVault OSSIM 4.15
		4 月	AlienVault OSSIM 5.0.0
		6 月	AlienVault OSSIM 5.0.3
		7 月	AlienVault OSSIM 5.0.4
		8 月	AlienVault OSSIM 5.1.0
		9 月	AlienVault OSSIM 5.1.1
		10 月	AlienVault OSSIM 5.2.0
	2016 年	2 月	AlienVault OSSIM 5.2.1
		3 月	AlienVault OSSIM 5.2.2
		4 月	AlienVault OSSIM 5.2.3
		5 月	AlienVault OSSIM 5.2.4
		6 月	AlienVault OSSIM 5.2.5
		8 月	AlienVault OSSIM 5.3.0
		10 月	AlienVault OSSIM 5.3.2
		11 月	AlienVault OSSIM 5.3.3
		12 月	AlienVault OSSIM 5.3.4
OSSIM 成熟期	2017 年	2 月	AlienVault OSSIM 5.3.6
		6 月	AlienVault OSSIM 5.4.0

续表

OSSIM 成熟期	2017 年	8 月	AlienVault　OSSIM 5.4.1
		10 月	AlienVault　OSSIM 5.4.2
		11 月	AlienVault　OSSIM 5.4.3
		11 月	AlienVault　OSSIM 5.5.0
	2018 年	2 月	AlienVault　OSSIM 5.5.1
		5 月	AlienVault　OSSIM 5.6.0
		10 月	AlienVault　OSSIM 5.6.5
	2019 年	1 月	AlienVault　OSSIM 5.7.1
		3 月	AlienVault　OSSIM 5.7.2
		5 月	AlienVault　OSSIM 5.7.3

「Q021」　如何关闭和重启 OSSIM?

关闭 OSSIM 是有严格要求的。如果随意关闭会造成文件系统损坏,建议在终端菜单中关闭系统。如果连不上终端菜单,也可以远程使用 SSH 方式通过命令行来关闭,具体操作如下。

❑　在终端菜单中关闭。方法为在图 2-1 中选择"7 Shutdown Appliance"。

图 2-1　终端程序中关闭系统

❑　在命令行中关闭。使用下列命令之一即可关闭 OSSIM 系统。

```
#sync;sync;sync
#init 0
#poweroff
#shutdown -h now
```

如果只用 halt 命令关闭系统,则不会切断服务器电源。

要重启 OSSIM 系统,可选择下面命令中的任何一个来实现。

```
#sync;init 6
#shutdown -r now
```

『Q022』 OSSIM 属于大数据平台吗?

大数据安全分析代表一种技术，而以 OSSIM 为代表的开源大数据分析平台是一个产品。它是收集、处理、智能分析及存储大数据的平台，能够通过可视化的方式挖掘出更深层次的信息，并展现给分析人员。

大数据 3 个公认的基本特点是 3V，即海量（Volume）、高速（Velocity）和多变（Variety）。海量是指数据容量越来越大；高速表示需要的处理速度和响应时间越来越快，对系统的延时要求相当高；多变就是要处理各种各样类型的数据，包括结构化的、半结构化的，甚至是非结构化的数据。因此，大数据不能用传统的方式采集和存储。

『Q023』 OSSIM 能作为堡垒机使用吗?

堡垒机是为了保障网络和数据不受外部用户和内部用户的入侵和破坏，而运用各种技术手段实时监控和收集网络环境中每一个组成部分的系统状态、安全事件、网络活动，以便集中报警。如原来使用微软远程桌面 RDP 进行 Windows 服务器的远程运维，现在先访问堡垒机，再由堡垒机访问远程 Windows 服务器。期间运维人员的所有操作都会被记录下来，可以以屏幕录像、字符操作日志等形式长久保存。在服务器发生故障时，就可以通过保存的记录查看到以前执行的任何操作。保垒机的工作原理如图 2-2 所示。

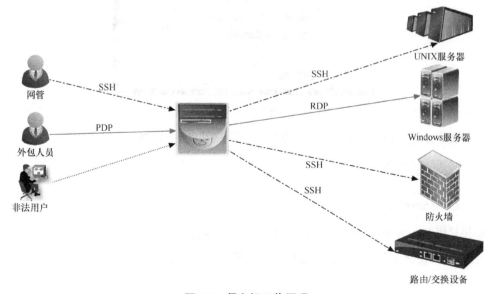

图 2-2　堡垒机工作原理

再如 FTP 服务，实际上堡垒机内置了 FTP 客户端程序。客户端主机以 RDP 方式远程登录到堡垒机，再由堡垒机启动 FTP 客户端程序访问远程服务器，并且由堡垒机作为跳板间接地把 FTP 命令传送到服务器，再把服务器的响应信息反馈给客户端主机。这样，中间的操作过程全都被记录下来了。

「Q024」　堡垒机的 Syslog 日志能否转发至 OSSIM 统一存储？

堡垒机的 Syslog 日志可以转发至 OSSIM 中统一存储。堡垒机通常都支持 Syslog 日志转发功能。首先在堡垒机上启用 Syslog，地址填写 OSSIM 的 IP 地址即可。例如图 2-3 中添加了 Syslog 服务器地址（192.168.1.111）和端口号（UDP 514），以及要转发的日志内容。

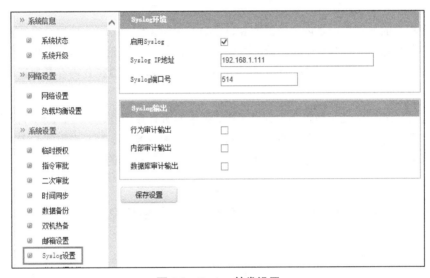

图 2-3　Syslog 转发设置

然后在客户端上启用转发，同时在传感器端启用 Syslog 日志处理插件。之后保垒机的 Syslog 日志就可以转发至 OSSIM 了。

「Q025」　OSSIM 平台属于 CPU 密集型、I/O 密集型还是内存密集型系统？

I/O 密集型主要是网络请求压力大、包转发/磁盘读写频繁的操作类型，当进行这种类型的操作时，CPU 的负载相对较低，大部分的任务时间都在等待 I/O 操作完成。对于 I/O 密集型，典型服务是 Web 应用、静态页面访问、日志采集。大量的网络传输、数据库与缓存间的交互也涉及 I/O 处理能力。

一旦出现 I/O 瓶颈，线程就会处于等待状态，只有 I/O 结束且数据准备好后，线程才会继续执行。因此可以发现，对于 I/O 密集型的应用，可以多设置一些线程的数量，这样就能在等待 I/O 的这段时间内，让线程去处理其他任务，从而提高并发处理效率。

磁盘 I/O 主要的延时由机械转动延时（机械磁盘的主要性能瓶颈，平均为 2ms）+寻址延时+块传输延时决定。网络 I/O 的主要延时由服务器响应延时、带宽限制、网络延时、跳转路由延时、本地接收延时来决定。传统服务器的机械硬盘和板载千兆网卡只适合传感器使用，对于 OSSIM 服务器，使 I/O 具有较高效性的方式是采用 SSD 固态硬盘和万兆服务器网卡。

顾名思义，CPU 密集型就是应用需要非常多的 CPU 计算资源，任务本身不太需要访问 I/O 设备。在多核 CPU 时代，要让每一个 CPU 核都参与计算，将 CPU 的性能充分利用起来，这样才算是没有浪费服务器配置。典型的应用为网络流量 Ntop 和协议分析、关联分析、视频编码/解码。

内存密集型的典型应用是内存数据库 MongoDB、Redis 等。NoSQL 应用是将数据放在内存中，活动事务只与内存数据打交道。除此之外，内存密集型应用还包括流量分析业务，因为流量越大，占用内存越多，占用 CPU 的资源也越大。为服务器分配 32GB 内存是保证稳定运行的前提。

除此之外，OSSIM 还是数据集中存储平台，采集的所有数据经过加工后，都存放在 OSSIM 服务器端，所以每天会消耗大量磁盘空间，对于这种计算密集型、I/O 密集型的大数据平台，大家在选择服务器配置时应重点考虑 CPU、内存、网卡及存储器的选型。

「Q026」 OSSIM 平台开发了哪些专属程序？

这里所指的专属程序表示 AlienVault 公司重新为 OSSIM 框架开发的软件包，主要包含 AlienVault OSSIM 框架和一些开源工具的自动化配置包。经过 AlienVault 公司重新设计的模块化系统可以用一个魔方的结构来形象描述。在 OSSIM 框架内，这些安全工具有机整合成 OSSIM 平台，OSSIM 框架及安全工具包的组成如图 2-4 所示。OSSIM 整体框架的一致性成为区别于 Kali Linux 等平台的标志。

OSSIM 框架内用数字标注的主要模块名称及其主要用途如下所示。

- ○ alienvault-api：AlienVault 中各个模块之间的应用程序接口。

- ○ alienvault-crypto：认证中心，负责加密认证服务。

- ○ alienvault-openssl：配置 OpenSSL。

- ○ alienvault-openssh：配置 OpenSSH。

- ○ alienvault-vpn：配置 VPN。

- ○ alienvault-pam：配置动态加载验证模块。

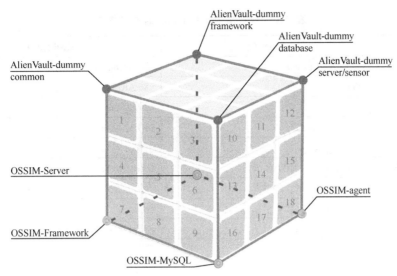

图 2-4 OSSIM 框架下构成的主要安全工具包

- alienvault-redis-server：消息中间件服务器。

- alienvault-logrotate：负责日志轮询。

- alienvault-rsyslog：配置日志接收服务器。

- alienvault-monit：负责系统内各个服务状态的监控。

- alienvault-plugins：OSSIM 插件。

- alienvault-postfix：内部邮件系统。

- alienvault-openvas：漏洞扫描。

- alienvault-ossec：HIDS 配置。

- alienvault-suricata：NIDS 配置。

- alienvault-memcache：缓存系统配置。

「Q027」 Kali Linux 和 OSSIM 有什么区别?

Kali Linux 和 OSSIM 是基于 Debian Linux 裁剪的安全工具。从总体上看，Kali Linux 是将各种开源工具安装到一个 Linux 系统中；而 OSSIM 系统是在 OSSIM 框架下由 AlienVault 公司专门对各类安全工具进行二次开发后再集成到 Debian 系统中，具有统一框架、标准、存储体系的协同分析平台。表 2-3 简单对比了 OSSIM 和 Kali Linux 的关键参数。

表 2-3　OSSIM 和 Kali Linux 的关键参数

名　　称	OSSIM	Kali Linux
发行版	基于 Debian Linux	基于 Debian Linux
架构	x86	x86/ARM
平台	Linux	Linux/Android
镜像	ISO 32 位/64 位	ISO 32 位/64 位
语言	英文	英文
维护/资助	AT&T（原 AlienVault 公司）	Offensive Security 公司
用途	SIEM 事件分析、网络审计	网络渗透分析与数字取证
收费方式	开源 OSSIM 免费	免费
面向人群	SIEM 分析人员	渗透和取证
工作模式	多用户/单用户/修复模式	单用户
启动方式	硬盘安装后启动	Live CD 和 Live USB 直接启动
升级方式	统一升级	各个模块单独升级
技术支持	社区/企业版可获得官方服务	社区
恢复出厂设置	有	无
统一框架	有	无
统一数据存储	有	无
数据采集方式	插件/嗅探/流量镜像	嗅探/流量镜像
分布式部署	支持	不支持
统一登录	可以	不能
统一仪表盘	有	无
资产管理	有	无
备份功能	有	无
帮助中心	有	无
消息中心	有	无
缓存加速	有	无
关联引擎	有	无
模块耦合度	高	低
开发环境	C/Python/Perl	C/Python/Perl
二次开发	难度较大	难度较大

「Q028」 安装 OSSIM 服务器组件时是否包含了传感器组件？

大家在使用 ISO 安装 OSSIM 服务器时，安装的是完整的 OSSIM 系统，其内部包含 OSSIM 框架下的 4 大模块，包括完整的传感器插件和各种探测模块。用户无须自己再安装和配置第三方工具。

「Q029」 OSSIM 能否安装在 XEN 或 KVM 虚拟化系统上?

OSSIM 不能安装在 XEN 或 KVM 虚拟化系统上,因为开源 XEN 和 KVM 都采用了半虚拟化运行方式,因此在安装和运行 OSSIM 系统时,会遇到虚拟设备故障和系统性能问题。所以这两种虚拟化技术都不适合安装和运行 OSSIM 系统。

「Q030」 OSSIM 如何处理海量数据?

可以按照业务分类先将海量数据拆分到不同的传感器节点,然后由 OSSIM 服务器管理各个传感器节点并分配任务,这使得内存大小可控,卡顿频率和耗时明显减少。如果单台服务器希望通过提高硬件配置来完成这些工作,则提升的效率很低。有效的方法是使用分布式架构来实现更高的吞吐率,这样才能处理海量数据。

「Q031」 OSSIM 是基于 Debian Linux 开发的,能否将其安装在其他 Linux 发行版上,例如 RHAS、CentOS、SUSE Linux?

OSSIM 基于 Debian 开发,OSSIM 服务器/传感器只能安装在 Debian Linux 上。不同发行版的 Linux 有不同的静态库和动态库,即使相同发行版的不同版本之间,静态库和动态库也存在兼容性问题。既然 OSSIM 指定了 Debian Linux,那么系统调用的函数库就定下来了,如果要强行换成其他的 Linux 发行版本,那么肯定会出现兼容性问题。另外,要考虑开发环境的兼容性问题,下面看几种不兼容的情况。

- 写一段代码然后让其在 Python 2.4 和 Python 2.7 上同时运行是很困难的,因为 Python 不同版本之间有兼容性问题。
- 从 PHP 5.3 升级到 PHP 5.5 同样有兼容性问题。
- 由于语法的原因导致用 Perl 5 和 Perl 6 开发的程序不兼容。

综上所述,OSSIM 不能随意安装在其他 Linux 发行版中,更不能安装在 Windows 平台上。

「Q032」 分布式 OSSIM 系统传感器如何部署?

OSSIM 传感器部署原则是尽可能靠近受保护资源。

在大型网络环境中,通常采用 5 个传感器来进行检测。传感器 1、2 所在网段的数据流量是最大的，为了有效防止误报和漏报，所以设置了两个传感器。

○ 传感器 1 位于防火墙外，可以查看所有来自互联网的攻击。为了减少受攻击风险，传感器 1 的嗅探网络接口使用无 IP 地址的网卡进行监听以保证网络入侵检测系统自身的安全。它通过另一块网卡接入内网并为其分配内网所使用的私有地址，以便从内网访问分析控制台程序 ACID（Analysis Console for Intrusion Database）。

○ 传感器 2 位于防火墙内部并使用交换机（SPAN 镜像端口），任何其他端口的输入/输出数据都可从此得到，不过采用此端口可能会降低交换机的性能。该传感器可以看到外部所有突破防火墙对内网的攻击，发现防火墙的设置失误和漏洞所在，还可以发现一些由内网向外网服务器发起的攻击。

○ 传感器 3 位于服务器组内，用于检测所有对服务器的攻击。

○ 传感器 4 位于工作站组内，用于检测所有对工作站的攻击。

○ 传感器 5 位于内部办公网，用于检测所有对内部办公网的攻击。

这 5 个传感器的整体布局如图 2-5 所示。

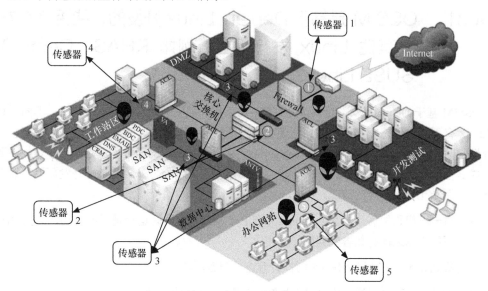

图 2-5　OSSIM 传感器位置

「Q033」 OSSIM 可输出的报表有哪些类型？

在 OSSIM 系统中，可以根据用户需要将各种日志、检测到的流量和入侵行为动态地生成各种类型的报表，并通过 Web 方式实现报表的预览与打印。这一功能就是由通用报表模块实现的。在报表输出方面，OSSIM 系统可以输出 Alarm、Asset、Availability、Business & Compliance

ISO PCI、Geographic、Metric、SIEM Events、Tickets、Vulnerabilities、User Activity 等几十个大类报表。

「Q034」　在 OSSIM 3 中通过什么技术可实现报表预览功能?

报表模块的核心是报表生成引擎(Jasper Reports),它是一个能够展示丰富内容,并将之转换成 PDF、HTML、XLS、CSV 及 XML 格式的开源工具。在某些 OSSIM 商业版本中,利用 Jasper Reports+JFreeChart 的模式可实现统计报表分析。在 OSSIM 2.x 和 3.x 版本中,这些报表信息存放在 JasperServer 数据库中,OSSIM 5.0 版本采用了新的架构,使用的是 Jgraph 组件。

在 OSSIM 3 系统中,所有报表(包括饼状图、柱状图、曲线图、雷达图等)升级采用的都是 Jasper Reports 设计的可视化报表设计器,而开发 Jasper Reports 的工具叫作 iReport。该报表工具允许用户以可视化的方式编辑包含 charts 在内的复杂报表。它还集成了 JFreeChart 图表制作包。允许用户可视化地编辑 XML JasperDesign 文件。用于打印的数据可以通过多种方式来获取,包括 JDBC、TableModels、JavaBeans、XML、Hibernate、CSV 等。另外它支持多种输出格式,包括 PDF、RTF、XML、XLS、CSV 及 HTML。

「Q035」　OSSIM 企业版中可输出哪些类型的报表?

在 OSSIM 开源版中输出的报表有限,且主要是以 PDF 形式输出的。而 OSSIM 企业版有着比开源版更丰富的报表,包含更多的细节,不仅实现了在线表单预览,还可以下载各类表单文件。

OSSIM 中输出报表的类型如表 2-4 所示。

表 2-4　报表输出种类

编号	报表名称	细节	统计时间
1	Alarm 报告	Top Attacked Host Top Destionation Ports Top Alarm Top Alarms by Risk	30 天内
2	资产报告	资产摘要、报警 漏洞、安全事件、裸日志等	30 天内
3	可用性报告	可用性趋势报告、可用性状态、事件、性能等报表	30 天内
4	商业和法规遵从	风险、PCIDSS 2.0/3.0 报表	30 天内
5	数据库活动	数据库安全事件、日志报表	30 天内
6	数据源事件	由数据源分类的事件报表	30 天内
7	数据产生类型	根据事件产生类型分类的统计表	30 天内

续表

编号	报表名称	细节	统计时间
8	FISMA 报表	用户认证、活动访问等安全事件，由攻击日志分类的日志报告、PCI 无线报告以及 Tickets 状态	30 天内
9	地理位置报表	按 IP 出现的国家/地区分类报告	30 天内
10	HIPAA 报表	Alarm 攻击分类的 Top 10、裸日事件信息、安全事件 Top 10 等报表	30 天内
11	Honeypot 活动报表	由数据源分类的事件、各类安全事件、根据数据源分类的不同特征码	30 天内
12	ISO 27001 技术报告	ISO 27001-A.10.4.1 ISO 27001-A.10.6.1 ISO 27001-A 10.10.1	30 天内
13	Malware 报警	Alarm Top 攻击主机排名及列表	30 天内
14	PCI 2.0/3.0 报告	全面测评报告（包括主机、防火墙、认证、无线、加密传输等方面）	30 天内
15	策略配置和变更报告	系统安全配置、认证配置策略变更报告	30 天内
16	日志访问报告	主机攻击事件、目标端口访问事件、应用访问事件、IPS/IDS 事件、邮件服务器事件、路由器服务器、VPN 事件	30 天内
17	Raw Log	Alarm、Alert、异常行为检测、病毒、应用、防火墙、认证、DHCP、可用性、数据保护、蜜罐、IDS/IPS、Inventory、邮件安全、邮件服务器、Malware、管理平台、网络发现、Web 服务器、渗透、无线及漏洞扫描等日志报告	30 天内
18	安全事件	安全访问事件、账户改变、Alarm、Alert 等，其分类与 Raw Log 的报表分类相同	30 天内
19	SOX 报告	Tickets、Alarms 及安全事件报告	30 天内
20	用户活动	用户活动报告	30 天内
21	漏洞报告	漏洞报告（严重、高、中、低）	30 天内

注意，法规遵从（compliance）表示企业和组织在业务运作中，不仅要遵守企业内的各项规章制度，而且要遵守政府各项法规及行业规则。

「Q036」 OSSIM 能否用于 APT 和 ShellCode 高级攻击检测？

如今 APT 攻击已经给信息安全带来了巨大挑战，目前常用的 Nagios、Ntop、Zabbix、Cacti、ELK 等工具很难察觉 APT 攻击，所以采用具有 SIEM 功能的 OSSIM 平台是应对 APT 攻击的有效工具，因为这个系统可以从不同来源收集和关联安全数据，可从海量信息中找出 APT 攻击渗透入网络的踪迹。

在网络攻击中，有些属于 ShellCode 攻击，但很多管理员对其不了解。在网络攻击过程中，基于特征的 IDS 系统也会对常见的 ShellCode 进行拦截，但一些高级的 ShellCode 经过伪装后会蒙混过关。这个过程就好比一枚炮弹飞向目标的过程。炮弹的设计者关注的是怎样计算飞行路线，锁定目标，最终把弹头精确地运载到目的地并引爆，而并不关心弹头里装的是沙子还是核弹。在网络监测中，ShellCode 最容易忽视，但其危害巨大。其实 ShellCode 是在渗透时作为载荷运行的一组机器指令，它通常用汇编语言编写。如果监控网段存在 ShellCode 攻击则会被记录下来，在 OSSIM 的 SIEM 控制面板中可以明显看到此次攻击。

在 SIEM 控制台中可以利用时间线分析工具查看 ShellCode 的具体实例，如图 2-6 所示。

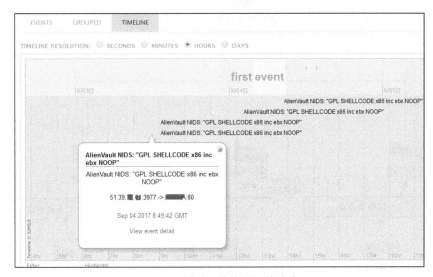

图 2-6　用时间线分析网络攻击

在这个时间线显示区间内点击一条事件，系统会显示该 ShellCode 事件的详情，如图 2-7 所示。

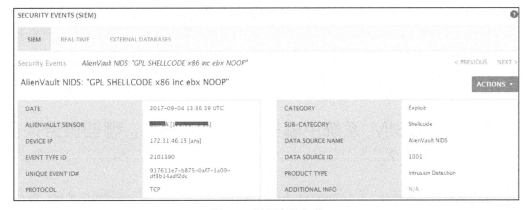

图 2-7　显示事件细节

『Q037』 如何部署分布式 OSSIM 平台?

混合安装的 OSSIM 系统处理的数据量有限，对于大型网络可采用分布式监控，拓扑如图 2-8 所示。

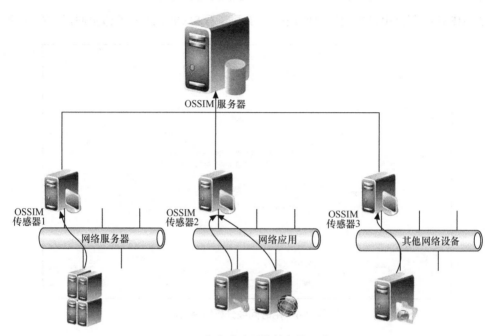

图 2-8　分布式流量监控部署示意

分布式系统架构属于 C/S 工作模式，整体来讲它由代理端和服务器端组成。图 2-8 中的 OSSIM 传感器 1、传感器 2、传感器 3 这 3 台机器为代理。这里的代理包括所选择的监控插件以及传感器。传感器上的插件用来捕获当前 VLAN 中需要监控的数据，这些数据经过代理上的传感器分析后形成 OSSIM 服务器能够读取的日志，然后发送给服务器进行关联处理，最后统一存放到事件数据库中，目的是为 OSSIM 的审计模块提供关联分析和风险评估的数据。

『Q038』 OSSIM 系统中哪些服务是单线程，哪些服务是多线程?

为了提高数据处理能力，可在 OSSIM 中进行纵向扩展或横向扩展。所谓纵向扩展，就是指当数据负载很大时，通过提高单个服务器系统的处理能力来解决问题。最简单的做法就是为该系统提供更为强大的硬件（大内存、多核处理器）。除此之外，可通过优化软件的执行效率来完成应用的纵向扩展。假如原有的服务实现只能使用单线程来处理数据，而不能同时利用服务器实例中所包含的多核 CPU，那么可以通过将算法更改为多线程来充分利用 CPU 的多核计算能力，成倍地提高服务的执行效率。OSSIM 系统中提供的单线程、多线程如表 2-5 所示。

表 2-5　OSSIM 中的多线程与单线程服务

多线程服务	MySQL、RabbitMQ、Suricata、Nmap、Memcached、ossim-framework、ossim-server、Ntop、Nagios、Apache、OpenVAS
单线程服务	Snort、Squid、Redis、iptables

从表 2-5 中可以看出，为了提高效率，OSSIM 平台主要以多线程的服务为主，但也有例外——Redis 就是单线程服务，它的效率非常高。

『Q039』 如何查看 ossim-agent 进程正在调用的文件?

要查看 ossim-agent 进程正在调用的文件，可用以下两步实现。

步骤 1　获取进程号。

```
USM:~# ps -ef |grep ossim-agent  ◀━━
root      3351      1  0 00:14 ?        00:00:04 /usr/bin/python -tOO /usr/bin/ossim-agent -d
root      3358   3351  0 00:14 ?        00:00:00 /usr/bin/python -tOO /usr/bin/ossim-agent -d
root      3372   3351  1 00:14 ?        00:00:04 /usr/bin/python -tOO /usr/bin/ossim-agent -d
root      3373   3351  1 00:14 ?        00:00:05 /usr/bin/python -tOO /usr/bin/ossim-agent -d
root      3374   3351  1 00:14 ?        00:00:04 /usr/bin/python -tOO /usr/bin/ossim-agent -d
root      3375   3351  1 00:14 ?        00:00:04 /usr/bin/python -tOO /usr/bin/ossim-agent -d
root      3376   3351  1 00:14 ?        00:00:05 /usr/bin/python -tOO /usr/bin/ossim-agent -d
root      3377   3351  1 00:14 ?        00:00:05 /usr/bin/python -tOO /usr/bin/ossim-agent -d
root      3378   3351  1 00:14 ?        00:00:04 /usr/bin/python -tOO /usr/bin/ossim-agent -d
root      5700   5622  0 00:22 pts/3    00:00:00 grep --color=auto ossim-agent
```

步骤 2　检查进程。

ossim-agent 进程号为 3351，可以看到文件在/proc/3351/fd/目录中，操作如下:

```
USM:~# ls -la /proc/3351/fd/  ◀━━
total 0
dr-x------ 2 root root  0 Sep 28 00:25 .
dr-xr-xr-x 8 root root  0 Sep 28 00:14 ..
lr-x------ 1 root root 64 Sep 28 00:25 0 -> /dev/null
lrwx------ 1 root root 64 Sep 28 00:25 1 -> /dev/null
lrwx------ 1 root root 64 Sep 28 00:25 10 -> socket:[8021]
lr-x------ 1 root root 64 Sep 28 00:25 11 -> /var/lib/libuuid/clock.txt
lr-x------ 1 root root 64 Sep 28 00:25 12 -> /dev/urandom
lr-x------ 1 root root 64 Sep 28 00:25 13 -> /dev/urandom
lrwx------ 1 root root 64 Sep 28 00:25 14 -> socket:[8070]
lrwx------ 1 root root 64 Sep 28 00:25 15 -> socket:[8695]
lrwx------ 1 root root 64 Sep 28 00:25 16 -> socket:[9350]
lrwx------ 1 root root 64 Sep 28 00:25 17 -> socket:[14169]
lrwx------ 1 root root 64 Sep 28 00:25 18 -> socket:[14863]
lrwx------ 1 root root 64 Sep 28 00:25 19 -> /var/lib/libuuid/clock.txt
lrwx------ 1 root root 64 Sep 28 00:25 2 -> /dev/null
lr-x------ 1 root root 64 Sep 28 00:25 3 -> /dev/null
lr-x------ 1 root root 64 Sep 28 00:25 4 -> pipe:[8608]
l-wx------ 1 root root 64 Sep 28 00:25 5 -> pipe:[8608]
lr-x------ 1 root root 64 Sep 28 00:25 6 -> pipe:[8612]
l-wx------ 1 root root 64 Sep 28 00:25 7 -> pipe:[8612]
lr-x------ 1 root root 64 Sep 28 00:25 8 -> pipe:[8616]
l-wx------ 1 root root 64 Sep 28 00:25 9 -> pipe:[8616]
You have new mail in /var/mail/root
USM:~#
```

此处可查看到所有由 3351 进程打开的文件描述符。

『Q040』 在分布式环境中如何添加传感器？

每次谈到分布式系统的安装部署时，大家总认为这个过程很难操作，但是在 OSSIM 系统中，这种操作十分容易。分布式安装 OSSIM 的拓扑和关键操作如图 2-9、图 2-10 和图 2-11 所示。

图 2-9 分布式安装拓扑图

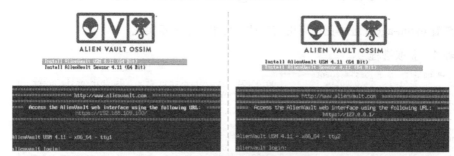

图 2-10 服务器端（左）和传感器端（右）

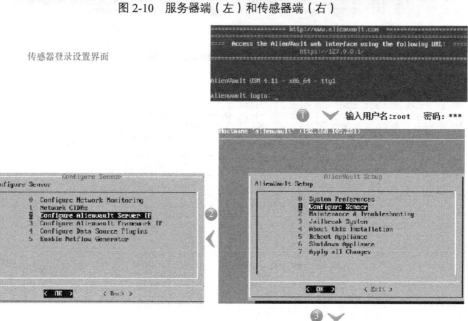

图 2-11 传感器配置流程

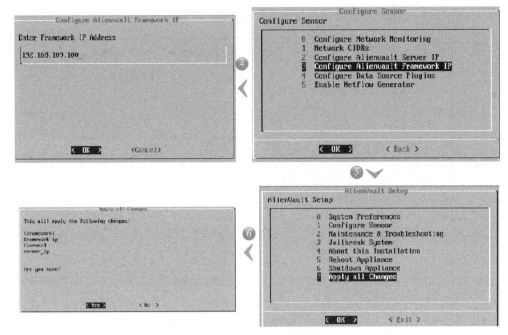

图 2-11 传感器配置流程（续）

添加完 192.168.109.100 之后，传感器的登录界面会由原来的 127.0.0.1 变成现在的 192.168.109.100，如图 2-12 所示（见箭头所指向的位置）。

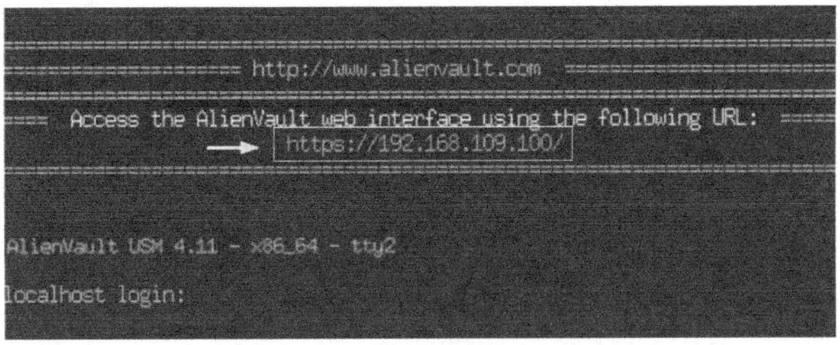

图 2-12 传感器登录界面

下面打开 OSSIM Web UI 进行查看，如图 2-13 所示。

图 2-13 配置传感器

单击 SENSORS 按钮之后会弹出添加传感器的界面，如图 2-14 所示。

图 2-14　添加传感器

下面验证是否添加成功。在部署界面单击 SENSORS 按钮，在 STATUS 中显示 ✔ 则表示添加成功，如图 2-15 所示。

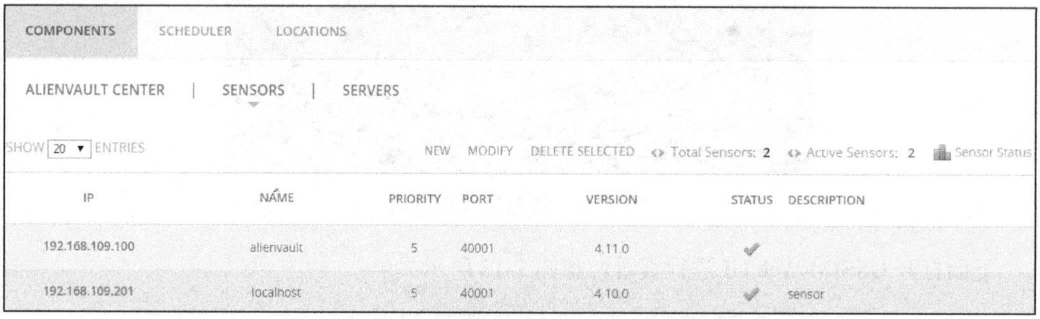

IP	NAME	PRIORITY	PORT	VERSION	STATUS	DESCRIPTION
192.168.109.100	alienvault	5	40001	4.11.0	✔	
192.168.109.201	localhost	5	40001	4.10.0	✔	sensor

图 2-15　传感器成功添加

『Q041』 为何新添加的传感器在 Web UI 上无法显示 NetFlow 流？

这类问题的解决办法是在传感器上修改 NetFlow 的传输端口，操作如图 2-16 所示。

图 2-16   在传感器上配置 NetFlow 流程

先回到传感器界面，如图 2-17 所示。

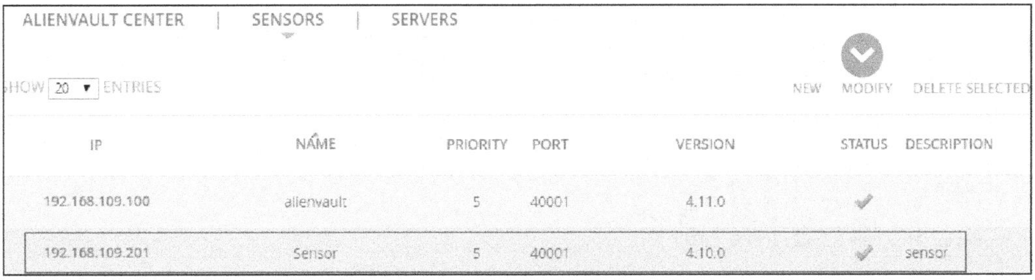

图 2-17   修改传感器配置

单击 MODIFY 按钮。在弹出的 NETFLOW COLLECTION CONFIGURATION 界面中，将 Port（端口号）修改为 12001，同时修改 Color（颜色），最后启动 NetFlow 服务，如图 2-18 所示。

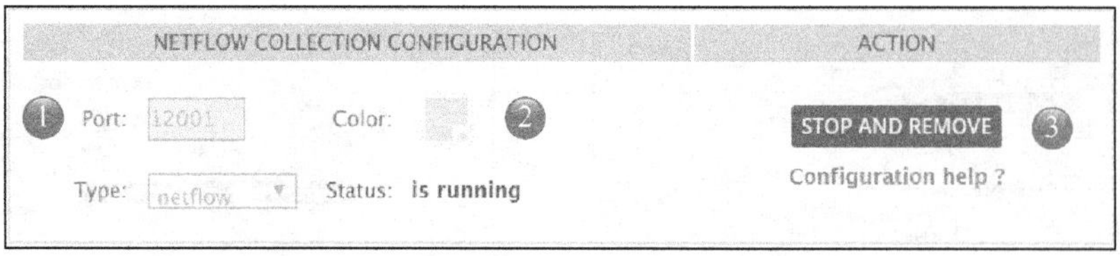

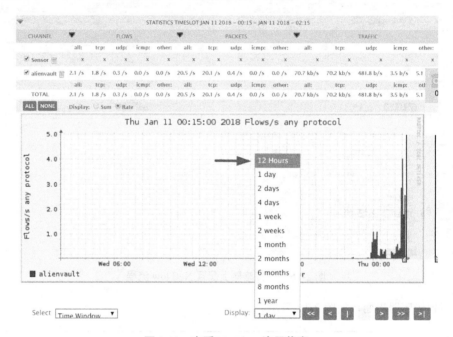

图 2-18　设置 NetFlow

点击 Environment→NetFlow 菜单，发现刚才添加的传感器并没有收到 NetFlow 数据，此时可将间隔设为 12 小时，接着就是耐心等待接收数据，如图 2-19 所示。

图 2-19　查看 NetFlow 流量信息

与此同时，在 OSSIM 服务器的命令行界面进行验证，输入如下命令：

```
alienvault:~# nfsen -r live
name       live
group      (nogroup)
tcreate  Tue Mar 27 11:55:00 2012
tstart   Wed Jan 10 22:15:00 2018
tend     Thu Jan 11 02:30:00 2018
updated  Thu Jan 11 02:30:00 2018
expire   0 hours
size     1004.0 KB
maxsize 0
type     live
locked 0
status  OK
version 130
channel 564D4EBF43AA77DCCD89AD46E62DDD90      sign: + colour: #0000ff order: 1      sourcelist:
  564D4EBF43AA77DCCD89AD46E62DDD90     Files: 40     Size: 1015808
channel 564D313F6FA4D2C809838655306A40C8      sign: + colour: #ff0048 order: 2      sourcelist:
  564D313F6FA4D2C809838655306A40C8     Files: 3      Size: 12288
```

如果发生通信故障，则在列表中"size"项读数为 0；如果有数值，表示可以通信。

〖Q042〗 如何查看某个进程打开了哪些文件?

使用如下命令查看进程所打开的文件。

```
#lsof -p   "进程号"
```

下面显示的 PID 4556 表示 ossec-agent 进程。

```
alienvault:~# lsof -p 4556   ←
COMMAND    PID USER   FD   TYPE DEVICE SIZE/OFF   NODE NAME
ossim-age 4556 root  cwd    DIR    8,1    4096       2 /
ossim-age 4556 root  rtd    DIR    8,1    4096       2 /
ossim-age 4556 root  txt    REG    8,1 2621808  608678 /usr/bin/python2.6
ossim-age 4556 root  mem    REG    8,1  165768  608485 /usr/lib/libexpat.so.1.5.2
ossim-age 4556 root  mem    REG    8,1   61856  645760 /usr/lib/python2.6/lib-dynload/pyexpat.so
ossim-age 4556 root  mem    REG    8,1   22928   81619 /lib/libnss_dns-2.11.3.so
ossim-age 4556 root  mem    REG    8,1   51728   81602 /lib/libnss_files-2.11.3.so
ossim-age 4556 root  mem    REG    8,1   11648  645750 /usr/lib/python2.6/lib-dynload/resource.so
ossim-age 4556 root  mem    REG    8,1  393576  610885 /usr/lib/libsybdb.so.5.0.0
ossim-age 4556 root  mem    REG    8,1   45704  647458 /usr/lib/pyshared/python2.6/_mssql.so
ossim-age 4556 root  mem    REG    8,1   89064   81615 /lib/libnsl-2.11.3.so
ossim-age 4556 root  mem    REG    8,1   35104   81617 /lib/libcrypt-2.11.3.so
ossim-age 4556 root  mem    REG    8,1   31744   81604 /lib/librt-2.11.3.so
ossim-age 4556 root  mem    REG    8,1 2220120  608820 /usr/lib/libmysqlclient_r.so.16.0.0
ossim-age 4556 root  mem    REG    8,1   57560  646549 /usr/lib/pyshared/python2.6/_mysql.so
ossim-age 4556 root  mem    REG    8,1  217440  609620 /usr/lib/libpcap.so.1.1.1
ossim-age 4556 root  mem    REG    8,1   69632  621547 /usr/lib/python2.6/dist-packages/_pcapmodule.so
ossim-age 4556 root  mem    REG    8,1   13216  607998 /usr/lib/libgpg-error.so.0.4.0
ossim-age 4556 root  mem    REG    8,1   72808  637367 /usr/lib/x86_64-linux-gnu/libp11-kit.so.0.0.0
ossim-age 4556 root  mem    REG    8,1  489912  608000 /usr/lib/libgcrypt.so.11.5.3
ossim-age 4556 root  mem    REG    8,1   65568  608002 /usr/lib/libtasn1.so.3.1.9
ossim-age 4556 root  mem    REG    8,1  785552  637387 /usr/lib/x86_64-linux-gnu/libgnutls.so.26.22.4
ossim-age 4556 root  mem    REG    8,1   80712   81604 /lib/libresolv-2.11.3.so
ossim-age 4556 root  mem    REG    8,1  104184  608737 /usr/lib/libsasl2.so.2.0.23
ossim-age 4556 root  mem    REG    8,1   56992  608740 /usr/lib/liblber-2.4.so.2.5.6
```

上面每行显示一个打开的文件,若不指定条件,则默认显示所有进程打开的所有文件。通过 lsof 命令可以知道文件打开数量是否超过上限(上限为 65535)。

注意,上面 "FD" 列中的文件描述符 cwd 表示应用程序当前的工作目录,这是该应用程序启动的目录。

〖Q043〗 如何监听系统中某个用户的网络活动?

要监听系统中 root 用户的网络活动,则应采用如下操作:

```
#lsof -r 1 -u root -i -a
```

其中,参数-r 让 lsof 可以循环列出文件直到被中断,参数 1 表示每秒钟打印一次,参数-a、-u 和-i 的组合可以让 lsof 列出某个用户的所有网络行为。

```
alienvault:~# lsof -r 1 -u root -i -a |more
COMMAND    PID USER   FD   TYPE DEVICE SIZE/OFF NODE NAME
rsyslogd  2000 root   5u   IPv4  12224      0t0  UDP *:syslog
rsyslogd  2000 root   6u   IPv6  12225      0t0  UDP *:syslog
rsyslogd  2000 root   7u   IPv4  12228      0t0  TCP *:shell (LISTEN)
rsyslogd  2000 root   8u   IPv6  12229      0t0  TCP *:shell (LISTEN)
/usr/sbin 2082 root   4u   IPv6  12346      0t0  TCP *:http (LISTEN)
/usr/sbin 2082 root   6u   IPv6  12350      0t0  TCP *:https (LISTEN)
/usr/sbin 2082 root   8u   IPv6  12354      0t0  TCP *:40011 (LISTEN)
fprobe    2168 root   3u   IPv4  12468      0t0  UDP alienvault.alienvault:55184->alienvaul
t.alienvault:555
ossim-fra 3373 root   5u   IPv4  14069      0t0  TCP localhost:50055->localhost:mysql (ESTA
```

```
BLISHED)
ossim-fra 3373 root    6u  IPv4  13797    0t0  TCP localhost:50051->localhost:mysql (CLOS
E_WAIT)
ossim-fra 3373 root    7u  IPv4  13814    0t0  TCP localhost:50054->localhost:mysql (CLOS
E_WAIT)
ossim-fra 3373 root    9u  IPv4  14172    0t0  TCP *:40003 (LISTEN)
```

「Q044」 OSSIM 经过防火墙时，需要打开哪些端口？

OSSIM 组件必须使用特定的 URL、协议和端口才能正常工作。如果部署 OSSIM All-in-One，则只需打开与受监控资源相关联的端口，因为 All-in-One 同时包含 OSSIM 服务器和 OSSIM 传感器，因此它们之间变为内部通信。

如果 OSSIM 在高度安全的环境中运行，则必须更改 OSSIM 的防火墙的一些权限才能访问。OSSIM 功能使用的外部 URL 和端口号如表 2-6 所示。

表 2-6　OSSIM 所用的外部 URL 和端口号

服务器 URL	端口	功能
data.alienvault.com	80	AlienVault 产品和 Feed 更新
maps-api-ssl.google.com	443	在谷歌地图中定位资产
messages.alienvault.com	443	消息中心
support.alienvault.com	20、21	AlienVault 自检和文档支持
telemetry.alienvault.com	443	遥测数据采集
tractorbeam.alienvault.com	22、443	企业版用户远程支持
www.google.com	80	AlienVault API
reputation.alienvault.com	443	AlienVault IP 信誉
otx.alienvault.com	443	开放威胁交换

表 2-6 显示了 OSSIM 组件使用的端口号、与设备之间进行通信以及监视的资产。图 2-20 中的箭头方向表示网络流量的方向。

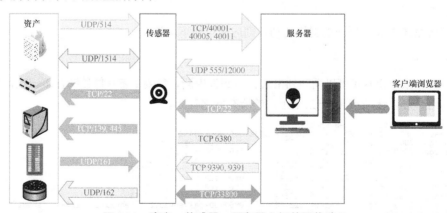

图 2-20　资产、传感器、服务器之间的通信端口

为了便于调试和维护整套系统，建议大家不要在传感器和服务器之间加入防火墙等安全设备，在被监控资产和传感器之间仅允许存在少量安全设备。另外在计划部署 AlienVault HIDS 代理的主机上，必须打开 TCP 端口 139 和 TCP 端口 445（入站）以允许初始安装，并且 UDP 端口 1514（出站）应用于 HIDS 代理和 OSSIM 之间正在进行通信的传感器。

本 章 测 试

下面列出部分测试题，以帮助读者强化对本章知识的理解。

1．要查看 TCP 22 端口运行了什么进程，应该输入下面哪个命令？（A）

　　A．lsof -i :22　　　　　　　　　　B．netstat -na

2．OSSIM 系统中大量采用了多进程服务，下面不属于多进程的服务是哪项？（A）

　　A．iptables　　　　　　　　　　　B．MySQL

　　C．ossim-agent　　　　　　　　　D．ossim-server

　　E．ossim-framework

3．OSSIM 平台适合部署在下列哪些网络环境中？（B、C）

　　A．公有云　　　　　　　　　　　　B．私有云

　　C．企业内网

4．下列哪种行为属于 I/O 密集型计算？（A、C）

　　A．包转发　　　　　　　　　　　　B．Snort 规则匹配

　　C．数据库存储

5．能够在命令行下以树状结构显示进程的命令是哪个？（B）

　　A．ps -ef　　　　　　　　　　　　B．pstree -p

6．OSSIM 是集计算密集型、内存密集型、存储密集型于一体的大数据分析平台，适合部署在公有云、私有云和企业内网等各种网络环境中。（×）

7．当刚装完 OSSIM 后，在 Web UI 中看不到局域网内其他机器的流量，或者观察到的流量很小，这种情况下最有可能的原因是没有在交换机上设置 SPAN。（×）

8．如何查找在 TCP 40001 端口上执行监听的接口？

```
alienvault:~# lsof -i tcp:40001
COMMAND    PID    USER   FD   TYPE DEVICE SIZE/OFF NODE NAME
ossim-ser 3498 avserver  16u  IPv4  17362     0t0  TCP *:40001 (LISTEN)
ossim-ser 3498 avserver  18u  IPv4  17374     0t0  TCP localhost:40001->localhost:53415 (ESTABLISHED)
ossim-age 4059    root   28u  IPv4  17373     0t0  TCP localhost:53415->localhost:40001 (ESTABLISHED)
```

同理可查询 UDP 53 端口使用的进程，命令如下所示。

```
#lsof -i udp:53
```

9．如何查找/var/log/apache2/access.log 这个日志文件正在使用的进程号？

fuser 命令可用来显示所有正在使用指定文件、文件系统或者 socket 的进程信息。

```
USM:~#
USM:~# fuser -u /var/log/apache2/access.log ←
/var/log/apache2/access.log:  1588(root)  1670(avapi)  1671(www-data)  1672(www-data)  1673(www-
data)  1674(www-data)  1675(www-data)  2826(root)
USM:~#
```

第 3 章

安装 OSSIM 服务器

关键术语

- VMware
- 虚拟机快照
- 嗅探流量（sniffing traffic）
- GCC

「Q045」 如何通过 U 盘安装 OSSIM 系统?

当前，Windows 系统上已下载了 OSSIM 镜像 ISO 文件 AlienVault_OSSIM_64bits.iso，使用工具 Win32DiskImager 将镜像文件写入 U 盘（也可在 Linux 下使用 dd 命令），然后在服务器 BIOS（Basic Input Output System）中将启动顺序设置为 USB 优先启动系统即可。

「Q046」 如何克隆 OSSIM 虚拟机以及为虚拟机设置克隆?

在 VMware 软件中，虚拟机克隆就是生成原始虚拟机全部状态的一个镜像。克隆的过程并不影响原始虚拟机，克隆操作一旦完成，克隆的虚拟机就可以脱离原始虚拟机独立存在，而且在克隆虚拟机和原始虚拟机中的操作相对独立，互不影响。在克隆过程中，VMware 会生成和原始虚拟机不同的 MAC 地址和 UUID 号，克隆的虚拟机和原始虚拟机可在同一网络中出现，并且不会产生冲突。

VMware 支持两种类型的克隆：完整克隆和链接克隆。完整克隆是产生一个独立的虚拟机，它有不同的 MAC 地址和 UUID 号，会占用和原始虚拟机相同的磁盘空间，生成的时间比较长。完整克隆的虚拟机可以和原始虚拟机同时在网络中使用。链接克隆只是完整克隆的一个影子，需要依赖完整克隆的文件，占用磁盘空间小，生成速度快。

克隆虚拟机的方法如图 3-1 所示。

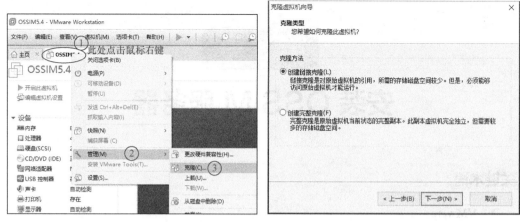

图 3-1　克隆 OSSIM 虚拟机

创建虚拟机快照和克隆虚拟机的目的类似，快照不只是简单保存虚拟机的状态，通过建立多个快照，可以保存不同的工作状态，并且互不影响。例如，当在虚拟机上测试 OSSIM 时，难免会碰到一些不熟悉或无法控制的环节。此时可创建快照，备份当前的系统状态，一旦操作错误时可以很快还原到出错前的状态，从而避免一步失误而导致整个实验重新开始。

要设置虚拟机 VMware Workstation 12 的快照，按图 3-2 所示的①～③步骤进行操作即可。

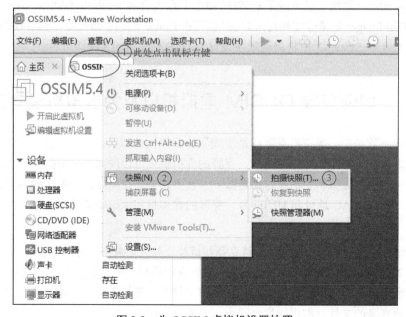

图 3-2　为 OSSIM 虚拟机设置快照

注意，虚拟机不能处于开机或挂起状态。通过建立快照可以回到虚拟机的任何一个时间节点，如图 3-3 所示。

图 3-3　通过建立快照可回到虚拟机的任何一个时间节点

快照和克隆的区别如表 3-1 所示。

表 3-1　快照与克隆的区别

	快照	克隆
创建时间	不限	虚拟机关机时才可以
创建数量	不限	不限
占用磁盘空间	由创建的数量决定	较小，由创建的数量决定（完整克隆占据的空间较大）
用途	保存虚拟机某一时刻的状态	分发创建的虚拟机
是否独立运行	不能脱离原始虚拟机独立运行	不能脱离原始虚拟机独立运行
能否同时使用	不能	克隆的虚拟机可以和原始虚拟机同时使用
是否可用于网络	不能	生成和原始虚拟机不同的 MAC 地址和 UUID，在网络中可以同时使用

〖 Q047 〗　在安装 OSSIM 时，命令行下面的提示信息保存在什么位置？

　　遇到 OSSIM 安装故障时，首先要查看安装日志，这些日志信息保存在/var/log/installer/syslog 文件中。开机自检信息存放在/var/log/installer/hardware-summary 以及/var/log/dmesg 文件中。这些文件都可用来分析安装过程中出现的故障。

「Q048」 执行 alienvault-update 命令升级后，为什么原来的配置会被覆盖？

在刚安装好系统时适合使用 alienvault-update 命令，如果系统已经正式上线，再使用该命令会导致很多服务器配置文件被覆盖，从而导致系统故障。大家一定要牢记这一点。

「Q049」 执行 alienvault-update 命令升级之后，缓存文件如何清除？

要清理缓存文件，可在命令行控制条下执行 ossim-setup 命令，接着再执行下面两个步骤。

步骤 1 选择一级菜单 Maintenance & Troubleshooting。

步骤 2 接着选择子菜单 Maintain Disk and Logs，最后选择 Clear system update caches 子项，如图 3-4 所示。

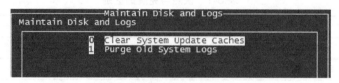

图 3-4 清理缓存

「Q050」 如何选择 OSSIM 服务器？

在实体服务器中安装 OSSIM 时会遇到两类问题：一类是无法识别硬盘；另一类是无法识别网卡。对于 Dell、HP 和 IBM 品牌的 x86 服务器系列，官方默认对 Windows 系统以及 Linux 发行版 Rad Hat、SUSE Linux 提供 RPM 驱动支持，但不兼容 Debian Linux 平台。

一些 OSSIM 用户在为服务器 RAID 卡安装驱动时感觉比较麻烦。经测试，Dell PowerEdge R610 等服务器将磁盘阵列设置为 RAID 0 之后，即可顺利安装 OSSIM 5。大家在选择专业服务器时，需要向厂家确认它是否支持 Debian Linux 系统。

由于 OSSIM 基于 Debian Linux 系统，所以它并没有包含最新服务器的网卡驱动和 RAID 卡驱动。在选择网卡时，尽量选择带队列功能的网卡，例如 Intel 82576 千兆网卡，它支持 PCIe 2.0×4、MSI-x 中断、8 个 RSS 队列。

对于 CPU，尽量选择多路至强处理器，因为在 OSSIM 框架内多数服务都支持多线程，且数据包深度分析及正则匹配计算也会消耗大量 CPU 资源。

『Q051』 安装 OSSIM 时能识别硬盘，但无法识别网卡，该如何处理？

针对这种情况，先看一个实例。在 IBM X3650 7979 服务器上安装 OSSIM 时，由于 Debian Linux 不支持 Broadcom NetXtreme II 网卡（在 Dell PowerEdge R720 服务器上部署时遇到过同样的问题），所以会出现找不到网卡的情况。首先到 Debian 官网下载驱动并复制到 U 盘，然后再通过 U 盘加载到 X3650 服务器上并安装，最后重启系统。

大家可以在网络上自行下载 firmware-bnx2_0.40_all.deb 的软件包，接着执行如下操作。

```
#dpkg -i firmware-bnx2_0.40_all.deb
```

在系统引导时可以看到类似 "load firmware file bnx2-06-4.0.5.fw" 的信息，表示固件启动加载成功。我们可以通过 ossim-setup 开始为服务器配置 IP 地址。

Linux 系统把常用的内核驱动都封装到 initr.img（或 initr.gz）内核中。通常来讲，Linux 版本越高，内核体积越大，相应支持的硬件驱动也就越多。如果 RAID 卡或网卡无法加载驱动，那么就需将其编译成可加载模块来安装。

『Q052』 选择 OSSIM 服务器硬件时，需要注意些什么问题？

○ 首先确定监控范围。需要监控几个网段内的多少台服务器，每台设备的日最高流量为多大（按峰值考虑），且每台设备都要能联系到相应的管理员。

○ 确定监控对象。虽说 OSSIM 能够监控多种服务，但实际上为了保证性能，不能无节制地打开各种服务。

○ 需由专人负责管理。OSSIM 的维护人员应该是具有一定工作经验的 Linux 工程师，需熟悉 Linux 系统+网络架构+MySQL+PHP，即熟悉 Linux 系统运维、MySQL 数据库运维、信息安全管理，也需要掌握网络编程。

○ 硬件选择。可以采用 Dell、HP 等品牌服务器，中小企业也可以根据需求自行组装。以 OSSIM 5.0 系统为例，目前系统对多核性能支持得比较好，推荐采用至强 E 系列处理器。OSSIM 在漏洞扫描、OSSEC 扫描、Snort 事件分析时会消耗大量 CPU 资源，所以要尽量选择高性能 CPU，尤其是在 OSSIM 发展到 5.1，数据库采用了 MySQL 5.6.32 之后，对多 CPU 处理能力的需求更高了。

对内存而言，越大越好。当数据库的全部数据页都能保存在缓冲池中时，理论上要求其性能是最优状态。对于 OSSIM 5.7 版本，建议配备 16GB 以上的内存。16GB 的内存是 OSSIM 稳定运行的一个经验值（而且会有针对性地打开监控选项和插件选项），另外系统至少需要 2TB 的存储空间，有条件时内存为 64GB，同时搭配磁盘阵列会比较理想。在持久存储上，通常使用多块硬盘组成的 RAID 阵列，安装 OSSIM 系统时需将服务器设置为 RAID 0 模式。机械磁盘本身的特性决定了其 IOPS（Input/Output Operations Per Second）性能比较低，而通过多块盘设置 RAID 虽能提升 IOPS，但对于 OSSIM 系统而言依然缓慢，所以建议有条件的企业采用固态硬盘。

○ Broadcom NetXtreme 网卡所遇到的问题。市面上一些 HP 和 Dell 的服务器采用 Broadcom NetXtreme 网卡，这在安装低版本的 OSSIM 时，会遇到找不到网卡驱动的问题。原因是 Debian 系统无法加载 firemware bnx2 模块，需要到 Broadcom 官网下载针对 Debian 的驱动，并通过 U 盘进行安装。

成功加载驱动后，在系统内就能看到详细信息：

```
# dmesg | grep bnx2
[    1.909228] Broadcom NetXtreme II Gigabit Ethernet Driver bnx2 v1.7.5
[    2.634060] firmware: requesting bnx2-06-4.0.5.fw
[    3.185810] firmware: requesting bnx2-06-4.0.5.fw
```

新版本的 OSSIM 在这方面进行了改进，增加了 firmware-bnx2 包，从而对 Broadcom NetXtreme 系列网卡提供了支持。

○ OSSIM 服务器的数据存储问题。可使用已有的存储系统，推荐专供 OSSIM 平台使用的存储系统，如 IBM System Storage DS4000 盘阵等。另外网卡方面选用 Intel 的双千兆网卡比较合适，在网络交换设备上设置 SPAN 至关重要。

「Q053」 安装 OSSIM 时需要插网线吗？

在 IDC 机房中，安装 OSSIM 服务器/传感器时不连接网线，要离线安装。待系统基础配置完成后才能接入网络，进行网络升级和各项配置。

「Q054」 初装 OSSIM 时仅配置了单块网卡，后期需要再新增一块网卡，该如何操作呢？

新增一块网卡的步骤分为如下两步。

步骤 1 在命令行控制台下检测双网卡是否工作，可通过命令 mii-tool 来检测。

```
alienvault:~# mii-tool
eth0: negotiated 1000baseT-FD flow-control, link ok
eth1: negotiated 1000baseT-FD flow-control, link ok
```

步骤2 输入 ossim-setup，选择 Configure Sensor→Configure Network Monitoring，选择新添加网卡，如图 3-5 所示。

图 3-5 添加网卡

『Q055』 安装 OSSIM 时需要选择多核 CPU 还是单核 CPU? CPU 内核的数量越多越好吗?

OSSIM 中集成了很多优秀的抓包工具（如 tcpdump、Snort/Suricata），这些工具都有数据包捕获函数库，并以此为基础进行软件方式的抓包。旧版本的 OSSIM 采用 libpcap 实现抓包，由于它接收数据包时产生中断开销，以及在将接收到的数据包从网卡复制到内核，再从内核复制到用户空间时将消耗大量 CPU 资源，所以不适用于高速链路。若想提高抓包效率，则必须减少内存复制次数，改变中断方式，减少不必要的 CPU 中断。

对于一个流量监控模块来说，必须要有足够的 CPU 资源对捕获的数据包进行深一层处理和分析，否则捕获的数据包会被丢弃。因此有必要在各种数据包大小下，测试捕获的包是否有丢弃，并注意观察 CPU 使用率。

尽管 OSSIM 使用了 Suricata 支持多线程，但在多核平台上抓包性能也没有成倍提升。尽管采用多核和 Suricata 后，OSSIM 的抓包效率比过去提升了不少，但一部分 CPU 消耗集中在了在内核空间上。

『Q056』 如何为 OSSIM 服务器/传感器选择网卡?

在物理服务器上安装 OSSIM 时，没有提示输入 IP、网关等配置，进入系统后发现网卡没有加载驱动。此时若再返回去下载服务器网卡驱动会比较麻烦。OSSIM 系统需要什么样的网卡呢？如果 OSSIM 工作在千兆网络环境，则首推 Intel Pro 1000 网卡，它性能稳定，可显著地改善服务器网络的性能，解决网络传输瓶颈问题。

另外，Realtek 8169 芯片（OSSIM 已内置该驱动）网卡也是一种选择，它比 Intel 的网卡略逊一筹，比它更好的有 Intel Gigabit ET Quad Port Server Adapter，其型号是 E1G44ET。这个基于两个 82576 芯片的四口千兆网卡需要手动安装驱动，适合用于大流量网络环境下的监控。

「Q057」 OSSIM 为何只能识别出 2TB 以内的硬盘？

采用 2 个 4TB 硬盘组成 RAID 0 模式，并在该硬盘上安装完 OSSIM 系统之后，系统却只能识别出 2TB 的磁盘空间。造成这一现象的主要原因是 MBR（Master Boot Record）分区表只能识别 2TB，如要使用超过 2TB 的磁盘，则要采用更为先进的 GPT 模式。解决办法是在原来的磁盘中构建一个小于 2TB 的分区来安装 OSSIM，另一部分以 GPT 分区的形式挂载到系统中。

「Q058」 如何在 OSSIM 下安装 GCC 编译工具？

首次安装的 OSSIM 系统没有 GCC 编译器，需要手动安装，操作命令如下：

```
#apt-get install gcc
```

如果在 OSSIM 系统下从事开发工作，还需安装 Essential 组件，操作命令如下所示：

```
#apt-get install build-essential
```

该工具提供了和开发相关的各种工具。

「Q059」 如何手动加载网卡驱动？

要从 Intel 官网上下载网卡驱动，可在进入网页后在查找类别中选择"以太网控制器"，再选择对应的芯片型号，例如 82574 千兆以太网控制器。在弹出页面中选择操作系统为 Linux，在下载驱动源码包时需要注意内核版本号。OSSIM 3 的 Linux 内核版本为 2.6.32，所以需选择 2.6 内核的网卡驱动。手动编译网卡源码驱动的步骤如下所示。

- ○ 检查 GCC 编译环境。
- ○ 安装 Kernel 2.6.32 源码包，将内核文件 linux-2.6.32.tar.bz2 解压到/usr/src/目录下。
- ○ 安装所需的软件包。

  ```
  #apt-get install kernel-package  libncurses5-def  fakeroot
  ```

- ○ 编译及安装驱动程序。例如从官网获取 Intel e1000 的网卡驱动程序源码包为 e1000e-3.0.tar.gz，将驱动程序解压后复制到/usr/src/目录。在 src 目录下依次执行 make（编译驱动程序源码）和 make install（安装相应的驱动程序）。安装完毕后将驱动程序生成的*.o 复制到/lib/modules/内核版本/kernel/drives/net 目录下，再执行 depmod –a 命令加载驱动程序。

○ 测试驱动程序。

```
#modprobe  e1000                // modprobe 命令加载网卡模块
```

使用 lshw -c network（列出网卡详细信息）得到版本信息时，若出现"版本号+NAPI"信息，则表示安装成功。

『Q060』 在虚拟机下安装 OSSIM 结束后重启系统，结果系统一直停在启动界面，这该如何处理？

在虚拟机中安装完 OSSIM 并重启系统之后，系统会一直停留在启动界面，如图 3-6 所示。

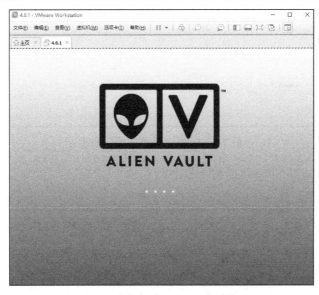

图 3-6　虚拟机中 OSSIM 启动界面

遇到此类问题时，同时按下 Ctrl+Alt+F2 组合键或 Ctrl+Alt+F3 组合键可以进入#提示符，按下 Ctrl+Alt+F4 组合键可以看到安装指令的具体执行过程，按下 Ctrl+Alt+F5 组合键可回到图形界面。

『Q061』 OSSIM 安装完成后，如何设置 Web UI 来初始化设置向导？

当 OSSIM 安装完成后系统会自动重启，重启完成在浏览器上打开终端界面上的 IP 地址，会出现如图 3-7 所示的安装向导（该向导可以辅助设置 OSSIM 管理界面，但大家不要依赖这个工具，建议首次安装时跳过此向导）。

图 3-7　OSSIM 系统初始化登录

经过以下 5 步配置可完成系统的初始化工作。

1．配置网络

在配置网络的过程中，首先出现管理接口的配置界面，如图 3-8 所示。

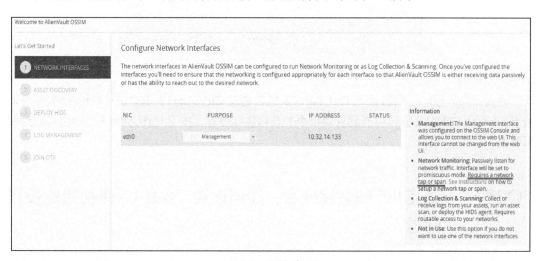

图 3-8　网络接口

对于管理接口地址和监控网段必须采用 SPAN 或者 TAP 网络分流设备。在这一步时，系统会在后台使用 Nmap 工具扫描这台服务器所在网段中的设备，目的是为下一步设置做好准备。

2．发现网络资源

单击 NEXT 按钮后，系统开始设置所监控的网络环境中的各种资产（服务器、网络设备），并逐一添加到系统中。这可以通过网络扫描来发现，也可以通过导入 CSV 文件来发现，还可以手工添加设备，操作界面如图 3-9 所示。

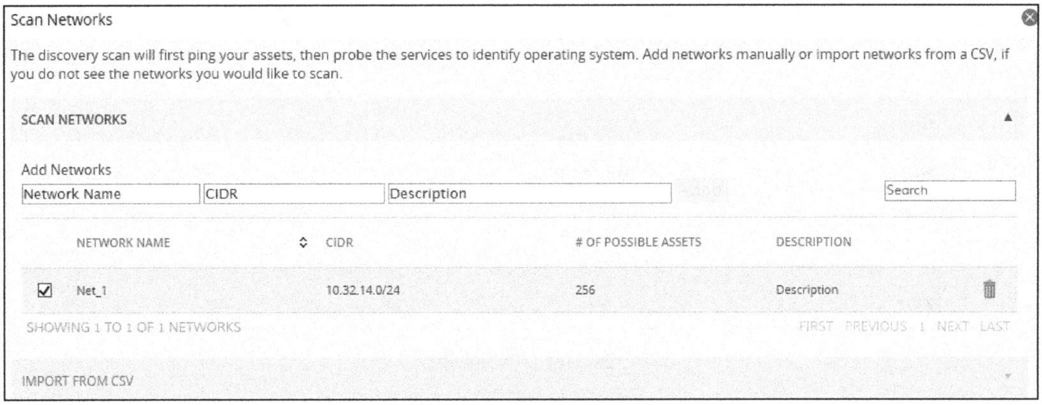

图 3-9　扫描监控网段

还需要设定扫描周期（每日、每周、每月），如图 3-10 所示。

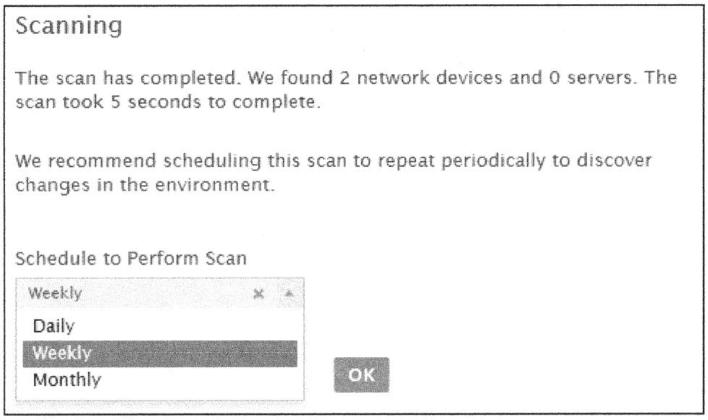

图 3-10　选择扫描周期

经过一段时间的等待，扫描结果如图 3-11 所示。从扫描结果来看，它能够识别 UNIX/Linux/Windows 系统以及常见的网络设备，但和实际系统有些差别。后期可通过 AlienVault 中的资产管理界面单独修改资产属性。

3．部署 HIDS

这一步是为了部署 HIDS（基于主机的 IDS）而设置的，主要目的是执行文件完整性监控、

rootkit 检测以及日志收集。注意，无论是 Windows 主机还是 Linux 主机，部署 HIDS 时首先都要关闭防火墙，然后才能成功地自动部署。

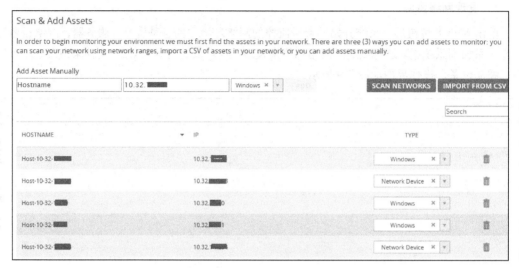

图 3-11   扫描结果

4．Windows 系统

对于 Windows 系统而言，首先要在 Web UI 左边栏的部署主机列表中，选择若干台机器，输入域管理员用户名和密码，然后系统会将代理程序安装在所选择的主机之上，如图 3-12 所示。

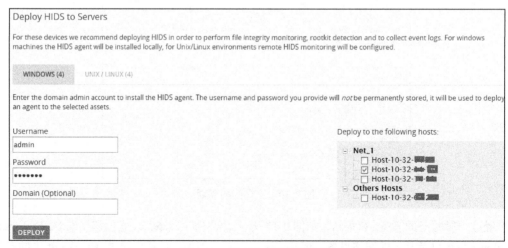

图 3-12   将 HIDS 部署到主机

5．Linux 系统

针对 Linux 系统添加 HIDS 代理时，选择主机并输入 root 用户密码，系统开始安装代理。注意，出于主机监控目的，系统会保存这个密码，以便定期访问选定的资产。安装完成后会弹出图 3-13 所示的画面。

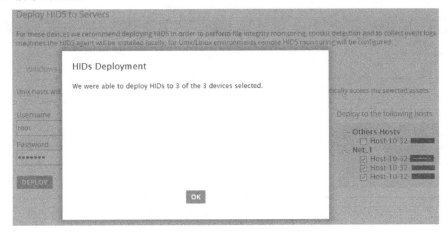

图 3-13　3 台主机成功部署 HIDS Agent

6．日志管理

在进行这一步之前，应尽量调查所用监控设备的厂家、型号、版本信息，这样系统可以对相应设备启用数据源插件。图 3-14 所示为已探测到 4 台网络设备。可为它们选择对应的厂家型号以及版本，如果没找到就选择最接近的值。

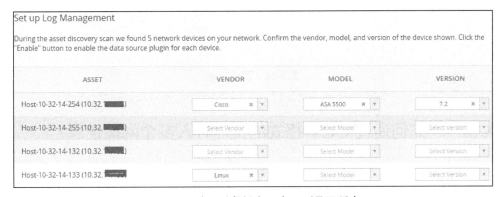

图 3-14　合理选择设备厂家、型号及版本

当插件配置正确之后，资产会向 OSSIM 主机发送日志。当 OSSIM 主机接收到日志后，"接收数据"的指示灯会由灰色变为绿色。此时可以单击完成按钮（至少有一台设备成功接收到日志数据后，才可单击按钮，否则跳过该项）。

图 3-15 所示为思科 192.168.11.100 这台设备成功启用了思科插件，同时 OSSIM 主机接收到该设备的日志数据。当日志管理配置完毕之后，下一步需要将 OSSIM 加入 OTX。

以上几步完成之后，单击 EXPLORE ALIENVAULT USM 按钮，完成配置向导。如果有多个 VLAN，那么需要继续添加传感器信息，这时需要选择 CONFIGURE MORE DATA SOURCES

按钮，如图 3-16 所示。

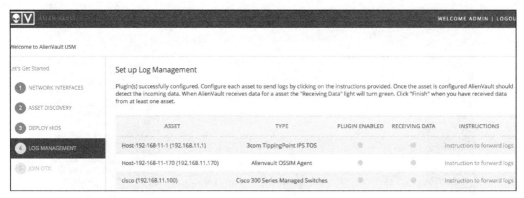

图 3-15 检测资产的插件状态

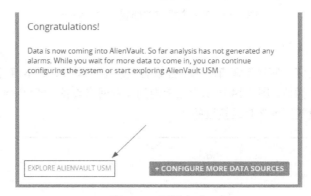

图 3-16 配置完成

「Q062」 如何通过 CSV 格式的文件导入多个网段信息？

如果监控多个网段，系统还支持 CSV 文件导入方式，为此可选择 IMPORT FROM CSV 选项栏，如图 3-17 所示。

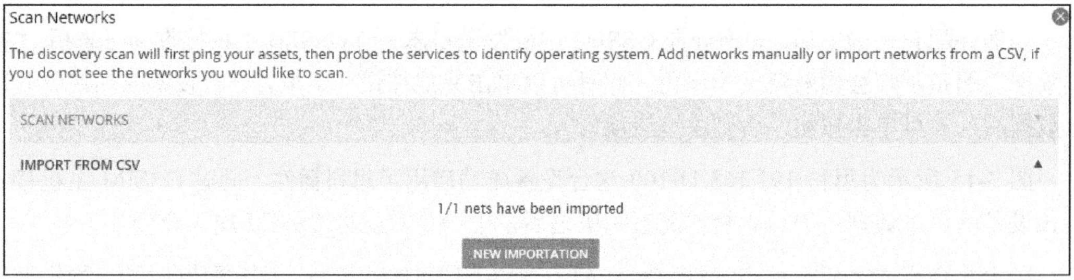

图 3-17 通过 CSV 导入

选择导入指定的 CSV 文件。导入网段信息能否成功的关键在于 CSV 格式的编写。下面查看该文件实例：

- "Net_1";"10.32.14.0/24";"Description"

- "Net_2";"10.32.15.0/24";"Description"

- "Net_3";"10.32.16.0/24";"Description"

大家在编写该文件时要保存为 CSV 格式。

「Q063」　如何通过文件导入网络资产?

系统支持以手动导入 CSV 文件的方式批量添加资产，为此可选择 IMPORT 按钮，如图 3-18 所示。当然，需要事先编写好 CSV 文件，严格定义每个资产的类型，区分主机和网络设备，且具体型号越接近实际越好，这将关系到后续传感器状态的设置。

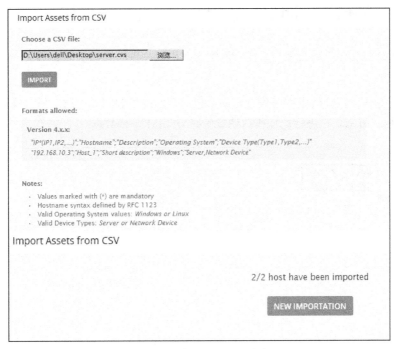

图 3-18　利用 CSV 导入主机

一个导入多台主机的 CVS 内容实例如下所示。

- "10.31.14.131";"Server_1";"description";"Windows";"Server Device"

- "10.31.14.132";"Server_2";"description";"Windows";"Server Device"

○ "10.31.14.133";"Server_3";"description";"Windows";"Server Device"

『Q064』 在 OSSIM 配置向导中，报告无法找到网段内的服务器，该如何处理？

首次进入 OSSIM 的配置向导，在资产扫描步骤中时会遇到系统报错，出现红色字体"There are no servers on your network. Return to the asset discovery page by clicking back to scan your network or by adding servers manually."，其含义为"您的网络上没有服务器。单击返回按钮以扫描网络或手动添加服务器，返回资产发现页面。"

遇到此提示时，倒回到第 2 步（发现网络资源），重新扫描网络，在弹出的对话框中选择当前的监控网段，并开始扫描。这时再继续后续操作，就不会出现报错提示了。

『Q065』 如何再次调出 Web UI 初始化配置向导？

通常初始化配置向导只会在用户第一次配置时出现，界面类似于图 3-19（开源版显示的是英文界面）。

一旦配置完毕，就会结束程序设置。如果想让初始化配置向导再次出现，只能恢复为出厂设置，如图 3-20 所示。在进行此操作前请备份好 OSSIM 平台数据。

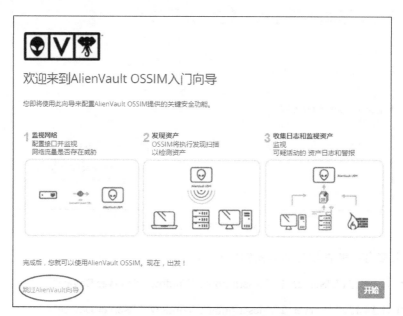

图 3-19 Web UI 初始化配置向导

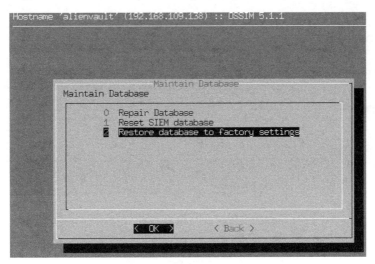

图 3-20 恢复出厂设置

『Q066』 如果跳过了 Web 配置向导，如何通过 Web 界面安装 OSSEC Agent?

当跳过 Web 配置向导后也可以通过 Web 方式安装 OSSEC Agent。在资产管理界面，选择需要安装的 Windows 客户端，然后在图 3-21 所示的界面中选择 ACTIONS 里的 Deploy HIDS Agents 选项。

20 ▾	ASSETS							🏷	ACTIONS ▾
☐	HOSTNAME ▴	IP	DEVICE TYPE	OPERATING SYSTEM	ASSET VALUE	VULI SCHE			Edit
									Delete
									Run Asset Scan
☐	Host-192-168-11-5	192.168.11.5			2				Run Vulnerability Scan
									Deploy HIDS Agents
☐	Host-192-168-11-33	192.168.11.33		Windows 2000 SP2+, XP SP1+	2				Enable Availability Monitoring
									Disable Availability Monitoring
☐	Host-192-168-11-32	192.168.11.32		Windows XP SP1	2				Create/Add To Group
									Add Note
☐	Host-192-168-11-31	192.168.11.31		unknown something	2	No	Disconnected	🗗	
☐	Host-192-168-11-30	192.168.11.30		unknown something	2	No	Disconnected	🗗	
☐	Host-192-168-11-29	192.168.11.29		Windows XP SP1+, 2000 SP3	2	No	Connected	🗗	
☑	Host-192-168-11-25	192.168.11.25		Windows 2003	2	No	Disconnected	🗗	

图 3-21 部署 HIDS Agent

在图 3-22 所示的对话框中输入 Windows 的管理员名称和密码，即可通过 Web 方式进行安装（Domain 项无需输入）。

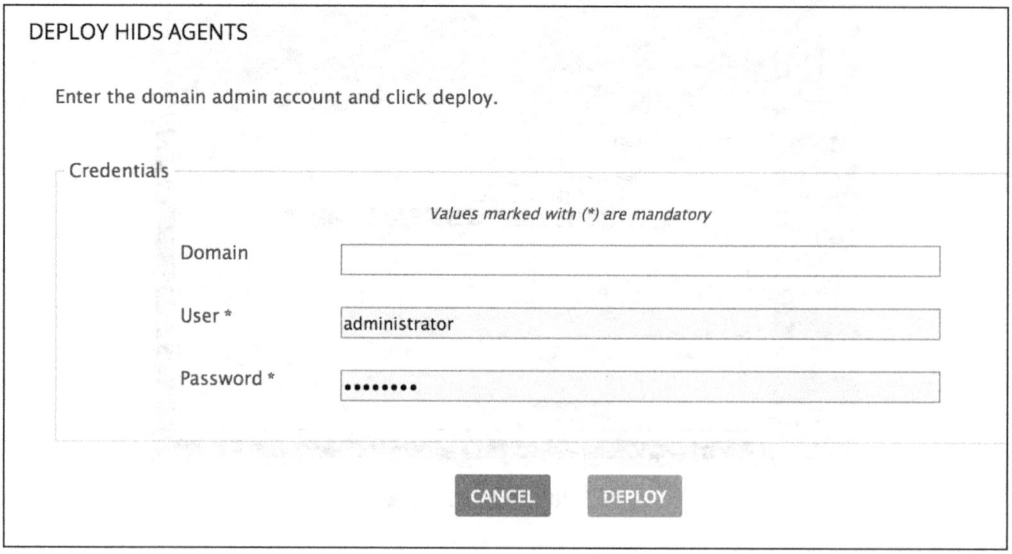

图 3-22 验证用户名和密码

「Q067」 在 Hyper-V 3.0 中安装 OSSIM 5.4 时，在 Suricata 配置过程中"卡住了"该如何处理？

在 Hyper-V 虚拟机中安装 OSSIM 5.4 时，在 Suricata 配置阶段可能出现一直停滞不前的状况，如图 3-23 所示。

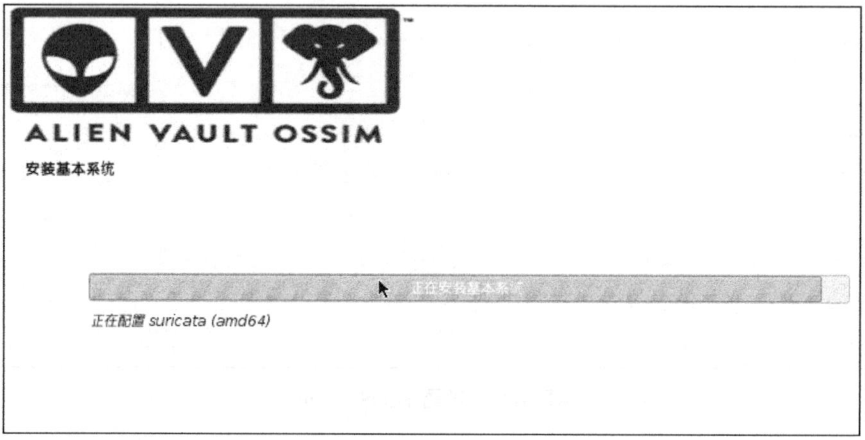

图 3-23 OSSIM 安装过程卡在 Suricata 环节

经过分析可知，这是一种在安装过程中出现的僵尸状态。在带有 Shell 提示符（按 Ctrl+Alt+F2

组合键）的终端中运行 "ps | grep dpkg" 命令，记下运行/usr/bin/dpkg 的进程 PID 号，如图 3-24 所示。

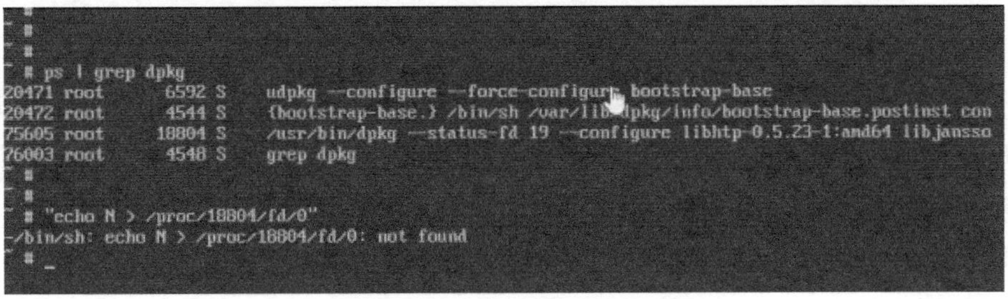

图 3-24　查找 dpkg 进程号

在图 3-24 中，进程 dpkg 的 PID 号为 75605，然后执行下列命令：

```
#/bin/sh: "echo N > /proc/75605/fd/0"
```

执行后可以继续安装。

『Q068』 如何查看 OSSIM 的 GRUB 程序版本？

下面以 OSSIM 5 为例来查看 OSSIM 的 GRUB 版本。

```
alienvault:~# grub-set-default -v
grub-set-default (GRUB) 2.02~beta2-22+deb8u1
```

由上述显示可知，该系统的 GRUB 版本为 2.02。注意，由于开源 OSSIM 默认是 ext3 文件系统，所以支持 2TB 的硬盘。

『Q069』 OSSIM 系统中的 IPMI 服务有什么作用？为什么在虚拟机中启动 OSSIM 时会遇到 IPMI 服务启动失败的问题？

OSSIM 4.4 以后的版本加入了 IPMI（Intelligent Platform Management Interface，智能平台管理接口），用户可以利用 IPMI 监视 OSSIM 服务器的物理健康特征，如温度、电压、风扇工作状态、电源状态等。目前 IBM、HP 及 Dell 等厂家的主流服务器都支持它。

如果读者在虚拟机上安装了 OSSIM，那么 IPMI 服务会因缺少硬件而启动失败，但这不影响 OSSIM 的使用。

『Q070』 如采用要混合式安装方式来安装 OSSIM，在安装界面中应选择哪一项?

对于初学者而言，可以采用服务器/传感器一体化的安装模式来安装 OSSIM，这种安装模式是将所有 OSSIM 组件都安装到同一台计算机上。在图 3-25 所示的安装界面中应选择第一项，即 Install AlienVault USM 5.4.0(64 Bit)选项，该选项将包含所有 OSSIM 5.4 模块（OSSIM Server+Database+ Framework+Sensor）。

图 3-25　OSSIM 初始安装界面

『Q071』 如何进入 OSSIM 高级安装模式?

当用 OSSIM 镜像文件来安装系统时，其安装过程全部是自动完成的。如果需要进入高级安装模式，则先选择 Install AlienVault OSSIM 5.4.0（64 Bit）菜单；然后在该菜单上按 Tab 键，即可进入 GRUB 命令行界面；此时删除 autoALLinOne 选项，便能进入高级安装模式，如图 3-26 所示。

图 3-26　OSSIM 高级安装模式

同理，当安装 Sensor 时，在 Install AlienVault Sensor 5.4.0(64 Bit)菜单上按 Tab 键，进入 GRUB 命令行界面，删除 autoSensor 选项，即可进入高级安装模式。

注意，在高级模式下安装时，很多配置都要手动设置。

「Q072」 在虚拟机下安装 OSSIM 时无法找到磁盘，应如何处理？

出现这类问题的原因在于 VMware 默认将硬盘设置为 SCSI-BusLogic 模式，所以当安装某些 Linux 发行版时，在系统启动过程中内核没有加载相应的驱动程序，故无法找到磁盘。

如果设置不当，在虚拟机下安装 OSSIM 系统时，会出现无法找到硬盘的情况。在这种情况下，首先进入 VMware 虚拟机的添加设备界面，选择 Add Device，接着进入设备驱动选择界面，选择 BusLogic MutiMaster SCSI（BusLogic），然后依次单击 OK、Done 按钮完成操作。如果在 ESXi 下创建虚拟机，则建议为 SCSI 控制器选择 LSI Logic Parallel。

「Q073」 在 VMware 虚拟机环境中，如何为 OSSIM 安装 VMware Tools 增强工具？

OSSIM 安装在 VMware Workstations 虚拟机环境中时，为了在图形环境下使用高分辨率，需要安装 Vmware Tools 组件。如果 OSSIM 系统默认没有开发环境，在直接安装 VMware Tools 时将会出现如图 3-27 所示的提示。

图 3-27　安装 VMware Tools 的失败提示

图 3-27 所示的提示表明系统缺少 GCC 编译工具。下面开始在虚拟机环境下安装 VMware Tools 工具。

如果在虚拟机中安装 OSSIM，且同时安装了 X-window，则默认的分辨率仅为 800×600。为了提高分辨率，需安装虚拟机扩展工具。下面分别针对 VMware 和 VirtualBox 两个常用虚拟机进行讲解。

对于在 VMware 环境中安装 OSSIM，为了提高显示分辨率，需要安装 VMware Tools 工具，这一过程需用到 apt-get、apt-cache 和 uname 命令。下列实验所用的平台为 OSSIM 4.15 系统。

❑ 安装 GCC 编译器。

```
#apt-get install gcc

alienvault:~# apt-get install gcc ◄——
Reading package lists... Done
Building dependency tree
Reading state information... Done
Suggested packages:
  gcc-multilib manpages-dev autoconf automake libtool flex bison gdb gcc-doc
Recommended packages:
  libc6-dev libc-dev
The following NEW packages will be installed:
  gcc
0 upgraded, 1 newly installed, 0 to remove and 10 not upgraded.

Need to get 0 B/5136 B of archives.
After this operation, 43.0 kB of additional disk space will be used.
Selecting previously unselected package gcc.
(Reading database ... 65910 files and directories currently installed.)
Preparing to unpack .../gcc_4%3a4.9.2-2_amd64.deb ...
Unpacking gcc (4:4.9.2-2) ...
Processing triggers for man-db (2.7.0.2-5) ...
Setting up gcc (4:4.9.2-2) ...
```

❑ 查看系统版本。

```
#uname -r
2.6.32-5-amd64
```

❑ 查看内核头文件的位置。

```
#apt-cache search headers 2.6.32-5-amd64
linux-headers-2.6.32-5-amd64 - Header files for Linux 2.6.32-5-amd64
```

❑ 安装 linux-headers。

```
#apt-get install  linux-headers-2.6.32-5-amd64
Linux alienvault 2.6.32-5-amd64 #1 SMP Fri May 10 08:43:19 UTC 2013 x86_64 GNU/L
inux
alienvault:~# uname -r
2.6.32-5-amd64
alienvault:~# apt-cache search headers 2.6.32-5-amd64
linux-headers-2.6.32-5-amd64 - Header files for Linux 2.6.32-5-amd64
alienvault:~# apt-get install linux-headers-2.6.32-5-amd64
Reading package lists... Done
Building dependency tree
Reading state information... Done
The following extra packages will be installed:
  cpp-4.3 gcc-4.3 gcc-4.3-base linux-headers-2.6.32-5-common
  linux-kbuild-2.6.32
Suggested packages:
```

```
    gcc-4.3-locales gcc-4.3-multilib libmudflap0-4.3-dev gcc-4.3-doc libgcc1-dbg
    libgomp1-dbg libmudflap0-dbg
The following NEW packages will be installed:
    cpp-4.3 gcc-4.3 gcc-4.3-base linux-headers-2.6.32-5-amd64
    linux-headers-2.6.32-5-common linux-kbuild-2.6.32
0 upgraded, 6 newly installed, 0 to remove and 2 not upgraded.
2 not fully installed or removed.
Need to get 10.7 MB of archives.
After this operation, 35.3 MB of additional disk space will be used.
Do you want to continue [Y/n]?
```

以上准备工作结束后，即可正常安装 VMware Tools。

```
    VM communication interface:                              done
    VM communication interface socket family:               done
    Guest filesystem driver:                                done
    Mounting HGFS shares:                                    failed
    Blocking file system:                                   done
    Guest operating system daemon:                          done
    Virtual Printing daemon:                                done
The configuration of VMware Tools 8.8.0 build-471268 for Linux for this running
kernel completed successfully.


You must restart your X session before any mouse or graphics changes take
effect.

You can now run VMware Tools by invoking "/usr/bin/vmware-toolbox-cmd" from the
command line or by invoking "/usr/bin/vmware-toolbox" from the command line
during an X server session.

To enable advanced X features (e.g., guest resolution fit, drag and drop, and
file and text copy/paste), you will need to do one (or more) of the following:
1. Manually start /usr/bin/vmware-user
2. Log out and log back into your desktop session; and,
3. Restart your X session.

Enjoy,

--the VMware team
```

成功安装 VMware Tools 后即可在桌面启动高分辨率。

需要注意的是，如果选用 Oracle VirtualBox 虚拟机安装 OSSIM，则应在 VirtualBox 程序的 Devices 菜单下选择 Insert Guest Additions CD image。这时在虚拟机的图形界面中会打开 VBOXADDITIONS 虚拟光盘，在将所有目录和文件复制到/tmp 目录后，再运行 ./VBoxLinuxAdditions.run 脚本，并根据提示进行安装即可。

『Q074』 初学者如何正确选择虚拟机版本？

初学者往往并不熟悉服务器实体机安装的 Debian Linux 系统，因此无法应对服务器安装过程中的各种启动故障，建议以虚拟机安装为主。如需在虚拟机上安装 OSSIM 系统，则首推 VMware Workstation Pro，它可以在同一台 Windows 或 Linux 计算机上同时运行多个系统。VMware Workstation Pro 可以用来虚拟 OSSIM 实验环境，用来创建 Linux 和 Windows、Mac OS

虚拟机或服务器（包括可配置的虚拟网络连接和网络条件），完成网络流量镜像设置，为 OSSIM 虚拟机建立系统快照，还能安全地与 vSphere、ESXi 服务器建立连接，以控制和管理局域网上的其他 OSSIM 虚拟机。

如果觉得 VMware 占用的资源太高，希望使用廉价的工具，那么可选择另一款开源虚拟机软件 VirtualBox，这款工具的最大优势就是占用资源少，且能在老款 PC 上运行，但 VirtualBox 在识别 USB 3.0 移动硬盘方面不占优势。

「 Q075 」 如何嗅探虚拟机流量？

目前虚拟化技术已在企业中广泛应用。在一台高性能服务器上安装多台虚拟机，部署多个应用的情况在企业中比比皆是。要想监测各个虚拟机的流量，可使用下面 3 种方法。

○　基于嗅探的方法

NetFlow 可以统计、记录网络中数据包的源/目的地址、端口号等信息。将这些信息收集整理分析后，可以发现网络通信的规律。只不过 NetFlow 是思科的技术。

在物理交换机的环境下，若要监控网段内的服务器，可以采用 SPAN 方式。在多虚拟机环境下，默认的协议分析软件只能看到发往分析仪的流量。要解决网络故障，还需要将虚拟机设置为混杂模式，可是 vSwitch 默认在 ESX 中不允许设置为混杂模式（promiscuous mode），只有在 Host ESX Server 中才允许有混杂模式。配置 ESX 为混杂模式的方法如图 3-28 所示。

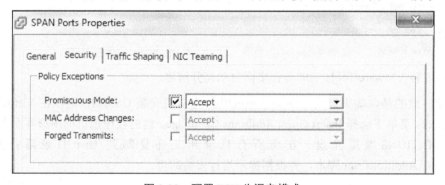

图 3-28　配置 ESX 为混杂模式

当 vSwitch 配置为混杂模式后，该 vSwitch 的端口组都进入混杂模式。现在，虚拟机端口组中的每个端口都能够看到流过 vSwitch 的流量，并且 Wireshark 协议分析仪将会发现来自其他虚拟机的所有流量，这样可以分析整个虚拟网络的流量。

注意，vSwitch 由 ESXi 内核提供一个虚拟交换机，以连接不同的虚拟机及管理界面。vSwitch 可由一块或多块 vmnic 组成，在启用嗅探模式后会牺牲 20%～30%的性能。

○　ESX 中添加 SPAN 端口的方法

下面的实例用来检测 OSSIM 服务器的流量。首先在 vSphere 客户端控制台上的 Configurations 菜单中选择 Networking，然后右边的 Properties 选项卡中会弹出 vSwitch0 属性配置对话框。这里显示的是 24 口虚拟交换机的配置对话界面，选中 SPAN Ports 端口配置选项，注意要把 Promiscuous Mode 设为 Accept 状态。在 OSSIM 服务器的 VM 虚拟机中添加一个网卡设备，默认为 e1000 网卡，Network label 选为 SPAN Ports，同时保证 connect at powper on 为选中状态。

接着登录并进入 OSSIM 控制台，具体操作顺序为 Configure Sensor→Configure Server IP，在随后的界面中会出现 eth0 和 eth1 两块网卡，选择 eth0 为混杂模式，而 eth1 为远程管理接口。接下来配置 Monitored Networks 要监听的网段，例如 192.168.150.0/24。尽管 OSSIM 支持监听多个网段，但建议测试期间不要超过两个网段。最后选择 Netflows Generator，即启用 OSSIM 的 NetFlow 功能，不要修改默认的远程收集端口 555。

○　Hyper-V 3.0 监听方法

要想实现端口镜像，需要设置虚拟交换机。利用端口镜像，可以将进出 Hyper-V 虚拟交换机端口的流量复制并发送到镜像端口。

注意，XEN-Server、KVM 以及 OpenStack 虚拟机目前还不支持 OSSIM 所需要的监听模式。

「Q076」 在 VMware ESXi 虚拟机环境中安装 OSSIM 时应注意哪些问题？

虚拟化能有效提升服务器资源的利用率。在部署 OSSIM 时采用的虚拟化技术可以为克隆系统提供方便，通过快照技术能将系统恢复到以前指定的状态。在 VMware ESXi 6.5 中部署 OSSIM 系统时，对网卡和硬盘的要求如下所示。

○　网卡的配置。在 OSSIM 服务器上可安装双网卡，选择的适配器型号为 e1000。若选择其他网卡，则在 OSSIM 安装过程中可能出现无法识别网卡或无法加载网卡驱动的情况。磁盘可用空间为 500GB+。

○　ESX 的虚拟主机通过 vSwitch（Virtual Switch）连接网络，vSwitch 通过主机上的物理网卡与外界网络进行连接。这里 vSwitch 相当于一个虚拟的二层交换机，在虚拟机中安装 OSSIM 传感器时需要装两块网卡，一块用于网络管理，另一块用作 SPAN，如图 3-29 所示。

○　混杂模式配置。在 vSwitch 的安全控制选项中选中混杂模式。打开该模式后，所有流经虚拟网卡的数据包就会复制到 vSwitch 的 vPort 上。

○　选择监听网卡，接着通过 OSSIM 控制台进入传感器设置，在 ossim-setup 命令中选择路径 Configure Sensor→Configure Network Monitoring，将 eth1 设置为 SPAN 口的网卡，

如图 3-30 所示。

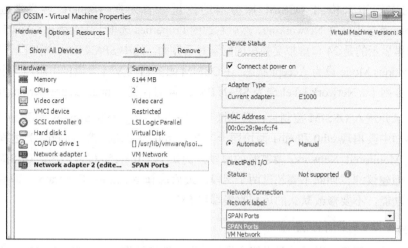

图 3-29   设置网卡 SPAN

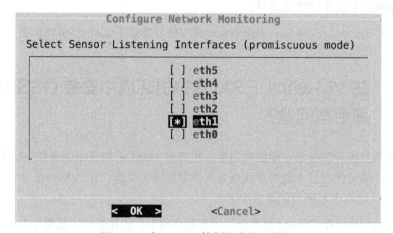

图 3-30   在 OSSIM 控制台中设置网卡

『Q077』 遗忘 Web UI 登录密码后如何将其恢复？

第一种方法是通过终端控制台来修改。

○   执行下述命令

```
#ossim-setup             // 进入终端控制台
```

○   依次选择 0 System Preferences→4 Change Password→1 Reset UI Admin Password。

第二种方法是在命令行下输入以下命令。

```
#ossim-reset-passwd admin
```

系统会产生一个随机的 8 位密码，用该密码可登录 Web UI。

『Q078』 如何在 Hyper-V 虚拟机下安装 OSSIM?

Hyper-V 管理程序可以创建和使用虚拟化技术，并内置到 Windows 虚拟机管理程序中。从 OSSIM 5.3.4 起，AlienVault 提供了 VHD 格式的镜像文件，该格式在下列 Windows 操作系统中可打开并运行。

○　Windows Server 2012

○　Windows Server 2012 R2

○　Windows Server 2016

注意，推荐使用 Windows Server 2012+，可以使用 Microsoft Hyper-V Manager 来部署 OSSIM，以管理本地和远程的 Hyper-V 主机。

安装要求

在 Hyper-V 中部署 OSSIM 时，要求其他虚拟设备能支持 AlienVault 的系统。

用户必须到 AlienVault 官网下载 Hyper-V 镜像文件，并将其解压缩。

创建虚拟机

使用 Hyper-V 管理器创建一个虚拟机，其步骤如下所示。

步骤 1　打开 Hyper-V 管理器。

步骤 2　在控制面板中，单击"新建"→"虚拟机"，出现"新建虚拟机向导"界面。

步骤 3　为虚拟机指定名称和存储路径。

启动虚拟机

使用 Hyper-V 管理器启动虚拟机。

○　选择右侧面板中的虚拟机，单击"开始"

○　系统初始化后会出现控制台界面，在此处可通过命令访问 OSSIM。

安装虚拟机的操作步骤如下所示。

步骤 1　在图 3-31 所示的界面中，在"名称"字段中输入 vSwitch。

步骤 2　在"连接类型"区域，设置虚拟交换机属性为"外部网络"，并从其下拉列表中选择"Realtek PCIe GBE 系列控制器"，如图 3-32 所示。

图 3-31 创建名为 vSwitch 的虚拟交换机

图 3-32 设置虚拟交换机

在图 3-33 所示的新建虚拟机向导界面中选中"第一代"单选按钮。

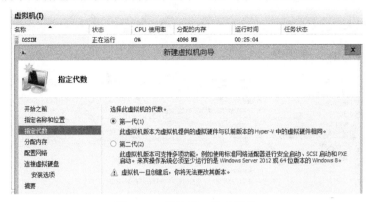

图 3-33 指定第一代虚拟机

分配内存大小为 8192MB,如图 3-34 所示。

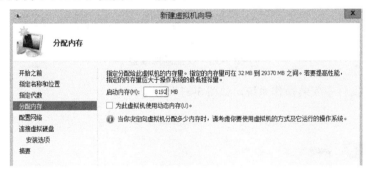

图 3-34 分配内存

为虚拟机选择刚才指定的名称"1234",如图 3-35 所示。

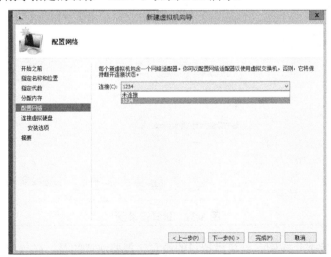

图 3-35 配置网络

设置虚拟机硬盘空间，此处名称为 OSSIM5.vhdx，如图 3-36 所示。

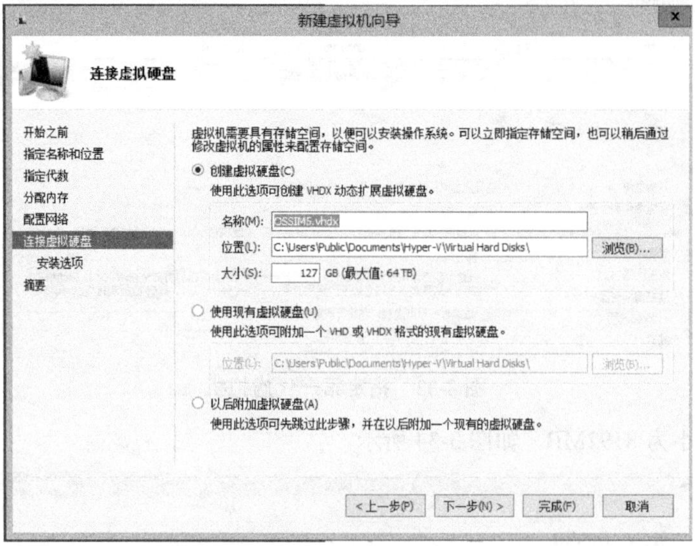

图 3-36　设置虚拟硬盘

指定从镜像文件中安装操作系统，如图 3-37 所示。

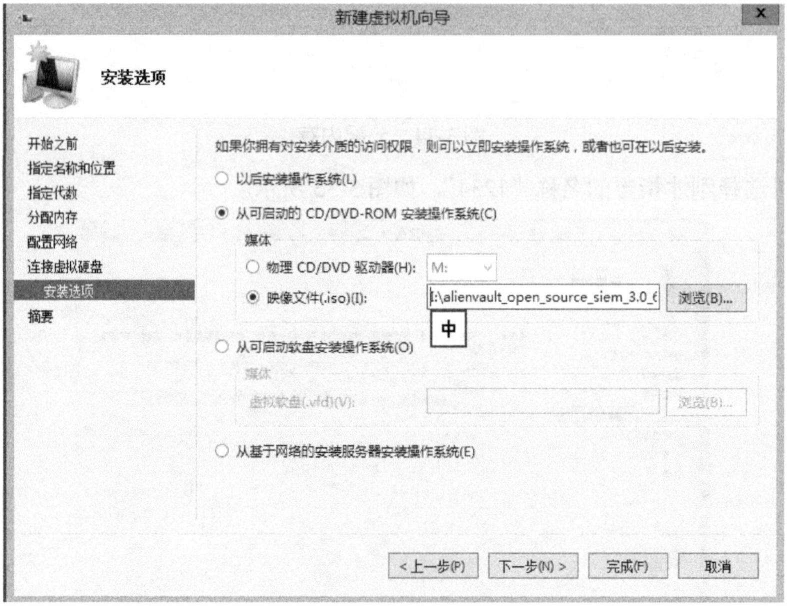

图 3-37　选择安装源

最后，单击"完成"按钮，结束虚拟机的设置。需要注意的是，必须选择"旧版网络适配器"，否则在安装 OSSIM 时无法识别到网卡，如图 3-38 所示。

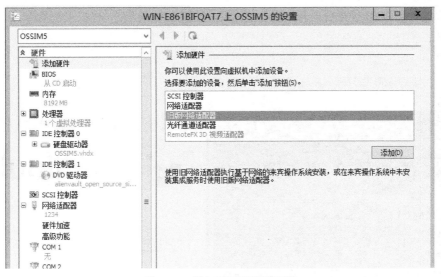

图 3-38 添加旧版网络适配器

将旧款网络适配器绑定到虚拟交换机，如图 3-39 所示。

图 3-39 将旧版网络适配器绑定到交换机

在添加一块 SCSI 硬盘后，开始启动虚拟机，如图 3-40 所示。

图 3-40　开始启动虚拟机

有关网卡选择的注意事项如下所示。

❍　在图 3-41 所示的界面中选择 "eth0: Ethernet"，它表示设备名称。

图 3-41　识别网卡

❍　旧版网络适配器虚拟的是芯片型号为 21140 的网卡。新款网络适配器增加了虚拟机队
列功能，传输速度比旧版更快。

「Q079」　在 Hyper-V 虚拟机中如何嗅探网络流量？

在 Windows Server 2012 中内置的 Hyper-V 3.0 可实现网络嗅探功能，其相关设置如图 3-42 所示。

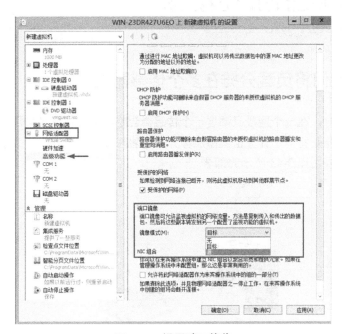

图 3-42　设置端口镜像

找到网络适配器选项下的"高级功能"按钮，在右侧选择端口镜像，在"镜像模式"中选择"目标"即可。

「Q080」　采用笔记本电脑安装 OSSIM 时，如何防止其休眠？

由于缺乏实验环境，一部分初学者最初会用两台笔记本电脑来模拟小型网络环境，但笔记本电脑为节省电能会默认启用高级电源管理功能，所以会导致系统休眠，从而影响 OSSIM 的使用。为了解决这个问题，可对某些与电源相关的 ACPI 事件进行调整，可以通过 /etc/system/logind.conf 中的下述选项进行配置。

❑ HandlePowerKey：按下电源键后的行为，默认为 power off。

❑ HandleSleepKey：按下挂起键后的行为，默认为 suspend。

- ○　HandleHibernateKey：按下休眠键后的行为，默认为 hibernate。
- ○　HandleLidSwitch：合上笔记本电脑之后的行为，默认为 suspend，建议改为 lock。

如果要让笔记本电脑合盖且不休眠，只需要把 HandleLidSwitch 选项设置为如下即可。

```
HandleLidSwitch=lock
```

设置完并保存后，运行下列命令它才会生效。

```
#systemctl restart systemd-logind
```

『Q081』　如何将负载分摊在多个传感器上？

在负载比较大时，在一个网段只部署一个传感器会吃不消，可尝试采用负载分摊的方法来解决这个问题，思路是将多个计算密集型服务分别部署在多个传感器上。为了把网络负载分摊在多个传感器上，采用图 3-43 所示的部署。

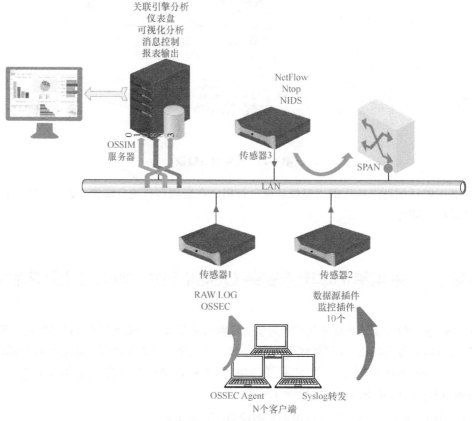

图 3-43　分摊负载法部署

这几个传感器都统一连接到 OSSIM 服务器，它们将各自采集的信息进行集中存放。

『 Q082 』　为什么不建议通过 USB 设备安装 OSSIM 系统?

背景：因为 OSSIM 项目的需要，小王在 VMware Workstation 上进行了很多次部署测试，基本掌握了安装方法，所以他打算在公司新到的一批 Dell 服务器上部署 OSSIM。根据平时的工作经验，小王将 OSSIM 的镜像文件复制到 U 盘上，然后使用 U 盘进行安装，结果在安装后期遇到了安装 GRUB 失败的错误提示。

随后，小王拿来了一个常用的 USB 外置光驱来安装，结果再次出现 GRUB 安装失败的错误提示。难道是这台服务器不能安装 OSSIM？还是这个 OSSIM 镜像出了问题？

在上面的案例中，小王使用的 U 盘、外置 USB 光驱对 Linux 系统而言，都属于 SCSI 设备，设备名称为/dev/sda，它们都使用 SCSI 协议来工作。

在 OSSIM 安装镜像文件的 simple-cdd 目录下有 defaultA.presed 文件，该文件定义了 GRUB 引导程序的安装路径/dev/sda，详情如下所示。

```
15 #Grub select sda
16 d-i grub-installer/bootdev string /dev/sda
17
18 d-i clock-setup/utc boolean false
19
20 base-config tzconfig/choose_country_zone_single boolean true
21 #d-i time/zone select US/Pacific
```

很显然，第 16 行代码的作用是安装 Boot Loader 选项，这里是指 GRUB 引导程序，其用途是将 GRUB 引导程序安装到/dev/sda 设备上。当然这个默认值可以手动指定为其他硬盘。

```
Grub-installer/bootdev string (hd0,0)
```

再例如：

```
Grub-installer/bootdev string /dev/sda /dev/sdb
```

在采用 USB 设备安装 OSSIM 时，系统会将 GRUB 安装到/dev/sda 设备上，但 OSSIM 不支持将引导程序安装到多块硬盘上。由于这个设备是以只读方式挂载的，所以就会报告 GRUB 安装失败。

注意，在 OSSIM 镜像安装文件的 simple-cdd 目录下的文件用来创建 Debian 安装系统，这里面的软件包可用来定制 Debian 的安装。

『 Q083 』　为什么在安装 OSSIM 5 的过程中不提示用户分区?

在 OSSIM 光盘中，simple-cdd 目录中的 defaultA.presed 文件的作用是实现 OSSIM 服务器

的混合式安装，defaultB.presed 文件的作用是实现 Sensor 的安装。以 defaultA.presed 为例，该文件还定义了自动磁盘分区、分区格式、大小分配，及 Swap 大小等问题，部分内容如下所示：

```
112 d-i partman-auto/expert_recipe string                           \
113       boot-root ::                                               \
114             500 10000 1000000000 ext3                            \
115                   $primary{ } $bootable { }                      \
116                   method { format } format { }                   \
117                   use_filesystem{ } filesystem{ ext3 } \
118                                                                   \
119                   .                                              \
120             64 512 300% linux-swap                               \
121                   method{ swap } format{ }                       \
122
```

定制分区容量时，要注意配置文件中用空格分隔的 3 个数字，例如第 114 行显示的 500、10000、1000000000，它们表示最小容量、权重和最大容量分别为 500MB、10000MB、1000000000MB。debian-installer 会根据权重自动在最小容量和最大容量之间取最合适的大小。

由于这个文件已自动设置好了，所以安装人员无法选择分区方式、分区格式化方式等。安装的软件包由 autoALLinONE.preseed、autoSensor.preseed 文件来定义，无须用户干预。

「Q084」　虚拟机环境下常见的 OSSIM 安装错误有哪些？

使用虚拟机安装 OSSIM 也会出现错误情况，下面例举了最常见的几种。

○　没有识别到网卡，故障提示如图 3-44 所示。

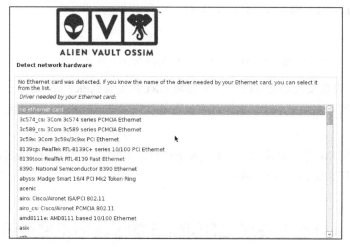

图 3-44　未识别到网卡

当系统有多块网卡时，在安装 OSSIM 时需要为 Snort 指定抓包网卡，如图 3-45 所示。默认的抓包网卡为 eth0（也可以指定其他接口）。

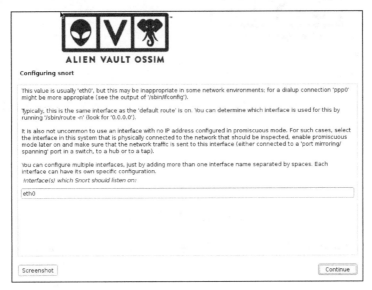

图 3-45　配置 Snort 监听网卡

〇　监听网卡错误，如图 3-46 所示。

图 3-46　监听网卡错误

〇　磁盘/dev/sda 故障，如图 3-47 所示。

图 3-47 虚拟磁盘发生错误

○ 访问 OSSIM 软件仓库失败，这一般是由网络不稳定造成的，如图 3-48 所示。

图 3-48 网络不稳定导致更新源失败

○ 安装 GRUB 失败，错误界面如图 3-49 所示。

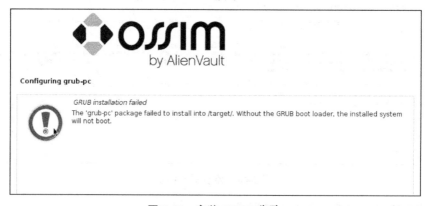

图 3-49 安装 GRUB 失败

本 章 测 试

下面列出部分测试题，以帮助读者强化对本章知识的理解。

1．下列选项中能够在虚拟机下实现网络嗅探功能的虚拟机软件是什么？（C）

    A．XENServer   B．KVM

    C．VMware Workstation

2．下面这条命令的作用是什么？（A）

```
#find . -maxdepth 1 -type f -size +10M -printf "%f:%s\n" | sort -t ":" -k2
```

    A．由小到大列出当前目录下大小超过 10MB 的文件

    B．列出当前目录下大小为 10MB 的文件

3．在宿主机 Windows 10 系统中已安装了 VMware Workstation 虚拟机软件，下列选项中的哪一个可以同时和 VMware 虚拟机软件一起运行？（A）

    A．VirtualBox   B．Hyper-V

4．为了在启动 OSSIM 系统时看到详细的启动过程，可用下面哪种方法来实现？（B）

    A．开机按下 F8 键

    B．开机 BIOS 自检后，在引导操作系统时按下 Esc 键

5．在命令行下更新 SCAP 库的命令是哪个？（A）

    A．openvas-scapdata-sync   B．openvas-nvt-sync

6．下列哪种方法最适合在一台物理服务器中安装 OSSIM？（A）

    A．磁盘 RAID 0 模式，采用服务器的 CDROM 安装

    B．磁盘 RAID 5 模式，采用 U 盘安装

    C．磁盘 RAID 6 模式，采用移动光驱安装

7．为了在命令行下观察 OSSIM 系统进程的启动过程，可在 OSSIM 系统开始引导时快速按下（A）键，再次按下该键可以返回正常启动模式。

    A．Esc   B．F2   C．Ctrl+Alt+ F2   D．F3

8．OSSIM 系统采用图形界面安装，为了在命令行下观察安装详细信息，可以按下（C）组合键实现；为了进入 Shell 状态，可按下（B）组合键；要重新返回 OSSIM 安装图形界面，可按下（E）组合键。

    A．Ctrl+Alt+F1   B．Ctrl+Alt +F2   C．Ctrl+Alt +F3   D．Ctrl+Alt +F5

E. Ctrl+Alt+F7

9. OSSIM 5 启动后长时间停留在图形界面，而且没有弹出登录窗口，此时可采用（A）组合键切换到命令行登录界面。

A. Ctrl+Alt +F3　　　B. Ctrl+Q　　　C. Ctrl+Shift+ F

10. OSSIM 正常运行时的运行级别为（B）级。

A. 1　　　　　B. 2　　　　　C. 3　　　　　D. 4

11. 在虚拟机 VMware Workstation 12 Pro 中安装 OSSIM 5.6 系统时，新建客户机时需要选择（C）操作系统，安装过程中虚拟机（F），可顺利安装 OSSIM 系统。

A. Microsoft Windows　　　　　B. CentOS 64 位

C. Debian 8.x 64 位　　　　　D. Other Linux

E. 必须联网　　　　　F. 必须断开网络

12. 安装 OSSIM 5.x 的过程中出现 "Installation step failed. You can try to run the failing item again from the menu, or skip it and choose something else. The failing step is:Select and install software" 报错提示，且安装进程停滞，同时在屏幕右下方显示 Continue 按钮。下列处理方式中正确的是哪个？（A）

A. 断开网络重新安装系统

B. 跳过报错提示，点击 Continue 按钮，继续安装系统

C. 镜像数据不完整，重新下载安装文件，继续安装

13. 在问题 12 中出现报错的原因是（D）。

A. 虚拟机操作系统类型选择错误

B. 内存分配太小

C. 磁盘空间不足

D. OSSIM 配置脚本将 Postfix 邮件系统别名设置为数字，导致参数配置错误，所以安装进程被中断

14. OSSIM 传感器安装完成后，在系统启动过程中一直停留在 "startpar:service(s) returned failure: rng-tools Plymouth … failed!" 一行，使用下列（A）方法可以出现登录界面。

A. 按下 Ctrl+Alt+ F3 组合键　　　　　B. 增加系统内存

C. 重新安装系统

15. 图 3-50 所示为典型的企业局域网，请为这张拓扑图设置分布式 OSSIM 系统，将服务器和传感器的位置进行合理布局，以实现监控 DMZ 区、接入层服务器以及分支办公室服务器的目的。这里假设各个 VLAN 之间相通，下面应在 A～F 的哪些节点上安装 OSSIM 服务器，

以及在哪些节点上安装 OSSIM 传感器？

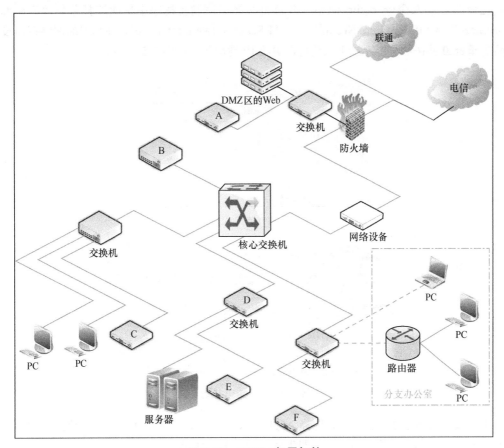

图 3-50　OSSIM 部署拓扑

答：在 B 节点安装 OSSIM 服务器，在 A、C、E、F 节点安装 OSSIM 传感器。

16．为了给一台混合式安装的 OSSIM 系统修改管理 IP 地址，服务器设置为单网卡模式，这时应修改哪些配置文件？

如果是手动修改配置文件，则需要更改以下文件中有关源 IP 地址的字段。

- ○ /etc/network/interfaces
- ○ /etc/hosts
- ○ /etc/ossim/agent/config.cfg
- ○ /etc/ossim/ossim_setup.conf
- ○ /etc/ossim/ossim/server/config.xml
- ○ /etc/default/fprobe

修改完成后，输入命令 alienvault-reconfig。如果采用终端控制台，则应采用下面的顺序操作：在命令行输入命令 ossim-setup，在弹出的终端控制台程序中依次选择菜单"0 System Preferences"→"0 Configure Network"→"1 Setup Network Interface"，在弹出的网络接口设置界面选择 eth0 并按回车键，接下来就可以更改 IP 地址了，如图 3-51 所示。

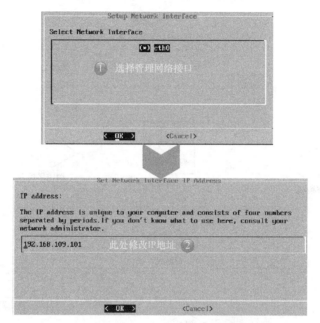

图 3-51　修改 IP 地址

IP 修改完成后退回到主界面，选择 Apply all Changes 选项并确认，此时系统会在后台运行 ossim-reconfig 脚本。设置完成后会立即生效，无须重启系统。

17．在 HPGL380G6 服务器上最初有 2 块硬盘，每块大小为 300GB，做了 RAID 0 之后，可安装并使用 Linux 系统 CentOS。客户又新增了 6 块磁盘，同时对这 8 块磁盘（容量品牌都相同）设置了 RAID 5 后安装 OSSIM 系统时却提示找不到硬盘，如何解决此类问题？

答：由于 MBR 的限制导致系统只能识别最大 2TB 的磁盘空间。使用 GPT 分区模式即可解决这个问题。

18．如果升级过程中出现异常，如何查询升级故障的日志？

升级日志位于/var/log/alienvault/update/目录下，格式类似于以下日志：

```
/var/log/alienvault/update/alienvault5_update-script-1509515695.log
```

第 4 章

OSSIM 系统维护与管理

关键术语

- ○ apt-get
- ○ 离线升级
- ○ 分布式部署
- ○ 恢复 OSSIM
- ○ Tickets

「Q085」 如何离线升级 OSSIM?

出于安全考虑，不建议将 OSSIM 服务器连接到外网，因此需要以离线方式升级 OSSIM。默认情况下，经过 alienvault-update 升级后所有的 deb（即在 Debian 下已编译好的二进制软件包）文件会保存在/var/cache/apt/archives/目录中，这些源的更新列表定义在/etc/apt/source.list 配置文件中。为实现离线安装，需要将此文件复制到目标 OSSIM 服务器上。

```
#scp *.deb root@192.168.150.200:/tmp/backup
```

在目标主机上执行 dkpg -i *.deb 命令，即能进行安装。

「Q086」 如何通过代理服务器升级系统?

使用代理服务器升级 OSSIM 时，要将 OSSIM 系统本身与互联网隔离，以保证系统安全。由于系统升级又必须联网进行，NAT 的方式并不安全，所以以下面通过代理来设置。

步骤 1 在终端控制台输入 ossim-setup 命令，在程序菜单中依次选择 0 System Preferences → 0 Configure Network → 4 Proxy Configuration 再选择 manual 选项。

步骤 2 在弹出的代理名称栏中输入代理口令，再输入代理用户名和端口号。

步骤 3 输入 Proxy DNS，这里可以输入 IP 地址，也可以输入主机名（前提是 DNS 系统工作正常）。

步骤 4 退回到主菜单，选择 Apply all Changes。

打开/etc/ossim/ossim_setup.conf，观察配置文件的变化。当然也可以直接修改配置文件，然后输入 ossim-reconfig 命令。接着输入 aplienvault_apt-get update 命令，开始通过代理服务器来升级系统。

「Q087」 OSSIM 升级过程中出现的 Ign、Hit、Get 分别代表什么含义？

要升级 OSSIM，只需在命令行中输入 alienvault-update 这条命令，升级过程如图 4-1 所示。

```
2017-10-15 21:41:24 (85.7 MB/s) - `/tmp/alienvault3_release-notes' saved [3973/3973]

Rewriting sources.list file (lenny)
Hit http://archive.debian.org lenny Release.gpg
Get:1 http://archive.debian.org lenny/volatile Release.gpg [481B]
Ign http://data.alienvault.com binary/ Release.gpg
Hit http://archive.debian.org lenny Release
Hit http://archive.debian.org lenny/volatile Release
Get:2 http://data.alienvault.com binary/ Release.gpg [198B]
Ign http://archive.debian.org lenny/main Packages/DiffIndex
Ign http://data.alienvault.com binary/ Release
Ign http://archive.debian.org lenny/contrib Packages/DiffIndex
Get:3 http://archive.debian.org lenny/volatile Release [40.7kB]
Get:4 http://data.alienvault.com binary/ Release [738B]
Hit http://archive.debian.org lenny/main Packages
Ign http://archive.debian.org lenny/volatile Release
Hit http://archive.debian.org lenny/contrib Packages
Ign http://data.alienvault.com binary/ Packages/DiffIndex
Ign http://archive.debian.org lenny/volatile/main Packages/DiffIndex
Hit http://archive.debian.org lenny/volatile/main Packages
```

图 4-1 升级过程

图中出现的 Ign、Hit、Get 的含义如下。

- Ign（Ignored）：忽略包检查。
- Hit：目前是最新的软件包。
- Get：找到了比现在还新的软件版本，需要下载升级。

「Q088」 在 OSSIM 中，update 和 upgrade 参数有何区别？

update 是下载源里面的元数据（metadata），包括这个源有哪些升级包，每个包分别是什么版本。upgrade 是根据 update 命令下载的元数据，决定要更新哪些包（同时获取每个包的位置）。安装软件之前可以不执行 upgrade，但必须执行 update。因为旧信息指向旧版本的包，所以源服务器更新之后，旧的包可能被新的包替代。在 Web UI 中更新 OSSIM 系统时，如遇到图 4-2 所示的界面，应单击 UPGRADE 按钮。UPDATE FEED ONLY 按钮表示更新整个仓库的版本信息，但会保留以前软件所产生的临时文件。只有 UPGRADE 是在旧软件包的基础上安装全新软件，而且更新时间会更长。

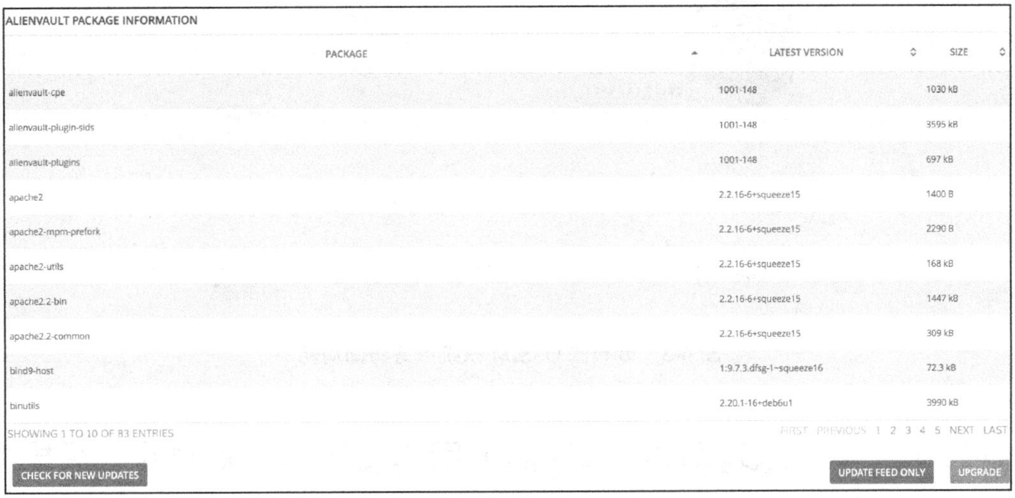

图 4-2　Web UI 下更新 OSSIM

『Q089』 如何确保分布式 OSSIM 系统的安全?

OSSIM 采用一些稳定可靠的开源安全工具来保证自身系统的安全，具体如下。

- 分布式 OSSIM 系统自身具备的防御工具（自带的安全软件如图 4-3 所示）。Ntop 是一种流量监控工具，能分析 OSSIM 服务器所在 VLAN 的流量。
- OSSIM 中的防护工具包括 Snort、OSSEC 及 iptables。
- 在 MySQL、Redis 服务中，杜绝一切远程访问。
- OpenSSL 加密服务器和传感器之间的通信，HTTPS 安全连接保证远程打开安全的 Web UI。
- 交换机安全设置。

为加强分布式 OSSIM 系统的安全，应在交换机上为服务器和各个传感器建立 ACL 并设置 IP-MAC 绑定。

由于 OSSIM 数据库中重要的表会进行加密处理，加之以上各种防护和监控措施，所以 OSSIM 平台的整体安全性得到了进一步提升。

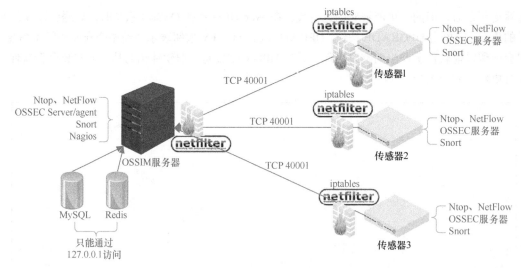

图 4-3 分布式 OSSIM 系统自身防御功能

『Q090』 若在 OSSIM 服务器上启用 SELinux 服务，后果会如何？

SELinux（Security Enhanced Linux）的目的在于明确指明某个进程可以访问哪些资源（包括文件、网络端口等）。有些读者为了加固 OSSIM 系统，那么通常会按照下列方法进行操作。

```
#apt-get install selinux-basics
#apt-get install selinux-utils
#apt-get install selinux-policy-default
#apt-get install setools
#selinux-activate
#check-selinux-installation        // 检查 SELinux 是否装成功
```

当完成这些操作之后，系统安全性并不会加强。相反，如果启用 SELinux 服务，文件权限不但发生了改变，而且还禁止了.so 库的调用。这会导致大量加载 PHP 扩展插件，从而使得 OSSIM 系统无法正常工作。

『Q091』 OSSIM 仪表盘典型视图分为几类，各有何特点？

OSSIM 系统可以通过仪表盘（DASHBOARD）展示数据视图。仪表盘是模仿汽车速度表的一系列图表，特点是简单、直观和高效。下面查看几种典型的 OSSIM 图例。

○ 雷达图

雷达图也称为星状图，如图 4-4 中的（a）和（b）所示。它是一种以二维形式展示多维数据的图形。雷达图从中心点辐射出多条坐标轴，在每一维度上的数值都占用一条坐标轴，并和相邻坐标轴上的数据点连接起来，形成一个多边形。

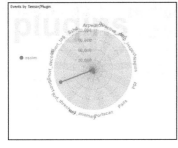 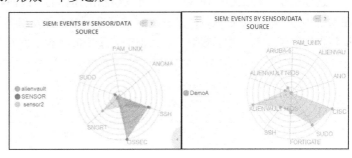

　　　　(a) 老款式样　　　　　　　　　　　　　　　(b) 新款式样

图 4-4　雷达图

　　雷达图周边是按插件统计的事件名称，点、线面所连成的区域可以描述事件的多少，从而分析出态势程度。如果将相邻坐标轴上的刻度点也连接起来，可方便读取数值。雷达图的特点是数值越大越靠近边缘，数值越小则越接近圆心。

　　在 OSSIM 中，不同传感器收集到的各类事件采用不同的颜色加以区分，并显示在一张雷达图上。

　　❑　饼图和柱状图

　　OSSIM 的仪表盘还可以采用饼图和柱状图形式，因为相较于字符，图形更容易理解。大家或许会问，仪表盘中为什么有饼图和柱状图等多种表现形式呢？先拿首次登录 Web UI 时显示的 SIEM: TOP 10 EVENTS CATEGORIES 这种饼图进行说明。从表面上看，这种饼图在数据可视化方面表现出色，但在一幅饼图中若有多个相似值，则大多数人无法准确区分它们的差异。除非将鼠标移动到扇面之上，才会显示报警类型及数量大小。而且饼图没有明显的开始和结束标志，这使得人们难以集中关注某一类报警，尤其是饼图在表达多种报警类型时，各个扇面之间很难保持高对比度（实际上这是图论中学过的扇面着色问题）。但柱状图却能避免这些问题，这些柱状图往往以坐标的方式提供参考系(有 x 轴和 y 轴)，可以有效地将数据准确展现给大家，如图 4-5 所示。

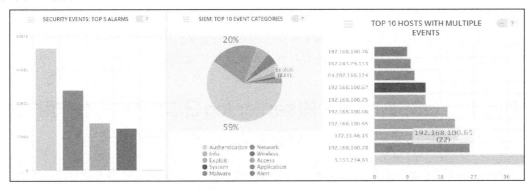

图 4-5　饼图与柱状图表达方式的对比

○　迷你图

迷你图是一种微小的曲线图，它可以绘制出迷你的折线图和迷你的柱状图，如图 4-6 所示。在系统环境快照、流量抓包以及漏洞扫描等界面中都能发现迷你图的身影。在迷你折线图中，最高点和最低点都添加了数值，这不但节省了空间，也能直观表达数据变化的趋势。

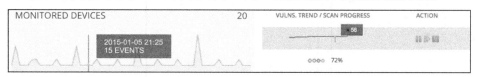

图 4-6　迷你图

「Q092」　通过 OSSIM 4.3 能直接升级到 OSSIM 5.4 吗？

不能。对于从 OSSIM 4.3 到 4.11 的所有版本，在使用 alienvault-update 命令升级时，只能升级到 5.1.1 版本。

「Q093」　如何定制 OSSIM 系统的启动画面？

要想修改启动画面，需了解启动管理器 Plymouth，它是用来提供开机启动画面的工具包，OSSIM 默认安装了 Plymouth。通过以下命令可查看 OSSIM 的当前主题。

```
alienvault:~# plymouth-set-default-theme  -l
alienvault
details
fade-in
text
tribar
```

上面显示的 alienvault 是默认主题，如果修改主题为 fade-in 主题，则应输入下列命令：

```
alienvault:~# plymouth-set-default-theme -R fade-in
update-initramfs: Generating /boot/initrd.img-3.16.0-4-am64
```

其中选项-R 表示要求重新生成 initrd 文件（生成新内核文件的时间较长），若没有该选项，则主题改变无法生效。执行完以上命令后，重启系统就可以看到效果。

「Q094」　OSSIM 系统中的server.log 日志文件有什么作用？如果此文件增涨到10GB 以上，该如何处理？

server.log 位于/var/log/alienvault/server/目录下，主要用于记录 OSSIM 服务器日志，其形式如下：

```
2017-07-12 12:31:01 OSSIM-Message: tz->_priv->zoneinfo is 0xf72ed20
2017-07-12 12:31:01 OSSIM-Message: tz->_priv->timecnt is 181
2017-07-12 12:31:01 OSSIM-Message: tz->_priv->zoneinfo is 0xf72cc20
2017-07-12 12:31:01 OSSIM-Message: tz->_priv->timecnt is 181
2017-07-12 12:31:01 OSSIM-Message: tz->_priv->zoneinfo is 0xf728160
2017-07-12 12:31:01 OSSIM-Message: tz->_priv->timecnt is 181
2017-07-12 12:31:01 OSSIM-Message: tz->_priv->zoneinfo is 0xf7217a0
```

该文件不会自动分割，若长时间不处理会变得很大。可按照如下方式进行处理。

使用下面的命令建立计划任务（cron job），并设定为每小时执行一次：

```
# cat server.log | grep -v '_priv' >> server_clean.log
```

「Q095」 apt-get 的常见用途有哪些?

apt-get 命令是 OSSIM 维护人员必须掌握的操作命令，其详细用途如下。

○ apt-cache search ossim：在软件包列表中搜索含有 ossim 字符串的包。

○ apt-cache show package name：获取包的相关信息，如说明、大小、版本等。

○ apt-get install package name：安装包。

○ apt-get install package - - reinstall：重新安装包。

○ apt-get -f install：修复安装。

○ apt-get remove package：删除包。

○ apt-get remove package - - purge：删除包，包括配置文件等。

○ apt-get update：更新源。注意，在修改了/etc/apt/sources.list 或/etc/apt/preferences 之后，需要运行该命令。

○ apt-get upgrade：更新已安装的包（常用于新安装的 OSSIM）。

○ apt-get dist-upgrade：升级系统。

○ apt-cache depends package：显示软件包使用的依赖情况。

○ apt-cache depends package：查看该包被哪些包所依赖。

○ apt-get build-dep package：安装相关的编译环境。

○ apt-get source package：下载该包的源代码。

○ apt-get clean：清理无用的包。

○ sudo apt-get autoclean：清空 apt 的缓存空间。

○ apt-get check：检查是否有损坏的依赖。

『Q096』 OSSIM 中的 IDM 表示什么含义？如何启动 IDM 服务？

OSSIM 系统中的 IDM 表示身份管理（Identity Management），它可发现从同一个宿主事件发送过来的与用户身份相匹配的信息。IDM 服务通过/etc/init.d/alienvault_idm start/stop 方式启动或停止。如果停止 IDM 服务，那么 SIEM 将无法填充安全事件。

『Q097』 开源 OSSIM 系统所使用的文件系统是什么，有什么局限性？

从 OSSIM 3.x 到 5.6 在内的开源 OSSIM 系统均使用 ext3 文件系统。

ext3 文件系统的局限性

在 ext3 文件系统中，当块大小为 1KB 时，所允许的最大单个文件为 16GB，最大文件系统为 2TB，且 ext3 文件系统一级子目录的默认个数为 32000 个。OSSIM 系统不建议在一个目录下有太多的文件或者目录，过多的文件会降低文件系统查找文件或目录的性能。在 ext3 文件系统下，单个目录里的最大文件数无特别限制，它受限于所在文件系统的 inode 数。在 ext3 文件系统内给文件/目录命名时，文件名最长可以为 255 个字符。

ulimit –a 命令显示用户可以使用的资源限制，unlimited 表示不限制用户使用该资源。

```
alienvault:~# ulimit -a
core file size          (blocks, -c) 0
data seg size           (kbytes, -d) unlimited
scheduling priority             (-e) 0
file size               (blocks, -f) unlimited
pending signals                 (-i) 34188
max locked memory       (kbytes, -l) 64
max memory size         (kbytes, -m) unlimited
open files                      (-n) 1000000
pipe size            (512 bytes, -p) 8
POSIX message queues     (bytes, -q) 819200
real-time priority              (-r) 0
stack size              (kbytes, -s) 8192
cpu time               (seconds, -t) unlimited
max user processes              (-u) 34188
virtual memory          (kbytes, -v) unlimited
file locks                      (-x) unlimited
```

为了避免 ext3 的局限性，OSSIM 企业版采用了更先进的 ext4 文件系统，它支持更大的容量。ext4 分别支持 1EB（1048576TB，1EB=1024PB，1PB=1024TB）的文件系统、单个最大为 16TB 的文件，以及无限数量的子目录。

在使用命令 fsck 检查和维护不一致性时，以前在 ext3 文件系统中执行 fsck 的第一步时会比较慢，因为它要检查所有的 inode。现在 ext4 文件系统为每个组的 inode 表都添加了一份未使用 inode 列表，因此 fsck 的执行速度得以提升。此外，ext4 支持在线碎片整理，还提供了 e4defrag 工具对个别文件或整个文件系统进行碎片整理。

「Q098」 当 OSSIM 的数据库受损时，如何恢复 OSSIM？

当 OSSIM 的数据库意外受损时，最简单的方法是通过 OSSIM 终端控制台进行数据库恢复的设置。可通过 ossim-setup 命令进入 AlienVault 控制台，并依次选取 Maintenance& Troubleshooting→ Maintain Database→Restore database to factory settings。"恢复出厂设置"是在 AlienVault 4.14.2 之后新增加的一项实用功能。一旦进行了初始化操作，那么再次登录 Web UI 时需要重新输入管理员密码，并再次进行系统初始化，最后手动添加传感器。经过这几步操作之后，会生成全新的系统。手动恢复过程分为以下 6 个关键步骤。

步骤 1　停止所有应用。

```
/etc/init.d/monit stop
/etc/init.d/ossim-server stop
/etc/init.d/ossim-agent stop
/etc/init.d/ossim-framework stop
/etc/init.d/alienvault-idm stop
/etc/init.d/alienvault-center stop
/etc/init.d/alienvault-api stop
```

步骤 2　备份原 ossim_setup.conf 文件。

```
#cp /etc/ossim/ossim_setup.conf  /root/ossim_setup.conf_last
```

步骤 3　恢复数据库。

```
#zcat alienvault-dbs.sql.gz |osism-db
#tar xvzf alienvault-mongo.tgz              // 解压文件
#mongorestore  --db inventory dump/inventory/    // 恢复 MongoDB
```

步骤 4　恢复环境。

○　删除当前配置。

```
#rm -rf /etc/ossim/ /etc/alienvault/ /etc/alienvault-center/ /etc/ansible/
/root/.ssh/ /home/avapi/ /home/avforw/ /home/avserver/ /var/ossec/ /etc/snort/
/etc/suricata/ /etc/nagios3/ /etc/openvpn/ /var/cache/openvas/
/var/lib/openvas/ /etc/logrotate.d/ /etc/rsyslog.d/ /etc/apache2/
/usr/share/alienvault-center/ /etc/nfsen/ /etc/mysql/ /var/ossim/keys/
/var/ossim/ssl/ /etc/hosts /etc/resolv.conf
```

○　从备份中恢复。

```
#tar xvzf alienvault-environment.tgz -C  /
```

❏ 将 AlienVault 配置文件复制到/etc/ossim/目录下。

```
#cp /root/ossim_setup.conf_last /etc/ossim/
```

❏ 执行下列命令更新文件权限。

```
alienvault:~#tar tvzf alienvault-environment.tgz | tr -s ' ' > file_list
alienvault:~#ulimit -s 65536
alienvault:~#cd /
alienvault:~# cat /root/permission.sh
#!/bin/bash
for i in `cat /root/file_list | cut -f2 -d " " |sort -u `;
do user=`echo $i | cut -f1 -d "/"`;
group=`echo $i |cut -f2 -d "/"`;
chown $user:$group `grep $i /root/file_list |cut -f6 -d " " |xargs`;
done
alienvault:~#/root/permission.sh
alienvault:~#ulimit -s 8192
alienvault:~#cd root
```

步骤 5　恢复 RAW 数据。

❏ 将 alienvault-data.tgz 文件解压到根目录。

```
#tar xvzf alienvault-data.tgz -C /
```

❏ 执行下列命令更新文件权限。

```
#tar tvzf alienvault-data.tgz | tr -s ' ' > file_list
#ulimit -s 65536
#cd /
alienvault:~# /root/permission.sh
#ulimit -s 8192
```

步骤 6　启动服务。

```
#ossim-reconfig  -c -v -d          // 重启各项服务，执行该命令后，屏幕会弹出大量信息
```

至此，已将故障 OSSIM 服务器的数据备份到新 OSSIM 服务器上，由新机器接管旧服务器。

「Q099」 为什么在 OSSIM 3.1 系统上输入 ossim-update 命令进行升级后 OCS 模块会消失？

之前曾遇到这样一种现象，即在 OSSIM 3.1 系统的命令行下输入 ossim-update 命令后，能看到更新源和下载安装包的升级过程，但是整个操作结束后，系统并没有升级。

由于 AlienVault 的更新库已经不再支持 OCS，所以看不到效果。不但如此，升级之后反而会把原先在 Assets 里自带的 OCS Inventory 功能卸载。

『Q100』 OSSIM 消息中心为什么总显示互联网连接中断?

在查看 OSSIM 消息中心的网络配置信息时,Internet Connection 状态显示为 "X",如图 4-7 所示。这一问题的原因在 utils.js 脚本上。

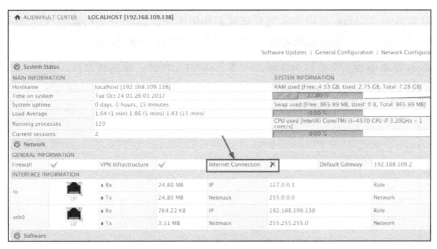

图 4-7　OSSIM 网络配置信息

先看/usr/share/ossim/www/js/utils.js 脚本的第 809～812 行,其内容如下:

```
The variable internet is a variable loaded in a remote script.
809    It is loaded in /home/index.php
810    <script type="text/javascript" src="https://www.alienvault.com/product/
help/ping.js"></script>
811 */
812 function is_internet_available()
```

在 utils.js 脚本中链接了一个脚本 ping.js,主要用来检测连通性。由于网络原因无法访问 ping.js 脚本,因此 Internet Connection 的状态显示为 "X"。

『Q101』 OSSIM 系统的软件包中包含 amd64 字样,这表示什么含义?

通常带有 amd64 字样的软件包并不是只能安装在 AMD CPU 计算机上,它表示该软件包支持 AMD 64 位内核扩展,具有 64 位用户空间。软件版本中的 "All" 表示支持 AMD 和 Intel 的 32 位和 64 位的平台。

带有 i386 字样的软件包适用于 AMD、Intel 中所有 x86 体系架构的 32 位处理器,Debian

支持多种架构 CPU，但在 ARM、IA64、MIPS、POWER PC 服务器上无法安装 OSSIM。

注意，在 32 位操作系统上无法安装 amd64 字样的软件包。

「Q102」 如何将 Tickets 加入知识库？

可以将典型的 Tickets 文档加入到系统漏洞知识库中，这部分文档属于自定义的漏洞知识库。随着应用的深入，大家会慢慢积累一些符合企业网特点的漏洞库文档。

在 Tickets 菜单中找到优先级为 7 级的一条事件 VUL1295，单击该事件，如图 4-8 所示。

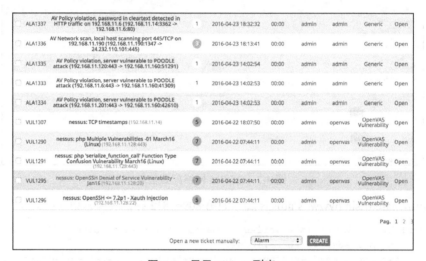

图 4-8　显示 Tickets 列表

接下来的界面中显示了名称、类别、端口等信息，如图 4-9 所示。

图 4-9　Tickets 细节

接着单击 NEW DOCUMENT 按钮，在弹出的页面中根据一定语法规则加入描述信息，并上传附件信息，如图 4-10 所示。Tickets 的 KNOWLEDGE BASE 不支持中文，大家在使用时要注意。设置完成后单击 SAVE DOCUMENT 按钮。

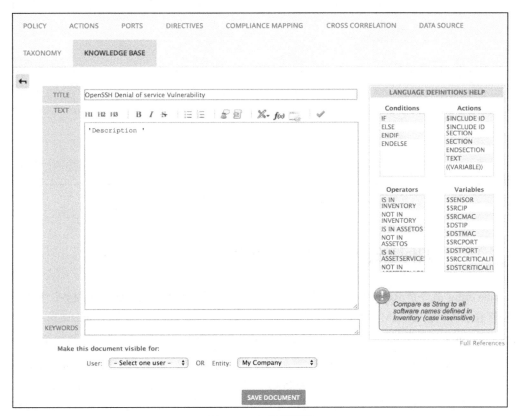

图 4-10　知识库配置

之后会弹出该文档的 ID 号（例如 "ID: 50119"），并提示是否需要添加附件。对于重要事件，都需要保存截图以便备查。单击 YES 按钮，如图 4-11 所示。

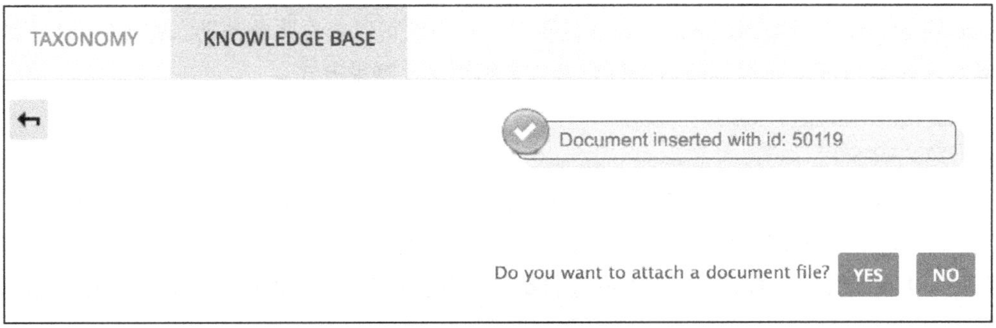

图 4-11　添加附件

附件添加完成后就能显示刚添加的信息，如图 4-12 所示。

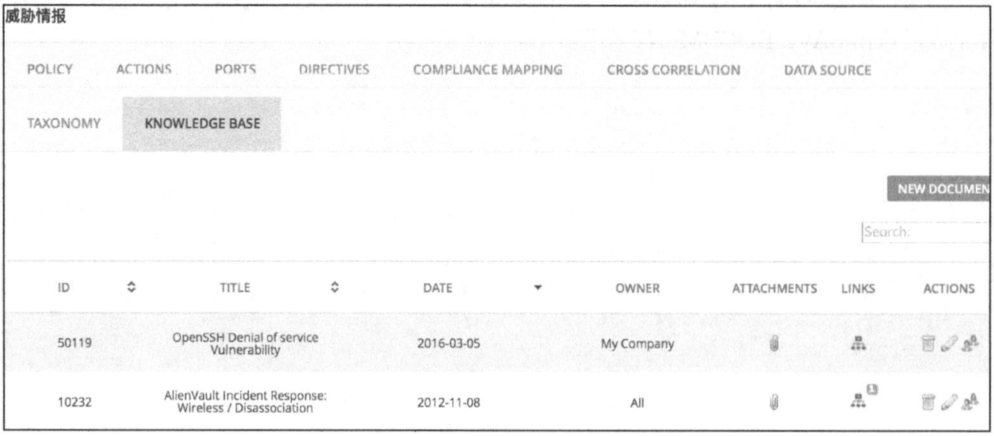

威胁情报

POLICY　ACTIONS　PORTS　DIRECTIVES　COMPLIANCE MAPPING　CROSS CORRELATION　DATA SOURCE

TAXONOMY　**KNOWLEDGE BASE**

NEW DOCUMEN

Search:

ID	TITLE	DATE	OWNER	ATTACHMENTS	LINKS	ACTIONS
50119	OpenSSH Denial of service Vulnerability	2016-03-05	My Company			
10232	AlienVault Incident Response: Wireless / Disassociation	2012-11-08	All			

图 4-12　显示添加附件记录

「Q103」　如何管理 OSSIM 系统服务？

chkconfig 命令是 RedHat 公司开发的小工具，可用于查询操作系统的系统服务，其中包括各类常驻服务。在 OSSIM 系统中除了有这款工具以外，还有 Debian 专用的 update-rc.d 工具，它与 chkconfig 工具类似，两者的最大区别为 update-rc.d 是一个脚本而不是二进制程序。

当在 Debian Linux 下安装新的应用服务器（例如 Apache2）时，装完之后它会默认启动，并在下次重启后自动运行。如果不需要自动启动，则可以禁用这个功能，为此可手工修改 /etc/rc2.d 目录下 apache2 的符号链接文件。但这样的效率较低，所以建议使用 update-rc.d 命令实现。

```
#update-rc.d -f apache2 remove      // 删除一个服务
#update-rc.d apache2 defaults       // 增加一个服务
```

在 OSSIM 系统中，另外一个管理和控制服务的工具是 invoke-rc.d，与 RedHat Linux 下的 service 和 ntsysv 工具类似。invoke-rc.d 的更多使用方法可以查看系统帮助。在 OSSIM 下通过安装 sysv-rc-conf 工具可以调整命令行登录方式和图形化登录方式。

```
#apt-get install sysv-rc-conf
#sysv-rc-conf
```

在图 4-13 中，虚线框表示系统的启动级别，实线框表示待选择的服务，按下空格键可以选取该服务，再次按下空格键就可取消该服务。在显示界面中可以发现，原来 Debian 默认运行级别 2、3、4 和 5 级都是 GUI，现在选择运行级别 3 并去掉其中的 gdm3 服务，然后按 Q 键退出程序。

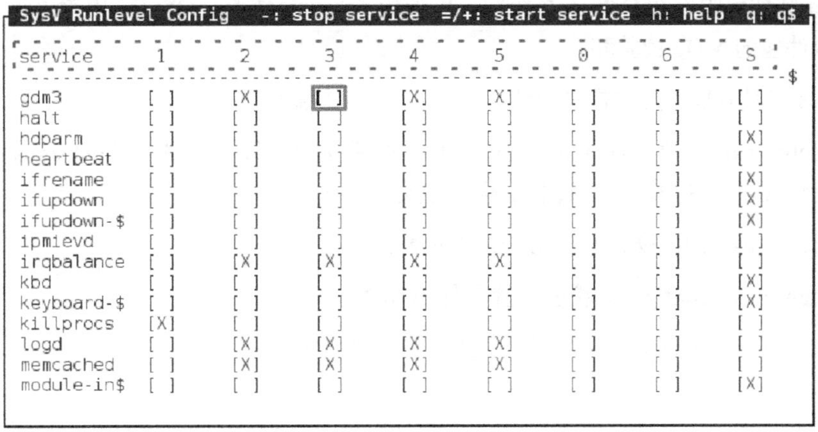

```
SysV Runlevel Config   -: stop service  =/+: start service  h: help  q: q$
-----------------------------------------------------------------------
service       1      2      3      4      5      0      6      S
-----------------------------------------------------------------------$
gdm3         [ ]    [X]   [ ]    [X]    [X]    [ ]    [ ]    [ ]
halt         [ ]    [ ]    [ ]    [ ]    [ ]    [ ]    [ ]    [ ]
hdparm       [ ]    [ ]    [ ]    [ ]    [ ]    [ ]    [ ]    [X]
heartbeat    [ ]    [ ]    [ ]    [ ]    [ ]    [ ]    [ ]    [ ]
ifrename     [ ]    [ ]    [ ]    [ ]    [ ]    [ ]    [ ]    [X]
ifupdown     [ ]    [ ]    [ ]    [ ]    [ ]    [ ]    [ ]    [X]
ifupdown-$   [ ]    [ ]    [ ]    [ ]    [ ]    [ ]    [ ]    [X]
1pmievd      [ ]    [ ]    [ ]    [ ]    [ ]    [ ]    [ ]    [ ]
irqbalance   [ ]    [X]   [X]    [X]    [X]    [ ]    [ ]    [ ]
kbd          [ ]    [ ]    [ ]    [ ]    [ ]    [ ]    [ ]    [X]
keyboard-$   [ ]    [ ]    [ ]    [ ]    [ ]    [ ]    [ ]    [X]
killprocs    [X]    [ ]    [ ]    [ ]    [ ]    [ ]    [ ]    [ ]
logd         [ ]    [X]   [X]    [X]    [X]    [ ]    [ ]    [ ]
memcached    [ ]    [X]   [X]    [X]    [X]    [ ]    [ ]    [ ]
module-in$   [ ]    [ ]    [ ]    [ ]    [ ]    [ ]    [ ]    [X]
```

图 4-13　配置启动服务

「Q104」 OSSIM 系统当使用 alienvault-update 升级后.deb 文件位于何处？升级过程中报错怎么办？

当使用 alienvault-update 命令升级时，应先更新 Debian 源，然后开始下载需要更新的软件包，然后解压并安装。升级完成后剩下的.deb 文件会驻留在系统中，其存放路径为/var/cache/apt/archives/。如果磁盘空间不足，可以删除这些文件。

如果用 apt-get 命令安装软件包，在软件安装没有结束时就按下 Ctrl + Z 组合键强制退出，则当再次使用 apt-get install 命令进行安装时，那么系统会出现 "could not get lock /var/lib/dpkg/lock -open" 提示信息。出现这个问题的原因是，有另外一个程序正在运行，从而导致资源被锁（不可用）。而资源被锁的原因可能就是上次安装没有正常完成。通过以下命令可解决该问题：

```
#sudo rm /var/cache/apt/archives/lock
#sudo rm /var/lib/dpkg/lock
#apt-get install kernel*
E: Could not get lock /var/lib/dpkg/lock - open (11:Resource temporarily unavailable
E: Unable to lock the administration directory (/var/lib/dpkg/),is another process
using it?
```

「Q105」 如何校验已安装的 Debian 软件包？

下载 Debian 软件包时，可能面临网络连接不稳定或者突然断电的情况，这会导致软件包受损。所以对照存储在软件包中的信息，验证文件系统上的文件是一个重要步骤。如何校验已安装的 Debian 软件包呢？在 Debian 系统中，可使用 debsums 工具（OSSIM 内置了该工具）来校验已安装软件包的 MD5 校验和。

debsums 工具有以下几种常见用法。

- ❍ #debsums：对照常规的 md5sum 文件校验系统上的每个文件。在 debsums 命令输出的左边显示文件位置，右边显示校验结果。
- ❍ #debsums --all：校验所有配置文件的 MD5。
- ❍ #debsums --config：只校验配置文件的 MD5。
- ❍ #debsums --changed：在输出中只显示变化的文件。

『Q106』 OSSIM 下有什么好用的包管理器吗？

aptitude 和 dpkg 是 OSSIM 中基于命令行的包管理器，但它们使用起来并不直观。这里推荐一款名为 synaptic 的软件包管理器。由于 synaptic 工作在 X-window 环境中，故需要先安装图形环境，再执行以下命令来安装。安装好之后在命令行下直接输入 synaptic 命令即可启动。该软件启动后的界面如图 4-14 所示。

```
#apt-get install synaptic        // 安装软件
#synaptic                        // 启动该软件
```

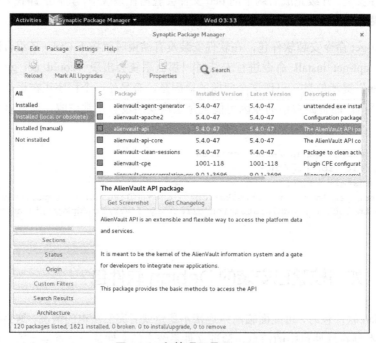

图 4-14　包管理工具 synaptic

〖Q107〗　在 OSSIM 系统中如何分配 tmpfs 文件系统的大小?

在 OSSIM 系统中,tmpfs 是基于内存的临时文件系统。/mnt/tmpfs 最初空间很小,但随着文件不断被复制和创建,tmpfs 文件系统驱动程序会分配更多的虚拟内存(Virtual Memory,VM),并按照需求动态地增加文件系统的空间。当删除/mnt/tmpfs 中的文件时,tmpfs 文件系统驱动程序会动态地减小文件系统并释放 VM 资源,这样可以让系统的其他部分按需使用这些VM 资源。因为 VM 相当宝贵,所以在使用时不要过多分配 VM,tmpfs 的好处之一在于这些都是自动处理的。在 OSSIM 系统中,tmpfs 的大小约为内存容量的一半,可以在命令行中通过 df命令查看 tmpfs 的大小。

〖Q108〗　OSSIM 系统如何同步时间?

OSSIM 系统采用 Web 方式同步时间。

方法为在控制台菜单中依次选中 Deployment→System→Configuration→General Configuration。在 NTP 服务器中可以填写内网的 NTP 服务器地址。如果能直接访问公网,则可以填入地址:178.79.183.187。当在 Web 中保存设置后,系统会将该 IP 地址写到/etc/ossim/ossim_ setup.conf配置文件中。

〖Q109〗　如何通过删除日志的方式来释放 OSSIM 平台上的磁盘空间?

长期运行的 OSSIM 系统会产生大量过期的日志数据,可通过以下步骤将其清理。

步骤 1　通过 SSH 连接到 AlienVault 设备,将会看到 AlienVault 设置菜单。选择"Maintenance& Troubleshooting",如图 4-15 所示。

图 4-15　维护 OSSIM

步骤2 选择"Maintain Disk and Logs"，如图 4-16 所示。

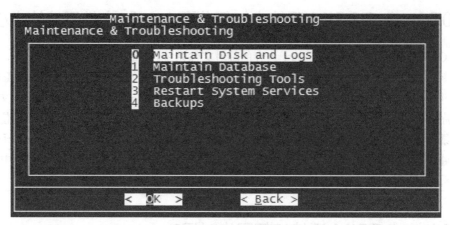

图 4-16　维护磁盘

步骤3 选择"Purge Old System Logs"，如图 4-17 所示。

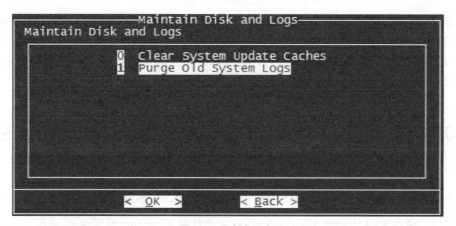

图 4-17　清除日志

此时会显示如下提示：

```
Access the AlienVault web interface using the following URL: https://192.168.10
9.138/
Removed:
/var/log/apache2/access.log.2.gz
/var/log/apache2/error.log.2.gz
/var/log/alienvault/api/api_access.log.1.gz
/var/log/alienvault/api/celerybeat.log.2.gz
/var/log/alienvault/api/api_error.log.1.gz
/var/log/alienvault/api/celery_workers.log.1.gz
/var/log/alienvault/api/celery_workers.log.2.gz
… …
```

如果使用的是 OSSIM 企业版，那么菜单中还会显示 "Delete logger entries older than a date"。它表示将删除比指定日期早的所有原始日志数据，从而释放 OSSIM 企业版中的磁盘空间。

「Q110」　如何检测 OSSIM 系统整体的健康状态？

在 OSSIM v4.11 Server 命令行下输入命令 alienvault-doctor，执行结果如图 4-18 所示。

```
#alienvault-doctor
```

```
alienvault:~# alienvault-doctor

AlienVault Doctor version 4.11.0 (Hemingway)

    AlienVault version:                              4.11.0
    Installed profiles:        Sensor,Server,Framework,Database
    Operating system:                                 Linux
    Hardware platform:                              x86_64
    Hostname:                                      alienvault

Hmmm, let the Doctor have a look at you...▮
```

图 4-18　执行 alienvault-doctor 命令的结果

该命令可以显示 OSSIM 系统中各组件的状态信息，包括系统磁盘、网络接口、服务器日志及数据库的状态等。

「Q111」　如何记录 Web UI 中 SQL 查询日志信息的情况？这些内容在何处？

SQL 查询、数组等信息默认保存在系统/usr/share/ossim/include/av_config.php 文件中，而不是记录到日志信息中。define（"AV_DEBUG",0);中的 0 表示默认不记录日志。如果需要记录 SQL 查询日志信息，则需要将这个值修改成 3，然后日志文件会存放在/var/log/alienvault/ui/ui.log 文件中。

「Q112」　如何禁止系统向 root 用户发送电子邮件？

OSSIM 系统默认会将各类服务报错信息以电子邮件的形式发送给 root 用户，可通过以下方式禁止发送。

编辑/etc/ossim/framework/ossim.conf 文件，如果不需要接收电子邮件，则注释掉以下两行内容：

```
Email_alert=root@localhost
Email_sender=ossim@localhost
```

『Q113』 可使用什么命令来查询 UUID 号？

每个 OSSIM 系统有唯一的 UUID 号，可使用命令 alienault-system-id 进行查询，也可以通过查看/etc/ansible/keys 文件来获得。

『Q114』 智能移动终端如何访问 OSSIM？

OSSIM 从 2.3 版本起就支持移动终端（例如手机或 iPad）的访问。在防火墙设置 NAT 后，用户可通过公网 IP 直接访问 OSSIM Web UI，如图 4-19 所示。

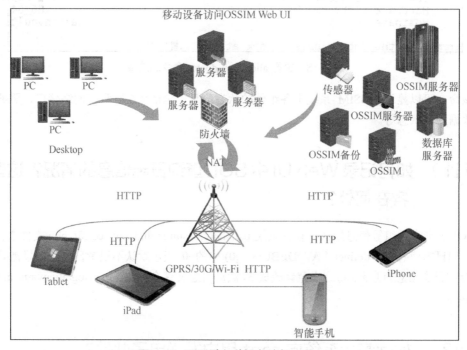

图 4-19　可通过各种设备访问 OSSIM

使用手机登录 OSSIM 平台的效果如图 4-20 和图 4-21 所示。

(a) 手机登录界面　　　　　　　　(b) 手机登录 Web UI

图 4-20　手机登录 OSSIM

(a) 显示状态概况　　　　　　　　(b) 显示事件概况

图 4-21　手机上显示事件概况

无论是 Apple 设备还是 Android 设备，在登录 OSSIM Web UI 时，两者具有一致的用户体验。

『Q115』 如何修改 OSSIM 登录的超时时间？

管理员用户登录的超时时间默认为 15min，修改方法如下。

选择 Web UI 中的 Deployment→Alienvault Components→Advanced，在 User action logging 中选择 Session timeout(minutes)，然后填入适当时间即可。

『Q116』 如何调整 OSSIM 系统管理员的密码登录策略？

以 OSSIM 4.15 系统为例，其方法如下。

在 Web UI 下选择 Deployment→Alienvault Components→Advanced，然后选择 Password policy，并在其中根据需要调整密码长度和复杂度等信息。

『Q117』 如何允许/禁止 root 通过 SSH 登录 OSSIM 系统？

可在/etc/ssh/sshd_config 配置文件中修改 PermitRootLogin no 一行的内容，no 代表不允许访问，yes 代表允许远程 root 登录系统。常见的远程连接工具有 SecureCRT、Neterm、Putty、SSH以及 Xmanager。

『Q118』 如何安装 Gnome 和 Fvwm 桌面环境？

在 OSSIM 中安装 X-window 的主要原因有两个：第一是研究 OSSIM 的需要；第二是排错的时候需要启动各种图形化工具。下面分别以 Gnome 和 Fvwm 桌面环境为例开始安装。

1．安装 Gnome

执行以下两条命令进行安装：

```
#alienvault-update
#apt-get install gnome
#apt-get install xserver-xorg
```

2．安装 Fvwm

由于 Fvwm 具有占用内存少、启动速度快等特点，所以深受用户喜爱。Fvwm 的安装方法如下：

```
#apt-get install x-window-system-core fvwm
```

执行完这条命令后，紧接着开始下载、解包、安装 X-window 软件集。如果是在 OSSIM 5环境下安装，下载的文件大小约为 1.22GB，因此需要确保有足够的空间使系统解压包和安装包。文件的下载时间视网络带宽而定，下载的文件存放在/var/cache/apt/archives 目录中。在系统解包安装后重启系统，最后将出现图形化登录窗口。

『Q119』 如何进入 OSSIM 系统的单用户模式？

为确保系统安全，OSSIM 启动时会隐藏启动菜单，并将启动等待时间设置为 0s。要进入单用户模式，需让这个等待时间大于 0s，如 5s。如需修改，可执行如下操作。

首先赋予文件 **grub.cfg** 写权限。

```
#vi /boot/grub/grub.cfg
```

将 "set timeout=0" 后面的数字 0 设定为一个较短的时间，比如 5s。

在 Grub 启动界面选择 Debian GNU/Linux,with Linux 2.6.32-5-amd64（recovery mode），按回车键，进入单用户模式，如图 4-22 所示。

```
(or type control-D to continue):输入密码
```

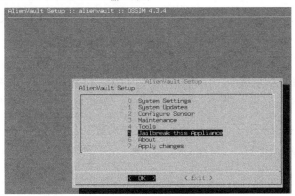

图 4-22　退出终端模式

选择图 4-22 中的第 5 项，进入命令行提示符，接着修改 gdm3 中的配置文件。下面以 OSSIM 4.8 系统为例进行说明。

启动 OSSIM 系统，如果不进行任何设置，那么以 root 登录系统时会提示验证失败（因为使用了 Pam 认证机制，而 Pam 配置默认会限制以 root 账号登录），如图 4-23 所示。因此只能以普通用户来登录 OSSIM。修改配置文件后可以使用 root 直接登录。

图 4-23　登录 X-window 失败

步骤 1 修改 gdm3 配置文件。

```
#vi /etc/pam.d/gdm3
```

注销下面这一行：

```
auth required pam_succeed_if.so user != root quiet_success
```

经过以上操作后，root 用户就可以登录图形界面了（此方法适用于 Debian 6/7 系统）。

```
#init 2
#service gdm3 restart
```

如果启动图形界面的过程中出现假死的情况，可通过以下命令来解决。

```
#service gdm3 stop              // 停止 gdm3 进程
#service gdm3 restart           // 重启 GDM 服务
```

注意，在 OSSIM 2.3 系统中，由于使用的是 GDM（Gnome 显示管理器），所以只要修改 /etc/gdm/gdm.conf，在 security 下加入 allowroot=true，就可以使用 root 进行登录了。

由于 OSSIM 4.x 系统使用了 gdm3，所以修改方式发生了变化。

步骤 2 删除下载文件。

成功进入 Gnome 桌面系统后，删除下载的 deb 安装文件。

```
#rm /var/cache/apt/archives/*.deb
```

注意，在 RedHat Linux 中，将图形登录转换为字符登录的方法是将 /etc/inittab 文件中的 "id:5:initdefault" 中的 5 换成 3。

『Q120』 忘记 root 密码怎么办？

忘记密码这类问题在工作中时有发生，在 OSSIM 5.0 系统中遇到这类问题时，可以按照如下几个步骤来解决。

步骤 1 #chmod +x /boot/grub/grub.cfg。

步骤 2 #vi /boot/grub/grub.cfg。

定位到第 52 行，将 set timeout=0 中的 0 改为 3，表示将启动等待的时间设置为 3s，然后保存并退出。

步骤 3 当系统重新引导时会停留在 Grub 的启动菜单界面，这时用上下箭头选择 Debian 的 recovery mode，并按下 E 键，结果如图 4-24 所示。

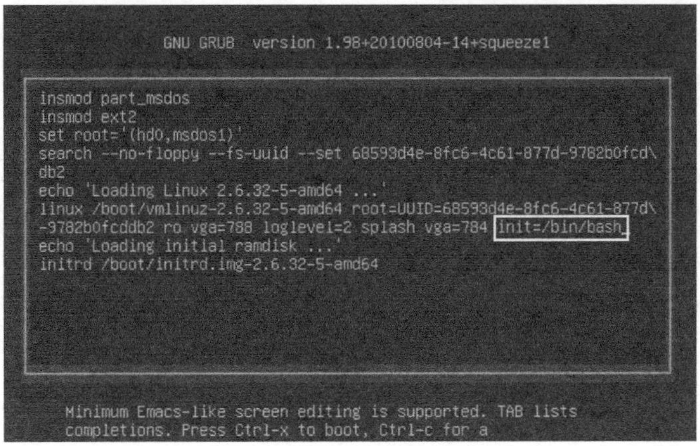

图 4-24　调整 Grub 参数

在 vga=784 的后面加入语句 init=/bin/bash，其含义是让 root 用户获得/bin/bash 程序的运行权限。

步骤 4　按下 Ctrl+X 组合键继续启动系统。

步骤 5　以读写模式挂载根分区，操作过程如图 4-25 所示。

```
#mount  -o remount,rw /
```

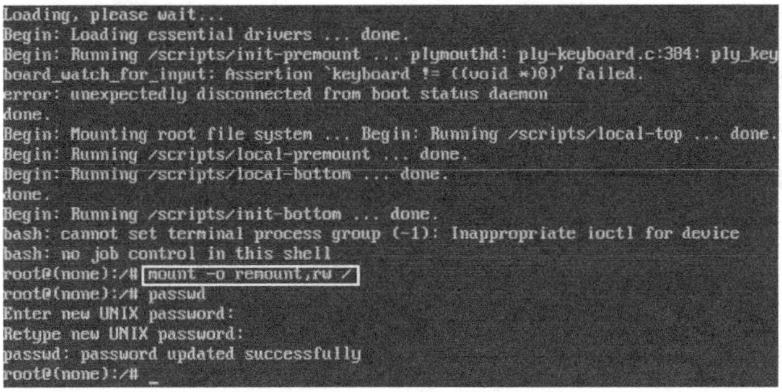

图 4-25　挂载文件系统并修改密码

到此，root 用户密码修改成功。

「Q121」 在分布式 OSSIM 系统环境中如何启动和关闭系统?

在分布式系统 OSSIM 中启动和关闭系统时应分别经过以下两步。

○　启动系统顺序：先启动 OSSIM 服务器，再启动传感器。

○　关闭系统顺序：先关闭传感器，再关闭 OSSIM 服务器。

「Q122」 如何设置邮件报警？

步骤 1 登录管理员控制台，依次进入菜单中的 CONFIGURATION→ADMINISTRATION→ MAIN，同时选择 TICKETS 选项，最后选中 "Mail Server Configuration Settings" 选项，如图 4-26 所示，这里可以设置 SMTP 服务器地址和发送端口以及用户和密码等信息。

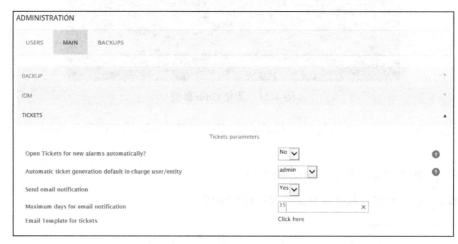

图 4-26　查看/更改 Tickets 设置

在 TICKETS 选项中选择 Tickets parameters 选项，将 Send email notification 设置为 "Yes"，将 Maximum days for email notification 设置为 15 天。

步骤 2 在 Email template for tickets 中定制发送邮件的模板，如图 4-27 所示。

图 4-27　定制邮件模板

步骤 3　编辑/etc/ossim/ossim_setup.conf 配置文件，按下列格式进行修改，注意域名 test.com 为示例。

```
email_notify=admin@test.com
mailserver_relay=yes
mailserver_relay=mailrelay.test.com 若没有域名，则填写 IP 地址）
mailserver_relay_passwd=unconfigured
mailserver_relay_port=25
mailserver_relay_user=unconfigured
```

检查/etc/postfix/main.cf 的配置是否正确。

步骤 4　重启服务。

```
#ossim-reconfig -c -v
```

步骤 5　测试邮件。

```
#echo "test mail" | mail -s "Subject" root@localhost
#tail -f /var/log/mail.log
Feb  1 02:07:49 alienvault postfix/pickup[2042]: E64A9CB341: uid=0 from=<root>
Feb  1 02:07:49 alienvault postfix/cleanup[3268]: E64A9CB341: message-id=<2018
0201070749.E64A9CB341@alienvault>
Feb  1 02:07:49 alienvault postfix/qmgr[868]: E64A9CB341: from=<root@alienvaul
t>, size=283, nrcpt=1 (queue active)
Feb  1 02:07:49 alienvault postfix/local[3274]: E64A9CB341: to=<root@localhost
>, relay=local, delay=0.01, delays=0/0/0/0, dsn=2.0.0, status=sent (delivered
to mailbox)
Feb  1 02:07:49 alienvault postfix/qmgr[868]: E64A9CB341: removed
```

『Q123』 如何校验 OSSIM 中安装的软件包？

在系统升级过程中，可能会遇到网络连接不稳定或意外断电的情况，这会导致安装包损坏。OSSIM 使用 debsums 工具来检查安装包的 MD5 校验和。下面开始运行 debsums 命令。

```
#debsums  --all  //对所有文件进行检查
```

debsums 命令输出显示的左边和右边，有 3 种状态。

○　OK：显示文件的 MD5 校验和匹配。

○　failed：显示文件的 MD5 校验和不匹配。

○　replaced：是指特定的文件已被另一个包中的文件取代。

『Q124』 在使用 apt-get install 安装软件的过程中强行中断安装，结果下次再执行安装脚本时报告数据库错误，这该如何解决？

此类报错是由于在升级过程中强行退出，致使/var/lib/dpkg/updates 文件夹下的文件出现错误而导致的，如图 4-28 所示。此时可以利用底层的 **dpkg** 包管理工具修复这些包安装错误，操作命令如下：

```
#dpkg --configure -a
```

```
Configuration file `/etc/ossim/framework/db_encryption_key'
 ==> File on system created by you or by a script.
 ==> File also in package provided by package maintainer.
   What would you like to do about it ?  Your options are:
    Y or I : install the package maintainer's version
    N or O : keep your currently-installed version
      D    : show the differences between the versions
      Z    : start a shell to examine the situation
 The default action is to keep your current version.
*** db_encryption_key (Y/I/N/O/D/Z) [default=N] ? Y
Installing new version of config file /etc/ossim/framework/db_encryption_key ...
deb http://data.alienvault.com/plugins-feed binary/
localhost:~#
```

图 4-28　安装软件失败

在 OSSIM 平台安装软件时遇到这种问题后，再输入 dpkg 这条命令会遇到"db_encryption_key"提示，此时需要输入"**Y**"继续。

执行完成这条命令后，系统会更新 software_cpe 表，并在/etc/ossim/framework/目录下生成 db_encryption_key 文件。

「Q125」 使用 apt-get install 安装程序时遇到了"Could not get lock/var/lib/dpkg/lock"提示，这是由于什么原因造成的？

使用 apt-get install 安装程序时，可能遇到"Could not get lock /var/lib/dpkg/lock"提示，如图 4-29 所示。

```
localhost:/etc/ossim/framework# apt-get install nethogs
Running /usr/bin/apt-get install nethogs
E: Could not get lock /var/lib/dpkg/lock - open (11: Resource temporarily unavailable)
E: Unable to lock the administration directory (/var/lib/dpkg/), is another process using it?
```

图 4-29　安装软件失败

出现这种情况的原因是执行了两条安装命令，上一个 apt-get install 安装进程没有执行完毕，就开始了下一个程序的安装，从而造成包管理数据库冲突。此时只能等待第一个程序安装完毕后，才能开始第二个程序的安装，两者不能同时进行。

「Q126」 OSSIM 系统中/var/run/目录下的 pid 文件有什么作用？

系统中启动的进程在/var/run/目录下都会有用于记录该进程 ID 的 pid 文件，它主要用来防止进程启动多个副本。

```
alienvault:/var/run# ls *.pid
acpid.pid     fprobe.pid        memcached.pid  openvasmd.pid    ossim-framework.pid  sshd.pid
apache2.pid   irqbalance.pid    monit.pid      openvassd.pid    rsyslogd.pid         suricata.pid
crond.pid     logd.pid_         ntop.pid       ossim-agent.pid  squid3.pid
```

只有获得 pid 文件写入权限的进程才能正常启动并把自身的 PID 写入到该文件中。同一个程序的其他进程则自动退出。如果进程退出，则该进程加的锁会自动失效。如果 OSSIM 服务器非法关机，那么没有正常关闭的进程的 PID 会留存在这个目录中。

『Q127』 如何更改 OSSIM 默认的网络接口？

由于特殊要求，需要将 OSSIM 默认的网络接口 eth0 改成 eth1，步骤如下。

步骤 1　添加第二块网卡，使设备名称为 eth1。

步骤 2　根据/etc/snort 目录下的 eth0 网卡配置文件 snort.eth0.conf 来生成 snort.eth1.conf 文件，并进行适量调整。

步骤 3　编辑/etc/ossim/ossim_setup.conf 文件，在[sensor]中修改 interfaces=eth1。

步骤 4　将/etc/ossim/agent/plugins/snortunifed_eth0.cfg 修改为 snortunifed_eth1.cfg。

完成以上 4 步后，再运行 ossim-reconfig 命令即能生效。

『Q128』 在OSSIM 系统中如何寻找和终止僵尸进程(zombie)？

有时在 OSSIM 服务器上会出现一些僵尸进程，一般用 top 命令就能查看它们。下面通过几行命令找到这些僵尸过程并将其杀掉。采用 ps 和 grep 命令寻找僵尸进程。

```
#ps -A -ostat,ppid,pid,cmd | grep -e '^[Zz]'
Z 12883 12888 /path/cmd
```

其中，

- -A 参数列出所有进程；
- -o 自定义输出字段。这里显示字段设定为 state（状态）、ppid（父进程 id）、pid（进程 id）、cmd（命令）这 4 个参数。因为状态为 Z 的进程为僵尸进程，所以使用 grep 抓取 state 状态为 "Z" 进程。

这时，首先使用 kill -HUP 12888 来终止这个僵尸进程，再次运行上面这行命令来确认僵尸进程是否杀死，如果无效则用下列命令。

```
#kill -HUP 12334
```

上述这条命令可终止父进程。

『Q129』 OSSIM 在哪些地方会消耗大量内存？

初学者往往对 OSSIM 系统的高配置要求并不理解，下面就谈谈到底 OSSIM 中的哪些服务会消耗大量内存。除操作系统自身外，以下子系统将消耗大量内存。

- iptables 链、表及规则都消耗有限的系统内存，而且规则加载越多，内存消耗越大。

- Snort 模块在工作时消耗 CPU 计算资源，它的规则同时也消耗大量内存。在利用 Snort 对 SPAN 过来的流量进行深度包检测时，系统需要对数据包的内容进行识别、分析和分类。它将采用基于字符串的多模式匹配算法和基于正则表达式的多模式匹配算法，这样大部分的 CPU 计算时间将被 Snort 占用，与此同时，Snort 还会连接数据库，产生大量日志，从而占用磁盘 I/O。

- 当数据量很大时，利用 memcached 可以缓存 session 数据、临时数据，以减少对它们的数据库执行写操作，但消耗的内存会比较大。

- Redis、Memcache 都是基于 key/value 存储的，当插入的数据越多时内存消耗越大，当数据继续增加时，它们有可能会占用 70% 的内存。

- 除 Linux 系统本身的内存消耗外，还有 Apache、MySQL、PHP 及模块的内存消耗。

- OSSEC 利用规则进行入侵检测分析时，会消耗大量内存。

- OpenVAS 在进行漏洞扫描时会加载漏洞库，这会消耗大量内存。

- 在监控时，当读取流量到 Ntop 中时，将产生大量主机数量，这可能消耗大量服务器内存。

- 传感器中包含了几百个 Agent 插件，它们在工作时都消耗内存和 CPU。

- OSSIM 中关联引擎的聚合模块在处理复杂报警并对报警事件进行聚合处理时，要进行大量计算，这会消耗内存以及 CPU 资源，特别是在短时间内发生多次连续攻击时，扫描引擎的报警数目更多。基于网格的聚合方法在进行关联分析时任务量很大，所以会消耗大量系统资源。

综上所述，在 OSSIM 系统上线前应提供大内存、足够的磁盘空间以及多核处理器。

『Q130』 如何查看 admin 用户活动的详细信息？

admin 用户在登录后进行的操作主要包括 Configuration、correlation directives、incidents、knowledge DB、monitor、policy&actions、reports、SIEM components、vulnerabilities、user 这几类，每一类操作都需要记录用户活动的信息，查看这些信息的方法如下。

在 Web UI 首页执行以下操作 SETTINGS→USER ACTIVITY，可看到日志详细信息，其中也提供了其他用户活动详情。

例如，查询 admin 的登录时间，如图 4-30 所示。

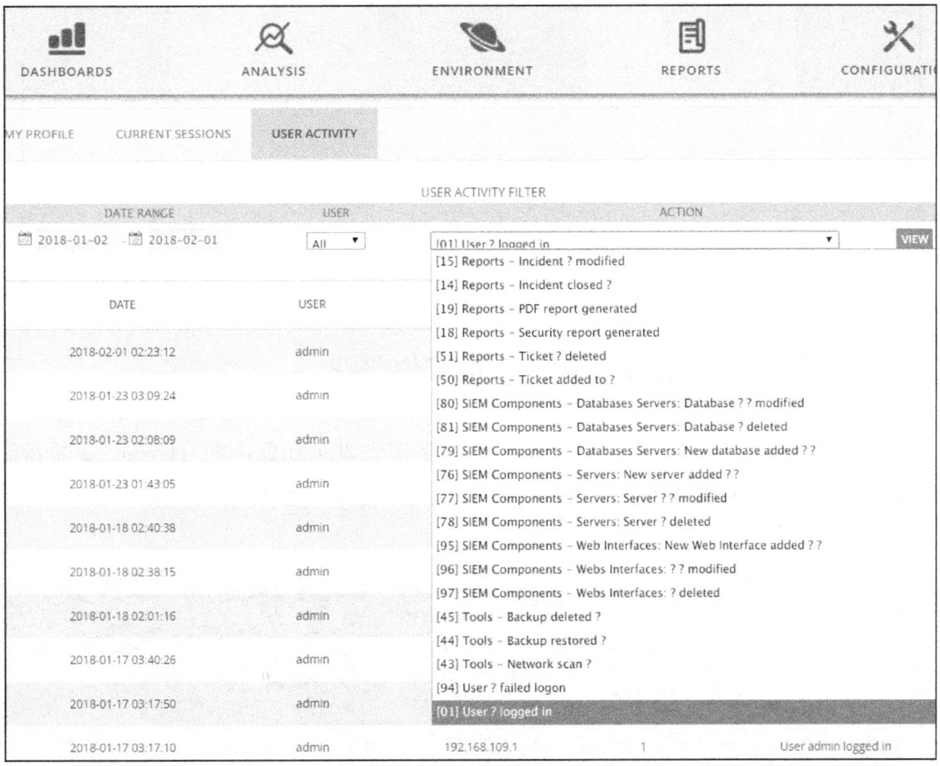

图 4-30　查看 admin 的登录时间

「Q131」 如何查看当前登录到 OSSIM 系统中的用户的 Session ID？

系统采用 Session 来追踪用户的会话，使用 OSSIM 服务器生成的 Session ID 进行标识，这样可以查看 admin 用户的操作。Session 存放在服务器的内存中，Session ID 存放在服务器内存和客户机的 Cookie 中。

当用户发出请求时，服务器将用户 Cookie 中记录的 Session ID 和服务器内存中的 Session ID 进行比对，从而找到这个用户对应的 Session 进行操作。客户机浏览器需要开启 Cookie，否则 Session 将无法使用。要查看当前登录到 OSSIM 系统中的用户 admin 的 Session ID，可采用如下方法。

步骤 1 在 Web UI 首页的右上角单击 SETTINGS 按钮。

步骤 2 在显示界面中单击 CURRENT SESSIONS 按钮，如图 4-31 所示。

图 4-31　查询 Session ID

「Q132」 如何将本地光盘设置为软件源？

在 Debian Linux 下，apt-cdrom 命令的作用是将光盘驱动器中的 Debian 安装盘添加到 /etc/apt/sources.list 文件的安装列表中，并作为系统的安装源。通过执行 apt-cdrom add 命令，可将本地光盘设置为软件源，如图 4-32 所示。

```
alienvault:~# apt-cdrom add
Using CD-ROM mount point /media/cdrom/
Unmounting CD-ROM...
Waiting for disc...
Please insert a Disc in the drive and press enter
Mounting CD-ROM...
Identifying... [933a25639e38686b3ea082376b50ae98-2]
Scanning disc for index files...
Found 3 package indexes, 0 source indexes, 0 translation indexes and 0 signatures
This disc is called:
'Debian GNU/Linux 8.2 _Jessie_ - Unofficial amd64 DVD Binary-1 20170207-12:16'
Reading Package Indexes... Done
Writing new source list
Source list entries for this disc are:
deb cdrom:[Debian GNU/Linux 8.2 _Jessie_ - Unofficial amd64 DVD Binary-1 20170207-12:16]/ jessie contrib main non-free
Unmounting CD-ROM...
Repeat this process for the rest of the CDs in your set.
alienvault:~# ls -l /media/cdrom
lrwxrwxrwx 1 root root 6 Feb 13 22:49 /media/cdrom -> cdrom0
alienvault:~# cat /etc/apt/sources.list
deb cdrom:[Debian GNU/Linux 8.2 _Jessie_ - Unofficial amd64 DVD Binary-1 20170207-12:16]/ jessie contrib main non-free
deb http://data.alienvault.com/alienvault5/mirror/jessie/ jessie main contrib
deb http://data.alienvault.com/alienvault5/mirror/jessie-security/ jessie/updates main contrib
```

图 4-32　添加和查看安装源

「Q133」 当使用 crontab –e 编辑时，无法退出编辑环境，这如何处理？

在 OSSIM 4 系统中，默认的编辑器是/usr/bin/joe，它用起来很不习惯，需要把它改成 vim，为此可输入 crontab –e 命令，如图 4-33 所示。

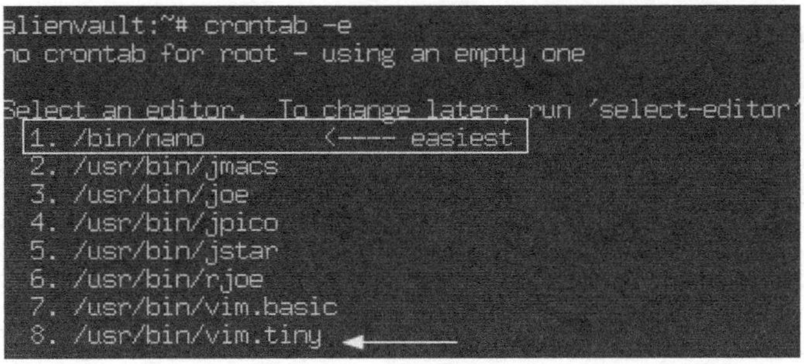

图 4-33　调整 crontab

输入数字"8"退出，整个修改完成。下次再使用 crontab –e 命令时即可像 vim 编辑器一样进行操作。

『 Q134 』　如何开启 OSSIM 的 Cron 日志？

在 OSSIM 中，由于 Cron 日志默认是关闭的，所以系统的计划任务不会记录到日志中，这种配置对于系统排错而言有些不便。如要开启 Cron 日志功能，需要编辑/etc/rsyslog.conf 文件。启用下面一行命令来完成这个功能。

```
cron.*      /var/log/cron.log
```

最后退出编辑，并重启 Cron 和 Rsyslog 服务。

```
#/etc/init.d/cron restart
#/etc/init.d/rsyslog restart
```

用 tail 命令验证 Cron 日志。

```
#tail -f /var/log/cron.log
```

『 Q135 』　UUID 在 OSSIM 系统中有什么用途？

UUID 为系统中的存储设备提供唯一的标识字符串，而不管这个设备是什么类型。如果在系统中添加了新的存储设备（如硬盘），在不使用 UUID 时很可能会造成一些麻烦（比如说启动的时候因为找不到设备而失败），而使用 UUID 则不会有这样的问题。

通过 blkid 命令可查看 UUID。

```
# blkid /dev/sdb5
# blkid /dev/sda1
/dev/sda1: UUID="32d970af-86a2-4634-bb26-a42c65877f72" TYPE="ext3" PARTUUID="15
9610ea-01"
```

可使用下述命令浏览/dev/disk/by-uuid/下的设备文件信息。

```
alienvault:/dev/disk/by-uuid# ls -l
total 0
lrwxrwxrwx 1 root root  9 Dec 20 21:41 2016-11-28-13-51-03-00 -> ../../sr0
lrwxrwxrwx 1 root root 10 Dec 21 02:41 32d970af-86a2-4634-bb26-a42c65877f72 ->
../../sda1
lrwxrwxrwx 1 root root 10 Dec 21 02:41 72a426a4-1e49-4163-9cda-da8fdbf79c7a ->
../../sda5
```

「Q136」 OSSIM 中如何安装 X-window 环境？

要在 OSSIM 中安装 X-window，可按照如下几个步骤操作。

步骤 1 更新源。

```
#apt-get update
```

步骤 2 安装 X-window（OSSIM 5.4 系统中需占用的安装空间为 119MB）。

```
#apt-get install x-window-system-core
```

步骤 3 安装桌面和 GDM（GNOME Desktop Manager）。

```
#apt-get install gnome-core（此软件包更新大约占用 960MB 的空间）
```

重启系统后即可进入 Gnome 桌面。

步骤 4 配置 gdm3。

这种配置允许用户登录图形化界面。必须安装 Gnome 组件之后才生成 daemon.conf 配置文件。

```
# vim /etc/gdm3/daemon.conf
AutomaticLogin=root
[security]
AllowRoot=ture
```

步骤 5 允许 root 用户登录。

编辑文件/etc/pam.d/gdm-autologin，并注销下列语句。

```
#auth    required      pam_succeed_if.so user != root quiet_success
```

编辑文件/etc/pam.d/gdm-password，并注销下列语句。

```
 #auth    required      pam_succeed_if.so user != root quiet_success
```

步骤 6 启动 X-window。

```
#service gdm3 restart
```

注意，首先使用 root 用户登录 X-window，登录成功后再重启系统，否则会因为修改 PAM 文件导致用户无法登录，那样就只能通过恢复模式修改 PAM 文件来解决了。

『Q137』 OSSIM 如何防止关键进程停止？

在 OSSIM 系统中，关键服务和进程都非常重要，在系统运行中绝不允许有任何一个环节"掉链子"，因此 OSSIM 需要使用专门的程序 watchdog 和 monit 来监视这些关键进程和服务是否工作正常。watchdog 可以在服务发生故障时自动重启服务进程。

当启动 watchdog 后，会打开/dev/.udev/watch 设备，而且不能停止 watchdog 这个程序。watchdog 驱动 softdog 的信息如下所示。

```
VirtualUSMAllInOne:~# modinfo softdog
filename:        /lib/modules/2.6.32-5-amd64/kernel/drivers/watchdog/softdog.ko
alias:           char-major-10-130
license:         GPL
description:     Software Watchdog Device Driver
author:          Alan Cox
depends:
vermagic:        2.6.32-5-amd64 SMP mod_unload modversions
parm:            soft_margin:Watchdog soft_margin in seconds. (0 < soft_margin <
65536, default=60) (int)
parm:            nowayout:Watchdog cannot be stopped once started (default=0) (in
t)
parm:            soft_noboot:Softdog action, set to 1 to ignore reboots, 0 to reb
oot (default depends on ONLY_TESTING) (int)
```

从上面显示的结果可知，watchdog 驱动的重启时间间隔为 60s。可通过下面这条命令将时间间隔修改为 120s：

```
modprobe softdog soft_margin=120
```

OSSIM 在应用服务程序中加入了 watchdog 监测程序，这样即使某个服务因为故障而停止，也会在 watchdog 的作用下自动重启。

在 OSSIM 平台中，另一款监测服务器进程状态的工具为 monit，它可以根据进程状态、HTTP 状态码来设定报警或自动重启服务。这些服务包括 Alienvault-api、Agent、Apache、MySQL、Nagios、OpenVas、Memcache、Nfcapd、Ntop、Redis、SSH 等。monit 工具的配置文件位于/etc/monit/alienvault 中。

『Q138』 OSSIM 会将信息发送到外网吗？

OSSIM 会将信息发送到外网，图 4-34 所示的界面分别是在注册用户和配置时截取的。

OSSIM 会收集以下信息。

❑ 个人信息，如姓名、公司名称、电话和电子邮件地址。

❑ 设备的功能和特性，包括浏览器类型、操作系统和硬件、移动网络信息，以及位置信息。

O IP 地址或为访问网站的设备分配的 UUID 号。

O OTX 上传的交换信息。

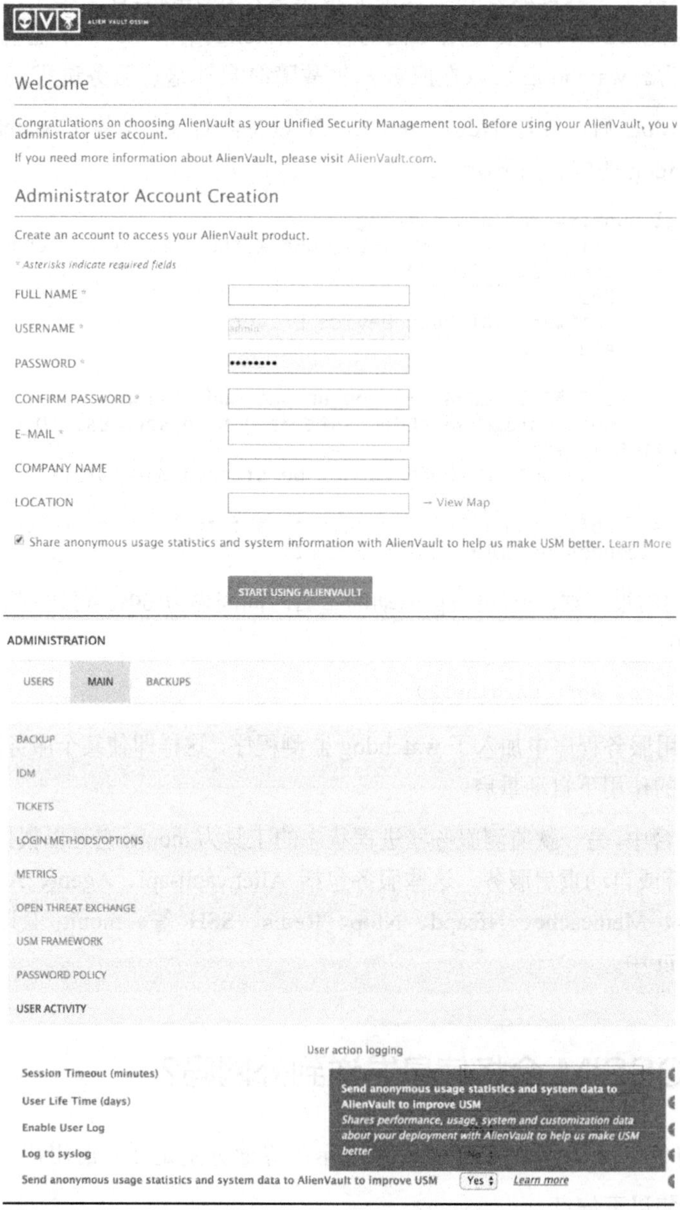

图 4-34　OSSIM 的注册界面

「Q139」 OSSIM 平台如何修复包的依赖关系?

OSSIM 主要通过 apt-get 方式安装软件包,当出现依赖问题时,可使用 apt-get install –f 解决包依赖关系问题。apt-get 命令是 Debian Linux 发行版中 APT 的软件包管理工具,也是 OSSIM 管理员必须掌握的命令。

-f 参数为--fix-broken 的简写形式,主要作用是修复依赖关系。如果用户系统中的某个包不满足依赖条件,则该命令会自动修复并安装程序包所依赖的包。

「Q140」 异常关机会对 OSSIM 平台产生哪些影响?

异常关机会导致内存和文件系统损坏,具体包括以下 3 种影响:

❑ 导致内存中的数据因无法及时回写到硬盘而丢失;

❑ 导致文件系统出现碎片;

❑ 引导文件不完整导致操作系统崩溃。

异常关机产生磁盘碎片的实例如图 4-35 所示。

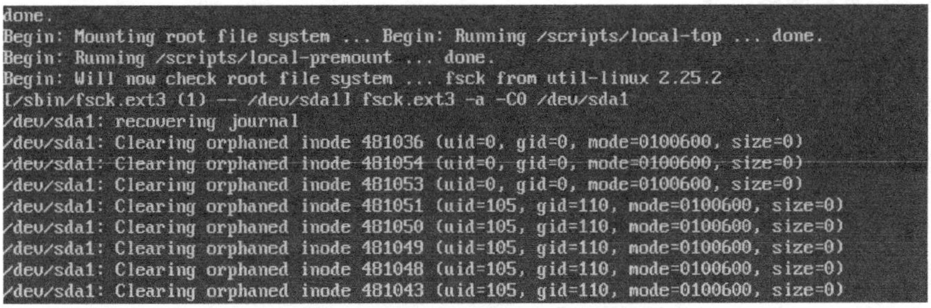

图 4-35 引导系统过程中产生文件碎片

异常关机导致 Web 服务启动失败的实例如图 4-36 所示。

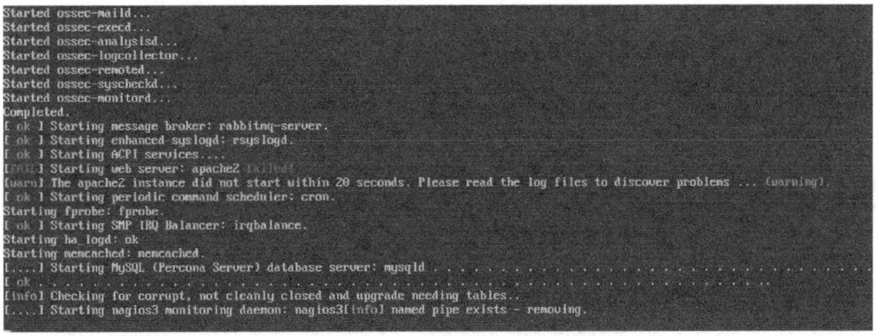

图 4-36 Apache 服务启动失败

『Q141』 删除 OSSIM 系统里的文件时，磁盘空间不释放应如何处理？

背景：OSSIM 文件系统的使用率为 100%，在删除一个 80GB 的文件后，使用 df –k 命令查看，发现文件系统的使用率还是 100%。

初步判定在删除文件时有进程在使用该文件，从而导致空间未释放。可以终止相应的进程，或者停掉使用这个进程的应用，让操作系统自动回收磁盘空间。使用 lsof | grep delete 命令查找到相应的进程号（这里为 9），使用 kill –9 命令删除进程。再次使用 df –k 命令检查文件系统，发现释放了 80GB 空间。

『Q142』 如何手动修改服务器 IP 地址？

如果需要手动修改 IP 地址，可尝试采用如下步骤。

步骤 1 修改 interfaces 中的 IP 地址。执行#vi /etc/network/interfaces 命令。

改过之后重启网络服务。

```
#/etc/init.d/networking restart
```

步骤 2 修改 ossim_setup.conf 文件。执行 vi /etc/ossim/ossim_setup.conf 命令。

修改第 1 行 admin_ip 字段的 IP 地址。

修改第 40 行 framework_ip 字段的 IP 地址。

修改完毕，保存退出。

```
#ossim-reconfig          // 应用配置，使修改生效
```

步骤 3 修改防火墙规则。

```
#vi /etc/ossim_firewall
```

将添加规则修改为 "-A INPUT -p tcp --dport 3000 -s 192.168.0.10 -j ACCEPT"。

『Q143』 如何消除终端控制台上的登录菜单？

为了保证安全，在登录菜单内部集成了 OSSIM 常用的维护功能，它就是 ossim-setup 程序。习惯了命令行操作的读者感觉这种改变很不方便，为此可通过修改/etc/passwd 中 root 所在行中的 Shell 来解决。

首先打开/etc/passwd 文件。

```
#vi /etc/passwd
```

在其中找到 root 所在的行，将"/usr/bin/llshell"修改为"/bin/bash"，然后保存并退出。这样修改之后，再使用 WinSCP 就能方便地与 OSSIM 进行文件传输。

注意，如果 OSSIM 为 4.15 及以上版本，则修改方法如下：

```
#vi /root/.bashrc
```

注销掉图 4-37 中"#"号标记的语句。

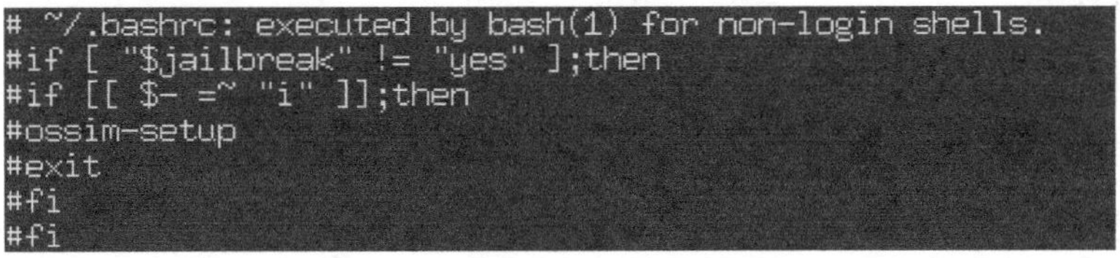

```
# ~/.bashrc: executed by bash(1) for non-login shells.
#if [ "$jailbreak" != "yes" ];then
#if [[ $- =~ "i" ]];then
#ossim-setup
#exit
#fi
#fi
```

图 4-37　注销.bashrc 配置中的语句

修改后保存并退出。再使用远程登录工具登录 OSSIM 时，输入用户名、密码后就可直接进入命令提示符。

「Q144」　在低版本的 OSSIM 中，如何让控制台支持高分辨率？

在高分辨率下，屏幕中所展现的系统输出信息会更多，因此希望控制台能支持更高的分辨率。对于 OSSIM 4.11 之前的系统，Kernel 默认提供的 TTY 分辨率有限，可通过为 Kernel 传递一组特殊的 VGA 参数来提升分辨率。OSSIM 的默认分辨率为 800×600，可通过以下命令进行修改。

```
#vi /boot/grub/grub.cfg
```

将 vga=788 改为 791。

- ❍　vga=788 代表分辨率 VESA framebuffer console @ $800 \times 600 \times 32k$。
- ❍　vga=791 代表分辨率 VESA framebuffer console @ $1024 \times 768 \times 32k$。

「Q145」　如何查看防火墙规则？

OSSIM 默认的 iptables 防火墙是开启的，可以通过下列命令来查看防火墙规则。

```
#iptables -L |more
```

OSSIM 默认的防火墙规则记录在配置文件/etc/ossim_firewall 中。若读者熟悉 iptables，可以在这个文件中直接修改。如果在启动系统时就将 iptables 关闭，可修改 ossim_setup.conf 配置文件中的[firewall]，将 "active=yes"，修改成 "active=no"。

『Q146』 如何解决时间不同步的问题？

在使用 OSSIM 时需要用到各种数据分析软件，这些软件需要采集很多网络上的事件信息。"时间戳"对于这些事件及后续的数据分析有很重要的作用。在安装 OSSIM 时，如果用户错误配置了时区信息，导致系统时间和当前时间对应不上，那么会使取证日志的时间戳发生偏差。下面介绍修改方法。

先调整时区：

```
#dpkg-reconfigure tzdata
```

当然，也可以通过 tzselect 命令来更改时区，相应时区文件在/usr/share/zoneinfo/Asia/Shanghai 中。时区调整完毕之后，继续调整精确的系统时间和硬件时钟。

用于同步林威治时间服务器的命令如下所示。

```
# ntpdate time-a.nist.gov
6 Feb 22:26:54 ntpdate[12159]: adjust  time server 129.6.15.28 offset -0.045589
sec
```

查看时间的命令如下所示。

```
# date
2016年 12 月 22 日星期二 12:51:28 CST
```

配置硬件时钟的命令如下所示。

```
#hwclock --set  --date = "12/13/12 08:30:30"
```

如果 OSSIM 服务器不能接入互联网，则使用 data -s 命令手动设置时间和日期。

『Q147』 OSSIM 在最后的安装阶段为什么会停滞不前？

在 OSSIM 最后的安装阶段会提示"正在运行 cdsetup…"，可能有读者会好奇为什么在每次安装过程的最后阶段总是这么慢呢。是不是在上网更新数据？其实不然，最后安装阶段的主要工作是创建初始化数据库（alienvault_siem、alienvault_asec 及 datewarehouse 等）、创建各类表、插入初始化数据条目。在最后阶段运行 cdsetup 时按 Ctrl+Alt+F4 组合键可以发现类似下面的信息：

```
May 11 0103:39 in-target:INSERT ossim-serveres.sql.gz
May 11 0103:39 in-target:INSERT imperva-securesphere.sq..gz
May 11 0103:39 in-target:INSERT ocs-monitor.sql.gz
May 11 0103:39 in-target:INSERT clamav.sql.gz
May 11 0103:39 in-target:INSERT ossim-directive.sql.gz
……
```

以 OSSIM 4.8 为例，cdsetup 在运行时会创建 13 个数据库，初始化大约 300 多张表。不过这一步也不是所有的安装模式都有的，例如在某个 VLAN 中部署一个传感器时就没有必要安装数据库，这时在安装最后就不会有创建数据库及写入初始数据的过程。

『Q148』　如何配置 OSSIM 服务器与传感器之间的 VPN 连接？

如果需要监控多个分布在异地的数据中心，则需要在异地机房内安装传感器，然后将 OSSIM 服务器和传感器通过 VPN 方式进行安全连接。

注意，以下实验在两台物理机器中完成。

对于 VPN 连接，在 OSSIM 中无疑采用 OpenVPN 方式，它是基于 OpenSSL 库的应用层 VPN 实现的。下面以 OSSIM 4.8 为例手动配置 VPN 连接，假设服务器 IP 地址为 10.0.0.30，传感器地址为 10.0.0.31。

1. 配置服务器端（10.0.0.30）

① 编辑文件/etc/ossim/ossim_setup.conf，按以下方式修改变量。

```
server_ip= 10.0.0.30
framework_ip=10.0.0.30
hostname=server
vpn_infraestructure=yes          // 此处默认值为 no
vpn_net=192.168.1 (为传感器定义 VPN 网络号)
```

② 将新主机名修改为/etc/hosts 和/etc/hostname。

③ 修改 ossim_setup.conf 后，必须运行 ossim-reconfig，使配置生效。

```
server:~# ossim-reconfig -c -v -d
server:~# netstat -nap | grep -i ossim-server
tcp       0      0 0.0.0.0:40001          0.0.0.0:*              LISTEN
16678/ossim-server
```

④ 生成 VPN 配置文件。

首先建立一个 PKI（Public Key Infrastructure，公钥基础设施）。该 PKI 包括服务端、客户端证书（也称为公钥）以及认证机构（CA）的证书。输入下列命令可以添加 VPN 节点。

```
server:~# ossim-reconfig --add_vpnnode=10.0.0.31 (传感器 IP)
```

此时会在/etc/openvpn/nodes 目录下生成一个压缩文件 10.0.0.31.tar.gz，其中保存了配置文件 ca.crt、10.0.0.31.key、10.0.0.31.cry 以及 10.0.0.31.conf。

接下来，需要将这个压缩包复制到传感器（10.0.0.31）主机的/etc/openvpn 目录下。

```
server:~# scp /etc/openvpn/nodes/10.0.0.31.tar.gz root@10.0.0.31:/etc/openvpn/
```

2．配置传感器（10.0.0.31）

① 使用静态 IP（例如 10.0.0.31）编辑/etc/network/interfaces。

```
sensor:~# cat /etc/network/interfaces
auto lo
iface lo inet loopback
auto eth0
iface eth0 inet static
address 10.0.0.31
netmask 255.255.255.0
gateway 10.0.0.200
sensor:~#/etc/init.d/networking restart
```

② 在传感器上编辑/etc/ossim/ossim_setup.conf。

```
admin_ip=10.0.0.31
admin_gateway=10.0.0.200
hostname=sensor
```

编辑完成后保存并退出，然后执行下列命令。

```
sensor:~# ossim-reconfig - c -v - d
```

③ 在/etc/hosts 和 /etc/hostname 文件中添加新主机名。

④ 解压缩刚才生成的 VPN tar 格式的压缩包，并重启 OpenVPN 服务。

```
sensor:~# cd /etc/openvpn
sensor:~# tar -xvzf 10.0.0.31.tar.gz
sensor:~# /etc/init.d/openvpn restart
```

⑤ 配置传感器上的/etc/ossim/ossim_setup.conf 文件。

```
profile=Sensor
server_ip=192.168.1.1 (vpn server IP)
framework_ip=192.168.1.1 (framework server IP)
detectors=ossec, ssh (enabling ssh and ossec plugins)
sensor:~# ossim-reconfig -c -v -d
```

⑥ 最后检查服务器和传感器之间的日志。

检查日志文件的命令如下所示。

```
server:~#cat /var/log/syslog | grep openvpn
sensor:~# tail -f /var/log/ossim/agent.log
server:~# tail -f /var/log/ossim/server.log
```

查看传感器显示结果，如下所示。

Configuration -> Alienvault Components and insert sensor with ip 192.168.1.10 (sensor IP in the VPN). After that, try to log into the sensor through SSH to generate some new events. Then check the results in the GUI under Analysis -> SIEM.

注意，在服务器和传感器的配置文件/etc/ossim/ossim_setup.conf 中，vpn_infraestructure=yes 这个配置应保持一致。

『Q149』　如何重装传感器？

部署在各 VLAN 中的传感器发生故障后（例如宕机事故），将无法收集监控信息。这时需要管理员立即恢复传感器，这里的恢复是指重装，因为这种方式速度最快。方法是选择安装菜单中的第二项传感器，经过 15～20min 后安装完毕。接下来开始配置传感器，将它加入 OSSIM 服务器中。

步骤 1　升级系统（alienvault-update），确保新添加的传感器的机器名称和原来的相同，否则事件的传感器属性会出现"N/A"，表示不适用（Not Applicable）。

步骤 2　同步时钟，添加监控网段，添加监控插件。

步骤 3　配置传感器，配置 AlienVault 服务器 IP，配置 AlienVault Framework IP。

最后，所有的配置都应和以前的传感器一样，这可到 CONFIGURATION→DEPLOYMENT→COMPONENTS 的传感器中进行确认。可以发现这是一台新的传感器，它又可以继续为 OSSIM 服务器收集信息了。

『Q150』　如何安装并配置多个传感器？

下面将带领大家安装分布式 OSSIM 系统。实验拓扑如图 4-38 所示，IP 设置如下。

○　OSSIM 服务器 IP：192.168.91.130

○　传感器 1 IP：192.168.91.131

○　传感器 2 IP：192.168.91.135

步骤 1　首先安装 OSSIM 服务器，再安装传感器。

步骤 2　设置传感器。

在 OSSIM 4.8 及以上版本的系统中添加多个传感器的方式和在 OSSIM 4.3 中略有不同，操作步骤如下。

① 在传感器控制台上设置到服务器的连接，具体做法是进入 AlienVault Setup 界面。

② 选择 Configure 传感器。

③ 选择 Configure AlienVault 服务器 IP。

④ 输入 OSSIM 服务器地址。

○　设置 Configure AlienVault Framework IP。

○　输入 OSSIM 服务器地址（192.168.91.130）。

○ 设置完毕之后返回主菜单。

○ 选择 Apply all Changes，使设置生效。

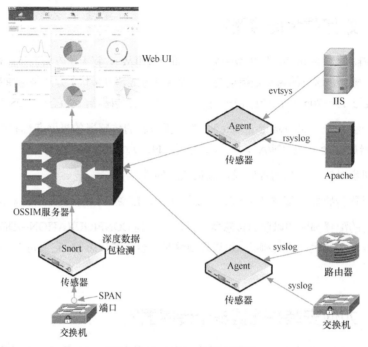

图 4-38　OSSIM 分布式安装

在 OSSIM Web UI 中继续添加传感器信息到数据库，如图 4-39 所示。

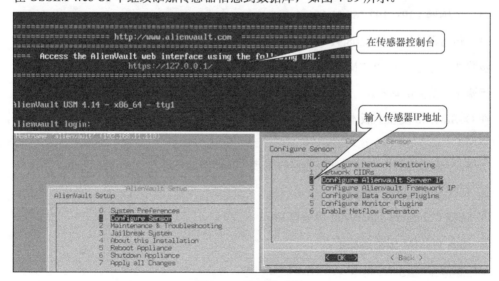

图 4-39　设置传感器

步骤 3　在 OSSIM Web UI 上设置连接。

当传感器连接到服务器并重新启动之后，在 Web UI 菜单中依次单击 CONFIGURATION→DEPLOYMENT→COMPONENTS→SENSORS，这时能看到图 4-40 所示的提示。

图 4-40　添加传感器

这时单击 Insert 按钮（而不能单击 NEW 按钮），通过手动方法输入 IP 地址。只有在使用 root 管理员密码验证成功后，才能添加到 OSSIM 服务器，添加界面如图 4-41 所示。

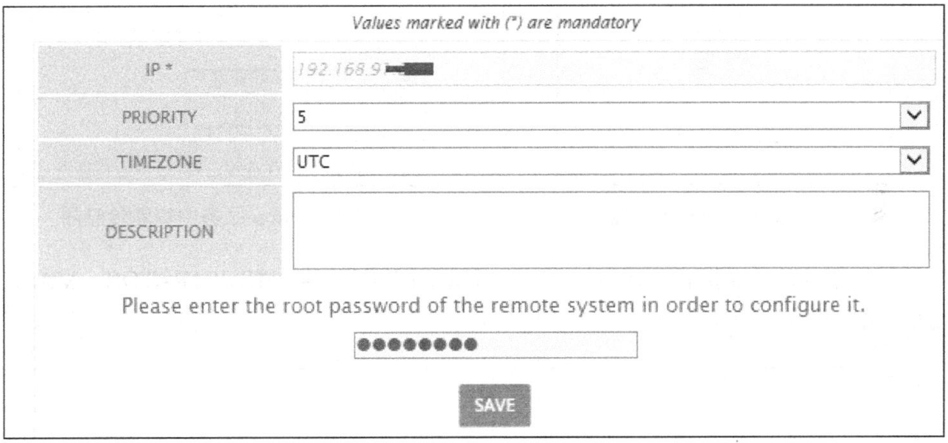

图 4-41　进行管理员验证

经过以上 3 个步骤后即可完成传感器与服务器之间的连接。

步骤 4　将传感器改名。

对于首次添加的传感器，机器名称都默认为 alienvault。这样一来，数量一多则容易混淆，所以必须手动修改各传感器的名称。还是在 DEPLOYMENT→COMPONENTS→SENSORS 菜单下，单击新添加的传感器 alienvault，然后在 NAME 选项中修改主机名，如图 4-42 所示。

图 4-42　修改传感器名称

步骤 5　进行连接验证。

当成功添加传感器后，可以在多个地方查看传感器，如在 Web UI 首页的仪表盘中查看，如图 4-43 所示。在 Ntop 服务中可识别到两个传感器，如图 4-44 所示。一般首个传感器为默认值。

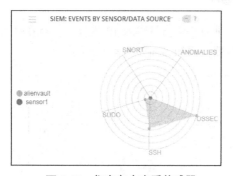

图 4-43　仪表盘中查看传感器

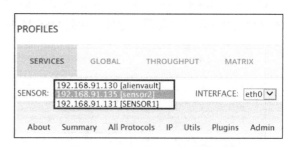

图 4-44　Ntop 服务中查看传感器

如需调整默认的传感器，则需要在 CONFIGURATION→ADMINISTRATOR→MAIN 下调整，如图 4-45 所示。

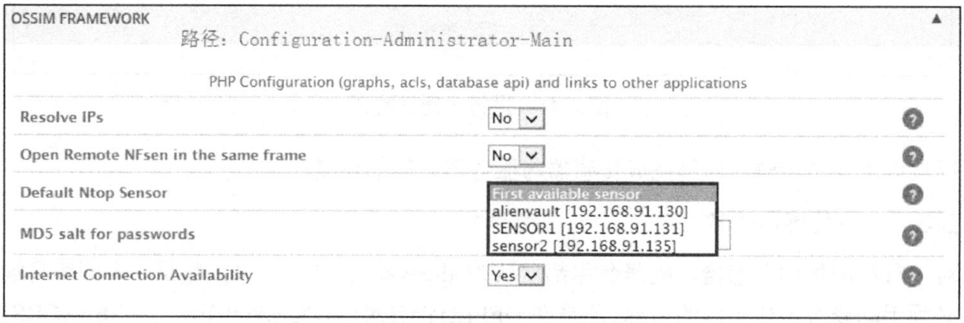

图 4-45　多传感器选择

为了区别不同传感器采集的事件，可以在 SIEM 控制台中单击 ADVANCED SEARCH 按钮选择合适的传感器，以实现过滤功能，如图 4-46 所示。

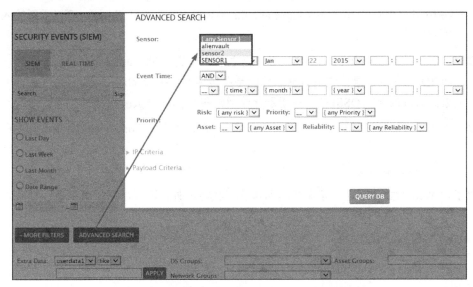

图 4-46　查询不同传感器中的 SIEM 事件信息

步骤 6　中断传感器和 OSSIM 服务器之间的连接。

当前传感器已经成功连接至 OSSIM 服务器 A，它能否再次用作另一台 OSSIM 服务器的传感器呢？可改变一些配置来实现该目的。首先在 OSSIM 服务器 A 上删除服务器与传感器的配置连接，再到传感器控制台上添加新的服务器地址和框架地址，然后保存并应用系统设置，这样在 Web UI 中就将其添加了进来。

如果直接删除传感器的连接文件，那么系统会提示无法删除。只有删除传感器下 Asset 和所监控网段的信息，才可顺利删除传感器的连接文件，如图 4-47 所示。

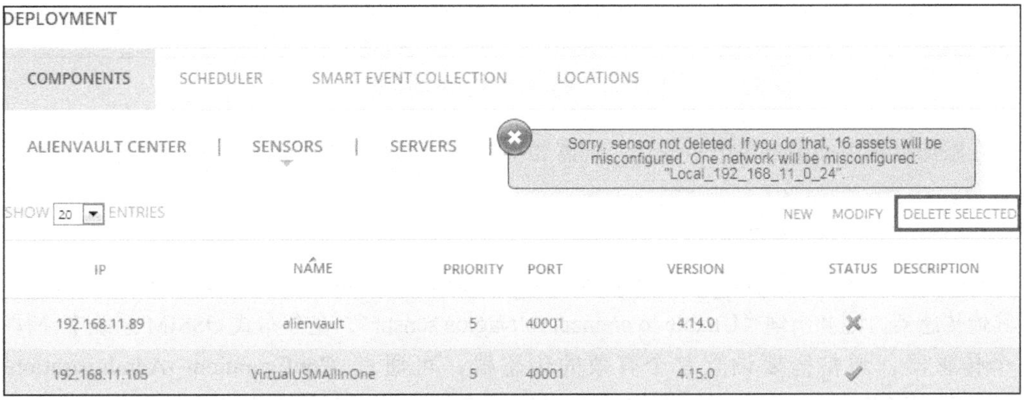

IP	NAME	PRIORITY	PORT	VERSION	STATUS	DESCRIPTION
192.168.11.89	alienvault	5	40001	4.14.0	✗	
192.168.11.105	VirtualUSMAllInOne	5	40001	4.15.0	✓	

图 4-47　直接删除链接文件时的报错提示

在重新添加传感器时需要注意以下几点。

○ 如果输入的密码不正确，则系统将提示"Cannot add system with IP 10.32.1X.Y Please verify that the system is reachable and the password is correct."，这时可以重新输入正确的密码。

○ 当新的传感器添加到 OSSIM 服务器之后，便会在/var/alienvault/目录下产生一个以 UUID 命名的目录，它的具体名称就是在传感器上执行 alienvault-system-id 命令的结果。该目录下的 OSSEC 目录用于存放规则和 OSSEC Agent 可执行文件。

○ 当成功添加传感器与服务器之间的连接后，在传感器的/home/avapi/目录下会生成两个特殊目录：.ssh 和.ansible，而且在.ssh 目录下还会生成 authorized_keys 文件，默认权限为 600，sshd 进程会使用该文件中的 key 进行验证。

除了以 Web 方式直观地显示服务器和传感器状态以外，还可以通过以下命令行方式获取信息。

```
#alienvault-api systems
Gathering systems data…
564dc9cd-5bd5-8a3d-d613-3a323a8e4cba - 'trustis-ossim-dmz' - 192.168.101.156 -
Reachable
44454c4c-5700-104c-804c-b7c04f543032 - 'trustis-ossim' - 192.168.107.45 - Reach
able
```

ALIENVAULT CENTER 和传感器之间基于 SSH 协议通信。在登录时无须输入 SSH 密码，一旦 SSH 证书出现问题，那么 ALIENVAULT CENTER 状态就会出现 Down 的状态提示，表示双方无法连接，如图 4-48 所示。

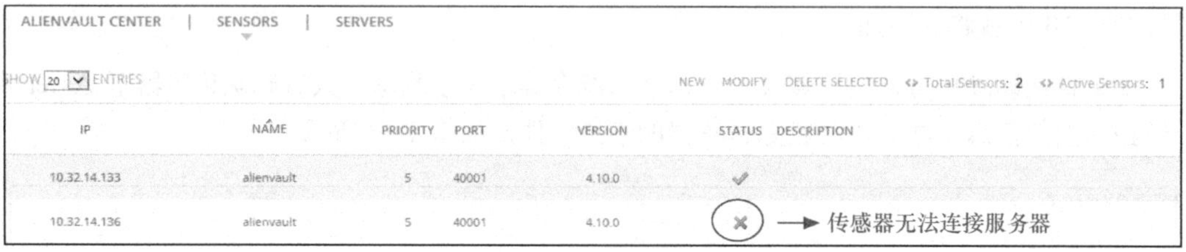

图 4-48 传感器与服务器中断

在添加过程中如果出现报错信息，则需要重新添加，可在传感器控制台上使用以下命令：

```
#/etc/init.d/ossim-agent stop
#/etc/init.d/ossim-agent start
```

另外，多传感器的选择不适合 Nagios 服务。在 Environment→Availability→Monitoring 中选择其他传感器，则会出现"Unable to connect to Nagios sensor"。在分布式 OSSIM 系统中往往有多个传感器，通常需要设置首个有效的传感器，可通过 Configuration→Administration→Main→OSSIM Framework 菜单下面的 Default Ntop Sensor 选项对首个传感器进行调整。

　　分布式 OSSIM 系统支持的传感器数量为 10 个。可以在命令行输入图 4-49 中所示的命令进行查看。

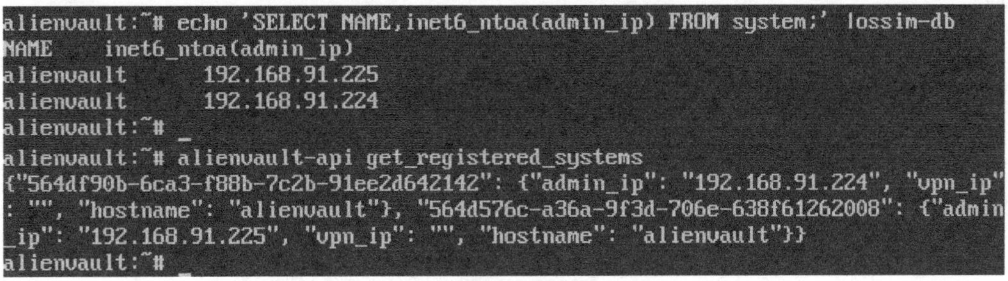

```
alienvault:~# echo 'SELECT NAME,inet6_ntoa(admin_ip) FROM system;' | ossim-db
NAME     inet6_ntoa(admin_ip)
alienvault      192.168.91.225
alienvault      192.168.91.224
alienvault:~# _
alienvault:~# alienvault-api get_registered_systems
{"564df90b-6ca3-f88b-7c2b-91ee2d642142": {"admin_ip": "192.168.91.224", "vpn_ip"
: "", "hostname": "alienvault"}, "564d576c-a36a-9f3d-706e-638f61262008": {"admin
_ip": "192.168.91.225", "vpn_ip": "", "hostname": "alienvault"}}
alienvault:~#
```

图 4-49　查看传感器相关的信息

从数据库中可以查看添加的传感器主机名和 IP 地址，以及 UUID 号等信息。

「Q151」 如何为 OSSIM 安装 Webmin 管理工具？

Webmin 用来简化系统的管理，可轻松安装在 OSSIM 系统中，具体安装步骤如下所示。

① 从 Webmin 官网下载 Webmin 安装包（目前最新版本为 1.90），解压并安装（./setup.sh）。

② 如果读者习惯用 apt-get 方式安装，可采用如下命令。

　　❍　添加 Webmin 的官方仓库。

`#vi /etc/apt/sources.list`

在上述文件中添加如下内容。

```
deb http://download.webmin.com/download/repository sarge contrib
deb http://webmin.mirror.somersettechsolutions.co.uk/repository sarge contrib
```

　　❍　添加 GPG 密钥。

```
#wget http://www.webmin.com/jcameron-key.asc
#apt-key add jcameron-key.asc
```

　　❍　更新软件源。

`#apt-get update`

　　❍　开始安装 Webmin。

`#apt-get install webmin`

该软件包安装完成后会自动启动服务。

`#netstat -na|grep 10000`　　　　// 测试服务是否启动成功

③ 关闭防火墙。

④ 当安装 Webmin 后，系统用端口 10000 监听请求。在浏览器地址栏中输入 http://主机名（或 IP）:10000，例如 http://alienvault:10000/。这里推荐使用 Chrome、Firefox、Safari 等浏览器。

⑤ 输入 root 用户名和密码，登录系统。注意，这里是 root 用户的密码是登录操作系统的密码，而不是数据库管理员的密码。Webmin 主界面如图 4-50 所示，其功能菜单在图 4-50 的最左侧。

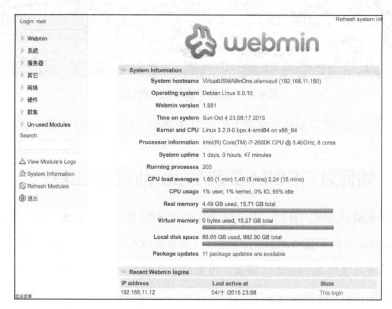

图 4-50　Webmin 主界面

Webmin 能够使用支持 HTTPS 协议的 Web 浏览器，通过 Web 界面远程管理 OSSIM 主机。在服务器管理方面，Webmin 可用来管理 Apache、MySQL、Postfix Mail Server、SSH Server 的服务器配置，但无法管理 OSSEC、OpenVas、Ntop、Nagios、OSSIM 关联引擎报表等服务。

管理员可通过浏览器访问 Webmin 的各种管理功能并完成相应的管理动作，Webmin 用来进行辅助管理的功能如下所示。

○ Backup Configuration Files：通过网络将 OSSIM 服务器的配置文件定期自动备份到另一台 OSSIM 服务器的指定目录下，如主 OSSIM 下线，另一台机器就能在最短时间接管上线。

○ Boot system:SysVinit：开启/关闭开关机服务。如果不熟悉 Debian Linux，可能会被它复杂的开机服务搞得晕头转向，该功能以图形化的方式简洁地展示各种开机服务，包括在线配置等。

○ Log File Rotation：查看各类日志的轮询计划和执行情况。

○　Scheduled Cron Jobs（对计划任务进行管理）：OSSIM 的计划任务可按小时、天、周、月设置。使用此功能可以清晰列出各种计划任务，在线修改也非常便捷。

注意，Webmin 无法对 OSSIM 本身进行管理。

「Q152」　如何为 OSSIM 安装 phpMyAdmin 工具?

phpMyAdmin 工具的最大特点是直观，很多内容都可通过图形化方式展现，特别是其中的数据表分析功能可帮助我们分析 OSSIM 数据库。由于 OSSIM 系统主要采用 MySQL 数据库，所以使用 phpMyAdmin 远程监控和管理数据库会比较方便。

例如，当 OSSIM 系统的负载很高时，phpMyAdmin 可以快速查看服务器的运行状况，以便迅速地排查故障原因。

安装源码时，应执行下面几个步骤。

①　将 phpMyAdmin-4.7.9-all-languages.zip 下载到/root 目录（当前的最新版本为 4.8.5），解压后进入目录 phpMyAdmin-4.7.9-all-languages，将 config.sample.inc.php 修改成 config.inc.php，其他内容不变。

②　将 phpMyAdmin-4.7.9-all-languages 目录移动到 OSSIM 网站根目录，即/usr/share/ossim/www/。在/etc/ossim/framwork 目录下查看 ossim.conf 配置文件，获得数据库密码，如图 4-51 所示。

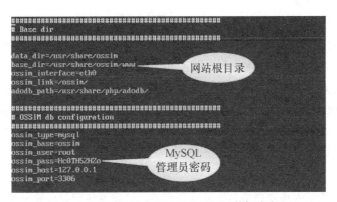

图 4-51　查看网站根目录及 MySQL 数据库密码

③　使用浏览器访问 phpMyAdmin，输入网址 https://yourip/ossim/phpMyAdmin-4.7.9-all-languages，这里的登录用户名为 root，登录密码为 MySQL 数据库管理员的密码，访问效果如图 4-52 所示。

注意，如果在登录界面中出现"#1045 无法登录 MySQL 服务器"提示，表示用户名或密码输入错误。

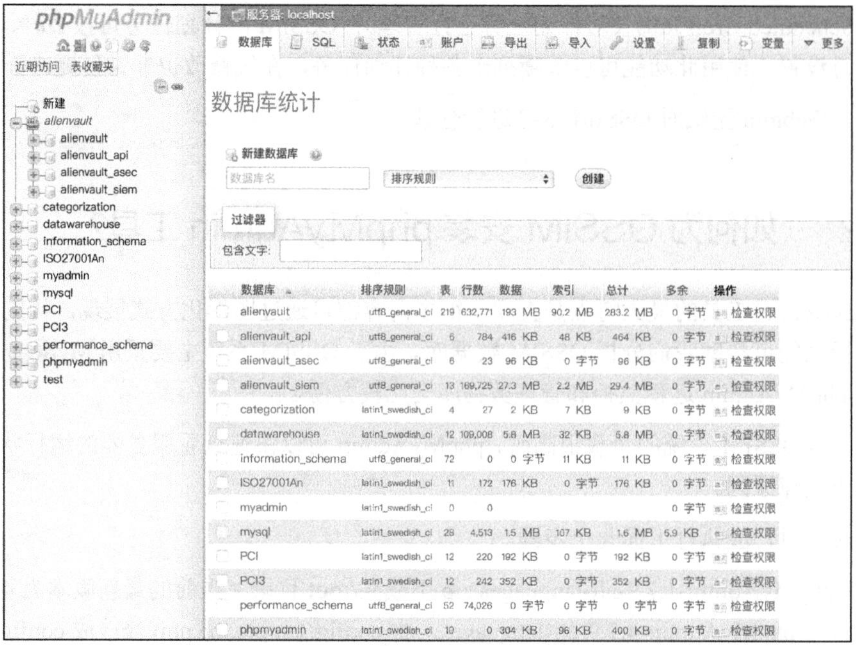

图 4-52　访问 phpMyAdmin 界面

除了上面讲到的使用源码包安装 phpMyAdmin 外，也可以在 OSSIM 系统中采用 apt-get 方式安装，具体操作如下：

```
#alienvault-update
#apt-get install phpmyadmin              // 下载包大小约为 23MB
```

安装过程中会弹出对话框"Configuring phpmyadmin"，当遇到"Configure database for phpmyadmin with dbconfig-common"提示时，选择 Yes 按钮。

接着弹出"Password of the databases's administrative user:"的提示，此时输入 MySQL 数据库 root 密码并单击 OK 按钮。接着弹出"MySQL application password for phpmyadmin:"，表示需要设定 phpMyAdmin 登录密码。然后设置将 phpMyAdmin 安装在哪一个 Web 服务器之下，此处选择 apache2，单击 OK，出现图 4-53 所示的界面，它是数据库配置错误信息，这时选择 ignore 并选择 OK 按钮。

系统提示输入数据库和管理员名称及登录密码，经过系统配置后就可以使用。与使用源码包进行安装不同的是，这里输入的地址为 https://IP/phpmyadmin/。

在使用 phpMyAdmin 时需要注意两点：

❏　安装最新的正式发布版本，这样可以使用 MySQL 5.6.32 的新特性；

❏　安装到服务器后，目录不能保留默认的名称，建议将目录改名。

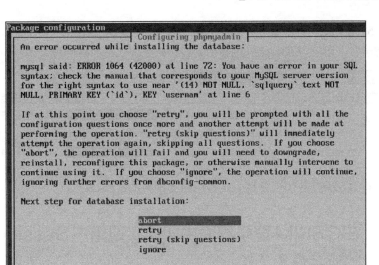

图 4-53　数据库配置错误信息

「Q153」　传感器中用于抓包的网卡需要分配 IP 吗?

用于抓包的网卡不需分配 IP 地址,直接连接到受监控网段即可,以便流量向一个方向流通
(也就是从受监控网段流向传感器)。正因为抓取数据包的网卡没有 IP,所以黑客也就无法直接
攻击传感器。注意,管理接口需要分配 IP 地址,它与监控网段不能在同一个 VLAN 下。

「Q154」　如何将 HTTP 重定向为 HTTPS 访问?

在 Apache 中加载了 mod_ssl.so 模块后就可以启用 SSL 功能,然后在浏览器通过输入
https://IP/形式的地址即可。要启用 SSL 功能,可在配置文件/etc/apache2/sites-available/default-ssl
下的段落选项中进行配置:

```
SSLEngin on
SSLCertificateFile /etc/ssl/certs/ossimweb.pem
```

经过上述设置后,对于所有的 HTTP 访问就会自动重定向为 HTTPS 访问,反之则不可实现。

「Q155」　在 OSSIM 的 Web UI 登录界面中,在登录验证前用户名和密码是如何加密的?

登录用户名和密码肯定不能以明文形式在网络上传输,需要经过加密处理。login.php 代码

引用了 jquery.base64.js 加密脚本。在 login.php 文件中，base64_decode 与 base64_encode 分别表示加密和解密函数，用于对 php 代码进行加密与解密处理。下面看两段代码：

```
140 $pass           = base64_decode(REQUEST('pass'));
440      <script type="text/javascript" src="/ossim/js/jquery.base64.js"></script>
554                  $('#pass').val($.base64.encode($('#pass').val()))
717      $('#f_login').submit(function(){
718          $('#submit_button').addClass('av_b_processing');
719          $('#pass').val($.base64.encode($('#passu').val()));
720      });
```

第 140 行和第 554 行的代码分别表示密码的解密和加密方法。

『Q156』 在 OSSIM 登录界面中如何实现用户 Session 登录验证的安全性？

为了实现 OSSIM 系统登录的安全性，应考虑 Session 登录验证的安全问题。由于恶意用户会在 Session_id() 的传输过程中将其挟持，并伪造一个新的 ID 来侵入系统，所以必须对 Session 加密。下面编辑文件 /usr/share/ossim/include/classes/session.inc，找到下面的行并进行如下修改，即可解决问题。

```
1789      //Generate a new session identifier
1790      session_regenerate_id();
1791      $_SESSION['_user']        = $login;
1792      $_SESSION['_remote_login'] = base64_encode(Util::encrypt($login.'####'.$pass, $conf->get_conf('remote_key'))
          );
```

可以发现，上述代码也是利用 base64.encode 函数实现对 Session ID 的加密。

『Q157』 如何定制 Apache 404 页面？

一般情况下，Apache 会在配置文件 httpd.conf 中定义 404 返回码，用来定义错误页面。相关设置可在 OSSIM 平台下进行更改。打开配置文件 /etc/papche2/sites-available/default-ssl，可以找到以下字段：

```
ErrorDocument 404   /ossim/404.php
```

这个源文件的路径为 /usr/share/ossim/www/404.php，接着就可利用 vi 编辑器来修改 404.php 文件。

『Q158』 OSSIM 系统每次启动时为什么显示"apache2 [warn] NameVirtualHost *:80 has no VirtualHosts"？

之所以出现这种问题，是因为没有定义域名。由于一个端口只能对应一个虚拟主机，因此将 NameVirtualHost *:80 改为其他端口也可以解决这个问题。如果有多个不同的域名，则用同样的端口也可以。修改方法为编辑文件/etc/apache2/ports.conf，并注释掉 NameVirtualHost *:80 和 Listen 80 这两行。

「Q159」 Apache 中出现"Could not reliably determine the server's fully qualified domain name"提示时，应如何处理？

有时在启动 OSSIM 时会遇到图 4-54 所示的 Apache 故障。

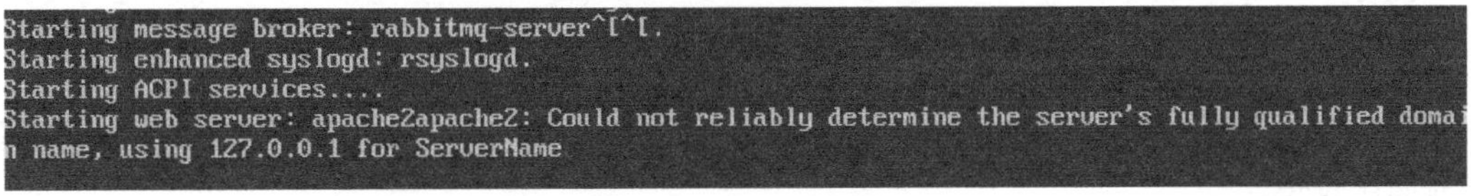

```
Starting message broker: rabbitmq-server^[^[.
Starting enhanced syslogd: rsyslogd.
Starting ACPI services:.
Starting web server: apache2apache2: Could not reliably determine the server's fully qualified domai
n name, using 127.0.0.1 for ServerName
```

图 4-54 Apache 故障

这句故障提示表示无法可靠地确定服务器的 FQDN（Fully Qualified Domain Name）。Apache 启动时可能会查询 DNS 来验证 ServerName 的配置。

处理方法如下。

步骤 1 编辑 httpd.conf 文件。

```
ServerName 127.0.0.1:80
```

步骤 2 重新启动 Apache 服务，查看日志有无报错信息。

「Q160」 迁移 OSSIM 系统时需要备份哪些数据？

计划迁移 OSSIM 系统之前，需要将下列信息做好备份：包括 events、alarms、assets、tickets 以及用户信息和生成报表等在内的重要历史数据。对于 AlienVault USM 版而言，这些重要数据存储在 MySQL 和 MongoDB 这两个数据库中。

步骤 1 备份数据库。

MySQL 存储 events、alarms、assets、tickets、用户和权限及报表，而且 MongoDB 存储 IDM 的历史数据。下面通过 SSH 远程登录到服务器进行备份。

MySQL 数据库的 dump 操作：

```
alienvault:~# mysqldump -p `grep ^pass /etc/ossim/ossim_setup.conf | sed 's/pass=//'` --no-autocommit
--single-transaction --all-databases | gzip > alienvault-dbs.sql.gz
alienvault:~#
```

MongoDB 数据库的 dump 操作：

```
alienvault:~#mongodump -host localhost          // 生成 dump 文件
alienvault:~#tar cvzf alienvault-mongo.tgz dump    // 压缩 dump 文件
```

步骤 2 备份环境（包括系统配置环境和插件等）。

首先执行 backup.sh 脚本，该脚本内容如下。

```
alienvault:~# cat backup.sh
#!/bin/bash
if [[ ! -f /etc/alienvault-center/alienvault-center-uuid ]];
then
dmidecode -s system-uuid |awk '{print tolower($0)}' >/etc/alienvault-center/alienvault-center-uuid;
fi
```

执行 backup.sh 脚本：

```
#. /backup.sh
```

然后通过下面这条 tar 命令创建 alienvault-environment.tgz 文件。注意，这条命令备份配置的时间比较长。

```
alienvault:~# tar czvf alienvault-environment.tgz /etc/ossim/ /etc/alienvault/ /etc/alienvault-center/
/etc/ansible/ /root/.ssh/ /home/avapi/ /home/avserver/ /var/ossec/ /etc/snort/ /etc/suricata/ /etc/nagios3
/ /etc/openvpn/ /var/cache/openvas/ /var/lib/openvas/ /etc/logrotate.d/ /etc/rsyslog.d/ /etc/apache2
/ /usr/share/alienvault-center/ /etc/nfsen/ /etc/mysql/ /var/ossim/ssl/ /etc/hosts /etc/resolv.conf
```

步骤 3 备份裸数据（raw data），其中包括 Logger、NetFlow 以及重要的抓包数据。备份命令如下所示。

```
alienvault:~# tar czvf alienvault-data.tgz /var/ossim/logs /var/cache/nfdump/
```

当以上三步完成之后，再通过安全方式（例如 WinSCP 或 SCP 工具）将服务器上的备份文件 alienvault-dbs.sql.gz、alienvault-mongo.tgz、alienvault-environment.tgz、alienvault-data.tgz 复制到目标 OSSIM 服务器，并解压到对应的目录中。

「Q161」 在OSSIM中，PCI DSS和ISO 27001代表什么含义？

在 OSSIM 中，PCI DSS 和 ISO 27001 的含义如下所示。

- ❑ PCI DSS：支付卡行业数据安全标准（Payment Card Industry Data Security Standard）是一个全球化的标准，用来促进并提高持卡人的数据安全；在银行审计行业应用广泛。

- ❑ ISO 27001：随着信息安全事件造成的影响和损失越来越严重，人们越来越认识到信息安全管理在组织运营管理中的重要性。作为信息安全管理中最著名的国际标准，ISO 27001 已经被全球各行各业所接受，成为指导各组织进行信息安全管理工作的最好工具。目前各行业在推动信息安全保护时，最普遍的方法和决策就是依据 ISO 27001 标准进行信息安全管理体系的建设。

「Q162」 如何输出 30 天内的资产可用性报告?

在 Web UI 的 REPORTS 菜单下可以将资产以可用性报告的形式输出,如图 4-55 所示。

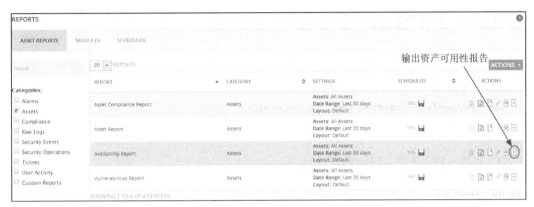

图 4-55　选择可用性报告

单击图 4-55 中箭头所指的按钮后,便可输出资产可用性报告。图 4-56 所示为输出的实例。

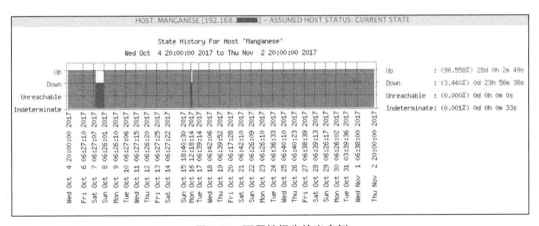

图 4-56　可用性报告输出实例

「Q163」 如何使用 grep 命令去掉配置文件的注释行和空格行?

在分析 conf 配置文件时,需要去掉配置文件的注释行,可使用如下命令进行操作。

```
#grep -v "#" /etc/redis/redis.conf > ./redis.conf.bak    //去掉 reconf.conf 中有#号
的行
```

```
#grep -v "^#" /etc/redis/redis.conf > ./redis.conf.bak   //去掉 reconf.conf 中没有#
```
号的行

另一种修改方法如下所示。

```
#cat /etc/redis/redis.conf  | grep -v ^# |grep -v ^$
#cat redis.conf.bak |grep -v ^$ > ./redis.conf.bak.bak
```

『Q164』 如何生成一个指定大小的文件？

在 OSSIM 测试环节，经常会生成一个指定大小的文件，可通过 dd 命令来生成指定大小的文件，具体操作如下：

#dd if=/dev/zero of=file bs=1024 count=1000

其中，

- ○ if 表示输入文件（inputfile）；
- ○ of 表示输出文件（outputfile）；
- ○ bs 表示块大小（blocksize）；
- ○ count 表示 bs 的数量，被复制的文件大小为 bs × count。

以上命令的作用是利用伪文件/dev/zero 产生连续的二进制零流并写入 file，该文件大小为 10MB。

『Q165』 如何在服务器/传感器中发现隐藏的进程或端口？

攻击者如果攻破了 OSSIM 服务器或传感器，一定会在系统内留下隐藏的进程或端口。使用 unhide 这个小工具就能够发现那些借助 rootkit、LKM（Loadable Kernel Module，可加载内核模块）技术隐藏的进程和端口。

- ○ 安装程序：

```
#apt-get update
#apt-get install unhide
```

unhide 可以配合 brute、proc、procall、procfs、quick、reverse、sys 等 7 个参数使用。

- ○ 应用举例：

```
#unhide proc
```

该命令表示如果发现隐藏进程，则屏幕会出现提示信息。

『Q166』 如何解决因系统索引节点（inode）耗尽而引发的系统故障？

故障情景描述：在有次维护系统时，为了扩展物理内存而将整个系统关闭，内存扩展完毕并再次开机后，在引导系统过程中发现了一些报错信息，如图 4-57 所示。

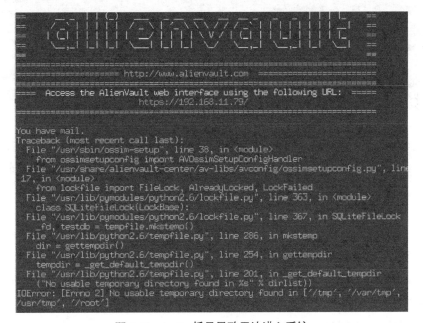

图 4-57　系统引导时 RabbitMQ 启动错误

在启动完毕进入终端控制台后，输入 root 用户名和密码，弹出图 4-58 所示的信息。

图 4-58　inode 耗尽导致无法进入系统

初步判断这可能是磁盘空间耗尽而导致无法创建临时文件的故障。解决办法是用一张 Linux Live CD 光盘重新引导机器，然后挂在这个故障磁盘的系统上进行操作。

下面采用 DEFT 8.0 的 Live CD 引导系统，在命令行下输入 dmesg 命令，结果如图 4-59 所示。

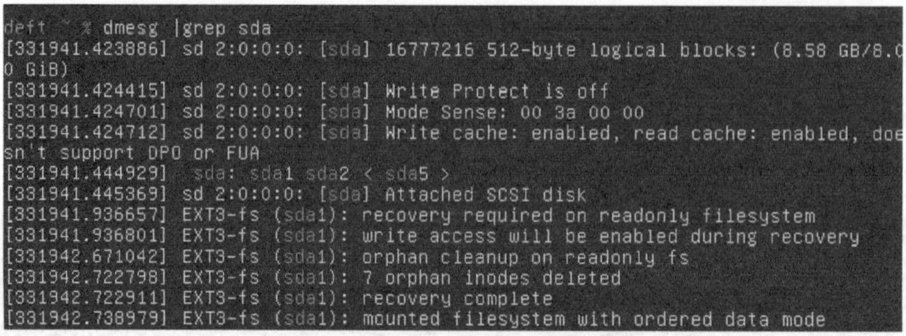

```
deft ~ % dmesg |grep sda
[331941.423886] sd 2:0:0:0: [sda] 16777216 512-byte logical blocks: (8.58 GB/8.0
0 GiB)
[331941.424415] sd 2:0:0:0: [sda] Write Protect is off
[331941.424701] sd 2:0:0:0: [sda] Mode Sense: 00 3a 00 00
[331941.424712] sd 2:0:0:0: [sda] Write cache: enabled, read cache: enabled, doe
sn't support DPO or FUA
[331941.444929]  sda: sda1 sda2 < sda5 >
[331941.445369] sd 2:0:0:0: [sda] Attached SCSI disk
[331941.936657] EXT3-fs (sda1): recovery required on readonly filesystem
[331941.936801] EXT3-fs (sda1): write access will be enabled during recovery
[331942.671042] EXT3-fs (sda1): orphan cleanup on readonly fs
[331942.722798] EXT3-fs (sda1): 7 orphan inodes deleted
[331942.722911] EXT3-fs (sda1): recovery complete
[331942.738979] EXT3-fs (sda1): mounted filesystem with ordered data mode
```

图 4-59 获取故障磁盘信息

从结果中可以判断出需要挂载的磁盘为 sda。接下来用 fdisk 命令查看分区的详细情况，结果如图 4-60 所示。

```
#fdisk/dev/sda
```

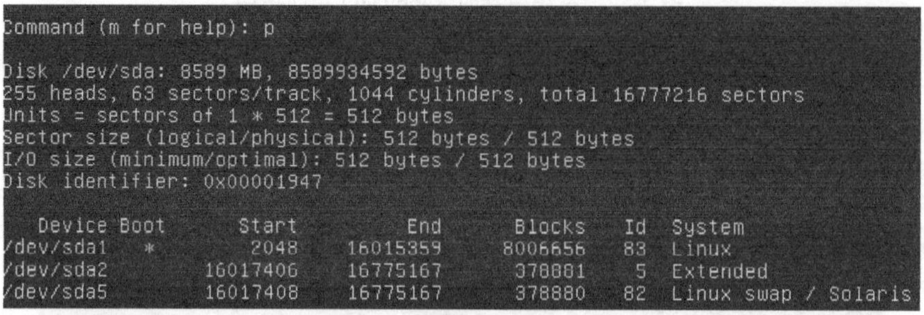

```
Command (m for help): p

Disk /dev/sda: 8589 MB, 8589934592 bytes
255 heads, 63 sectors/track, 1044 cylinders, total 16777216 sectors
Units = sectors of 1 * 512 = 512 bytes
Sector size (logical/physical): 512 bytes / 512 bytes
I/O size (minimum/optimal): 512 bytes / 512 bytes
Disk identifier: 0x00001947

   Device Boot      Start         End      Blocks   Id  System
/dev/sda1   *        2048    16015359     8006656   83  Linux
/dev/sda2        16017406    16775167      378881    5  Extended
/dev/sda5        16017408    16775167      378880   82  Linux swap / Solaris
```

图 4-60 查看故障磁盘分区

由结果可知，需要挂载/dev/sda1 设备文件。用 df –h 命令查看磁盘空间情况后，发现所有分区还有不少剩余空间，由此判断这种情况极有可能是 inode 耗尽导致的。下面挂载/dev/sda1，然后查看其 inode 占用情况。

```
#mkdir /disk
#mount /dev/sda1  /test
```

进入/test 目录，输入 df –i 命令查看 inode 号，如图 4-61 所示。

从图 4-61 中可以看出/dev/sda1/的 IFree 为 0。再使用 dumpe2fs 命令进行验证，查看/dev/sda1 分区的总 inode 数量。

```
#dumpe2fs -h /dev/sda1 |grep 'Inode count'
dumpe2fs 1.42.12 (29-Aug-2014)
Inode count:            0
```

```
deft /test % df -i
Filesystem          Inodes    IUsed    IFree IUse% Mounted on
aufs                214027      242   213785    1% /
udev                210328      455   209873    1% /dev
tmpfs               214027      373   213654    1% /run
/dev/sr0                 0        0        0     -  /cdrom
/dev/loop0          134475   134475        0  100% /rofs
tmpfs               214027        5   214022    1% /tmp
none                214027        1   214026    1% /run/lock
none                214027        1   214026    1% /run/shm
/dev/sda1           500960   500953        0  100% /test
```

图 4-61　查看 inode 号

在上述命令执行结果的最后一行可以发现，由于硬盘的 inode 号满而无法创建文件，这验证了我们的猜测。下面挂载这个磁盘并删除一部分临时文件。

```
#cd /test/var/log/
```

进入日志文件目录，删除不必要的日志文件，然后再次查看 IFree 的值，只要其值不等于零就可以。删除文件之后就能重新启动系统了。

如果这个故障不是发生在系统重启过程中，而是发生在设备运行过程中，同样会出现相同的情况。

当系统新建一个日志文件，或者通过 apt-get install 命令安装一个软件包时，系统报错，提示为 "No space left on device"，表示磁盘无剩余空间。

```
alienvault:/var/log# touch testfile3.log
touch: cannot touch 'testfile3.log': No space left on device
alienvault:/var/log# touch testfile4.log
touch: cannot touch 'testfile4.log': No space left on device
alienvault:/var/log# df -I                  /
Filesystem    Type    Inodes    IUsed    IFree IUse% Mounted on
/dev/sda1     ext3      490K     490K        0  100% /
tmpfs         tmpfs     812K        4     812K    1% /lib/init/rw
udev          tmpfs     810K      575     809K    1% /dev
tmpfs         tmpfs     812K        5     812K    1% /dev/shm
```

如 IUse% 为 100% 则表示 inode 已耗尽。解决办法同上。

注意，一旦出现了 inode 耗尽的情况，系统中各种网络服务器的临时文件就会无法创建，也无法从远程登录 OSSIM，只能采用本地终端登录或者用 Linux Live CD 挂接的方法来处理。

「Q167」 OSSIM 系统是如何实现高可用性的？

OSSIM 的高可用性（High Availability，HA）采用 HA 的手段得以实现。高可用性指的是通过尽量缩短因日常维护操作和突发的系统崩溃所导致的停机时间，以提高系统和应用的可用性。

1．OSSIM 高可用性实现技术

Linux 下通常 Keepadlived+LVS 或者 Heartbeat+LVS 的方案实现 HA。Heartbeat 项目是 Linux-HA 工程的组成部分，是目前开源 HA 项目中最成功的例子，而且 Heartbeat 也是 OSSIM 系统自带的组件（默认已安装）。图 4-62 所示为 OSSIM-HA 的架构图。

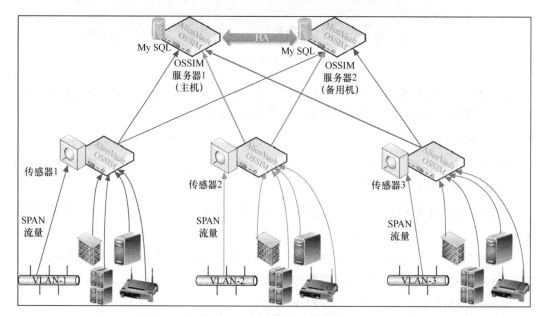

图 4-62　OSSIM-HA 架构图

安装 HA 有两个步骤，一个为实体连接，另一个为备用机设置的虚拟连接。要保持两台服务器的 AlienVault-Center 之间已连接，因为 AlienVault-Center 管理着 Agent、Server、IDM、Forwarder 等服务，所以它们需要和虚拟 IP 保持连接。

保留从服务器（OSSIM）的下列服务：

- ○ Alienvault Center
- ○ Rsyslog
- ○ Cron
- ○ Heartbeat
- ○ MySQL
- ○ MongoDB

表 4-1 所示为 OSSIM-HA 的地址分配举例。

表 4-1　OSSIM-HA 地址分配举例

主机名	真实 IP	虚拟主机名	虚拟 IP	报告
HA-Server1	192.168.207.110	VServer	192.168.207.120	192.168.207.121
HA-Server2	192.168.207.111			
HA-Logger1	192.168.207.112	VLogger	192.168.207.121	192.168.207.120
HA-Logger2	192.18.207.113			
HA-Sensor1	192.168.207.114	VSensor	192.168.207.121	192.168.207.120
HA-Sensor2	192.168.207.115			

2．安装环境

所有 OSSIM 系统版本都要求主/从设置保持一致，即要求两台服务器的软件硬件配置一致，且两台服务器在相同网段。安装期间，每台设备分配不同的静态 IP。当系统安装好后，首先同步时间。为此进入控制台 System Preferences→Change Location→Change Location→Date and time→ Configure NTP Server，选择一台时间服务器，例如 IP 地址为 210.72.145.44 的 NTP 服务器，修改方法如图 4-63 所示。

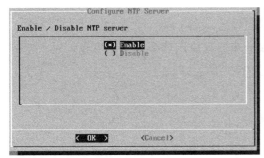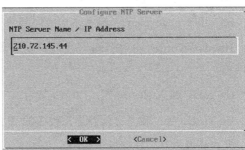

图 4-63　配置 NTP

然后修改默认分配的主机名，注意不要重名，最后选择 Apply all changes。

3．配置本地主机

首先用 SSH 远程登录服务器，或者直接在服务器控制台下进行操作。在终端控制台下选择 Jailbreak System，然后编辑配置文件 ossim_setup.conf，如下所示。

```
#vi /etc/ossim/ossim_setup.conf
```

修改以下字段值。

Ha_heartbeat_start：将 no 改为 yes。

Ha_local_node_ip：输入本地应用服务器 IP。

Ha_other_node_ip：输入远程应用服务器 IP。

Ha_other_node_name：输入远程应用服务器主机名称。

Ha_password：输入密码。对于本地和远程应用服务器主机来说，该密码是相同的。

Ha_role：输入 master。

Ha_virtual_ip：输入分配给虚拟设备的 IP 地址（默认是 unconfigured）。

保存并退出后，执行以下命令。

```
#ossim-reconfig
```

4. 配置远程主机

采用同样方法，再编辑远程主机的 ossim_setup.conf 文件。

```
#vi /etc/ossim/ossim_setup.conf
```

修改以下字段值。

Ha_heartbeat_start：将 no 改为 yes。

Ha_local_node_ip：输入远程应用服务器 IP。

Ha_other_node_ip：输入本地应用服务器 IP。

Ha_other_node_name：输入本地应用服务器名称。

Ha_password：输入密码。注意，对于本地和远程应用服务器主机来说，这个密码是相同的。

Ha_role：输入 slave。

Ha_virtual_ip：输入分配给虚拟设备的 IP 地址。

保存并退出后，执行以下命令。

```
#ossim-reconfig
```

5. 同步数据库

连接本地应用服务器，进入 root 控制台，输入以下命令：

```
#ossim-reconfig  --mysql_replication
```

6. 同步本地文件

在同步本地文件时需注意，下面的操作必须在本地和远程服务器上完成。下面开始编辑 /etc/cron.d/ossim_ha_rsync，为了保证两台机器之间的同步，需要激活下面的配置行。

```
Risk metrics graphs
#0 * * * * root /usr/local/sbin/ossim_ha-rsync.sh var_lib_ossim_rrd /var/lib/ossim/rrd >/dev/null

Netflow configuration
#2 * * * * root /usr/local/sbin/ossim_ha-rsync.sh etc_nfsen /etc/nfsen >/dev/null

Netflow data collected
#4 * * * * root /usr/local/sbin/ossim_ha-rsync.sh var_cache_nfdump /var/cache/nfdump >/dev/null
```

```
Netflow graphs
#6 * * * * root /usr/local/sbin/ossim_ha-rsync.sh var_nfsen /var/nfsen >/dev/null

Nagios configuration
#8 * * * * root /usr/local/sbin/ossim_ha-rsync.sh etc_nagios3_conf.d /etc/nagios3/conf.d >/dev/null

Nagios checks
#10 * * * * root /usr/local/sbin/ossim_ha-rsync.sh var_cache_nagios3 /var/cache/nagios3 >/dev/null

Ossim database backups
#12 * * * * root /usr/local/sbin/ossim_ha-rsync.sh var_lib_ossim_backup /var/lib/ossim/backup >/dev/null

Ossim agent configuration and plugins
#14 * * * * root /usr/local/sbin/ossim_ha-rsync.sh etc_ossim_agent /etc/ossim/agent >/dev/null

Ntop graphs and statistics
#16 * * * * root /usr/local/sbin/ossim_ha-rsync.sh var_lib_ntop /var/lib/ntop >/dev/null

Ntop configuration
#18 * * * * root /usr/local/sbin/ossim_ha-rsync.sh etc_ntop /etc/ntop >/dev/null
```

经过以上 6 个步骤后，HA 配置工作即可完成。

「Q168」　OSSIM 服务器如何横向扩展？

OSSIM 的扩展性（scalability）是继高可用性（high availability）之后又一个重要功能。可通过下述步骤实现 OSSIM 服务器的横向扩展。

首先在 CONFIGURATION→DEPLOYMENT→COMPONENTS 中选择 SERVERS 选项，再选择 ADDS SERVER，如图 4-64 所示。

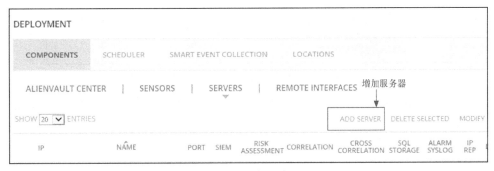

图 4-64　添加服务器

输入远程 OSSIM 服务器的主机 IP 地址和 root 用户的密码，如图 4-65 所示。

添加完成后便可以看到两台服务器的信息，如图 4-66 所示。

新添加的主机可在 AlienVault Center 的管理界面下进行远程管理，如图 4-67 所示。

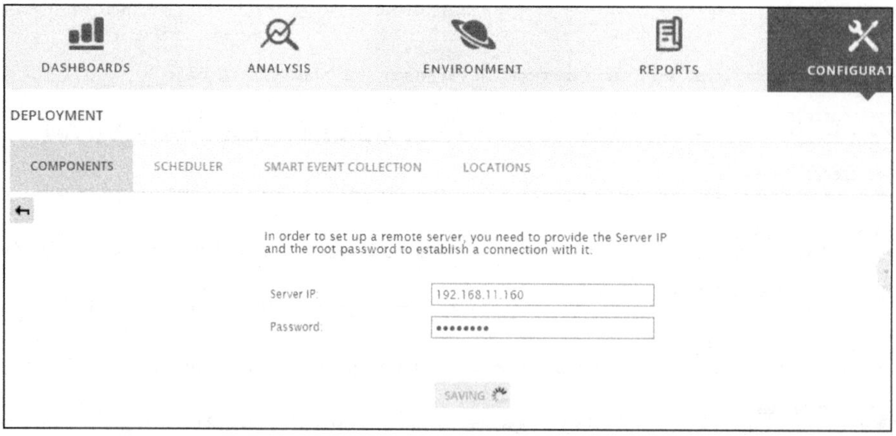

图 4-65　输入 IP 地址和密码

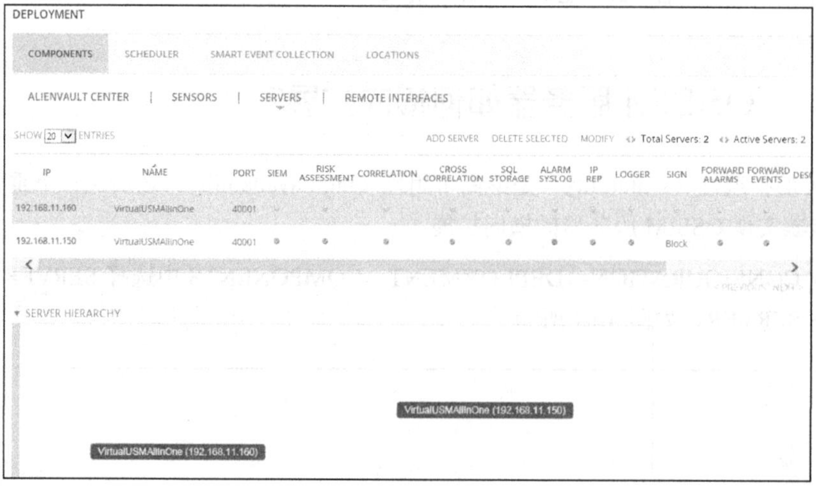

图 4-66　添加完成的服务器层次结构

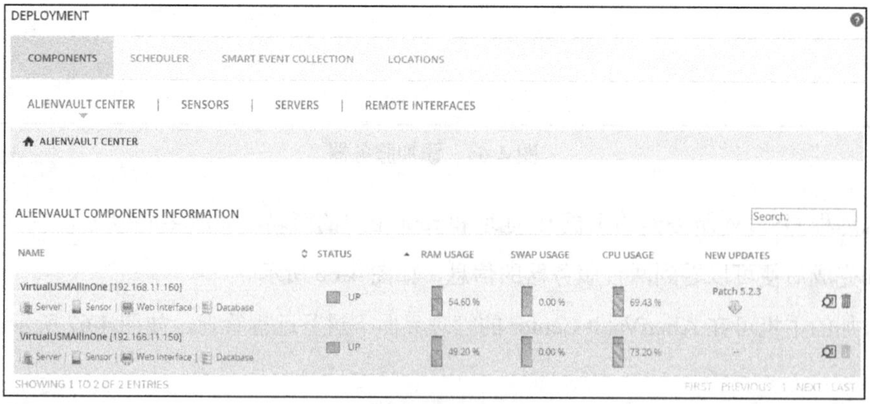

图 4-67　观察添加的新主机信息

本 章 测 试

下面列出部分测试题，以帮助读者强化对本章知识的理解。

1．下列（A）命令不能查看 Debian Linux 版本号。

    A．uname –a   B．lsb_release　-a

    C．cat /etc/Debian_version

2．下列选项中最适合关闭 OSSIM 系统的方法是（C）。

    A．halt   B．init 0

    C．sync;sync;poweroff   D．shutdown -r now

3．正确关闭分布式环境 OSSIM 系统的方式是（A）。

    A．先关闭传感器再关闭服务器   B．先关闭服务器再关闭传感器

4．对于运行过一段时间的 OSSIM 系统来说，使用 alienvault-update 命令后（B）。

    A．升级软件对原系统没有任何影响

    B．一部分配置文件会被覆盖，从而导致一些服务异常

5．在 OSSIM 下安装软件之前必须执行的命令是（A）。

    A．apt-get update   B．apt-get upgrade

6．用于查看 OSSIM 属于哪一款 Debian 版本的命令是（B）。

    A．cat /etc/issue   B．more /etc/debian_version

7．下列命令中无法查看 GCC 版本的是（B）。

    A．more /proc/version   B．uname　-a

8．下列命令中无法获取 Debian Linux 内核版本的是（C）。

    A．uname –a   B．more /proc/version

    C．uname

9．如果希望批量重启 ossim-server、squid、nagios、nfsen、ntop 等服务，则最适合采用（A）命令。

    A．ossim-reconfig   B．reboot

10．OSSIM 平台是在 Debian Linux 系统之上进行优化裁剪的大数据处理系统，通过（A）命令可以查看 Debian Linux 内核版本；通过（D）命令可查看 OSSIM 版本；通过（E）命令可获取 Debian Linux 系统版本信息；通过（H）命令可获取 OSSIM 对系统的资源限制列表。

A．uname –a   B．uname

C．alienvault-about   D．alienvault-api about

E．cat /etc/debian_version   F．cat /etc/issue

G．ulimit –n   H．ulimit -a

11．在 Shell 下执行 "ps –aux –sort=-%mem | awk 'NR<=10{print $0}'" 命令的作用是（A）。

A．按降序排列消耗内存和进程   B．列出最消耗磁盘 I/O 的进程

12．为了对一台 Apache Web 服务器进行扩容，由于进程要比线程更消耗更多的系统开销，所以通常最有效的方式是（A）。

A．增加服务器或扩充群集节点   B．增加服务器中的 CPU 数量

13．在安装 OSSIM 时遇到图 4-68 所示的界面，这表示（A）。

图 4-68　OSSIM 安装故障

A．系统无法安装网卡驱动   B．没有网卡驱动

14．在命令行下安装 Nginx 时出现如下所示的报错信息，下列选项操作正确的是（A）。

```
alienvault:~# apt-get install nginx
E: dpkg was interrupted, you must manually run 'dpkg --configure -a' to co
rrect the problem.
alienvault:~# ■
```

A．dpkg –configure –a   B．apt-get update

15．可以采用（C）命令查询文件/etc/apache2/sites-enabled/alienvault-api.conf 隶属的软件包。可采用（A）命令查询软件包 alienvault-api-core 中的每个文件安装到系统中的位置。

A．dpkg –L alienvault-api-core   B．dpkg –s alienvault-api

C．dpkg –S /etc/apache2/sites-enabled/alienvault-api.conf

　　D．apt-cache show alienvault-api-core

16．包含 OSSIM 数据库配置（包括用户名、密码及通信端口）信息的文件是（B）。

　　A．/etc/ossim/ossim.conf　　　　　　　B．/etc/ossim/framework/ossim.conf

17．下面这条命令的作用是（B）。

```
alienvault:~# seq 10000 | xargs -i dd if=/dev/zero of={}.dat bs=1024 count=1
1+0 records in
1+0 records out
1024 bytes (1.0 kB) copied, 0.000615251 s, 1.7 MB/s
```

　　A．产生一个 1024 字节的文件　　　　　B．随机产生 1 万个不同文件名的文件

18．若忘记 OSSIM Web UI 中 admin 用户的登录密码，则可采用（A）命令进行重新设置。

　　A．ossim-reset-passwd admin　　　　　　B．passwd admin

19．某天在 OSSIM Web UI 仪表盘上发现 SIEM 和日志记录曲线发生突变，事件节点在 11 点，如图 4-69 所示，这有可能出现（C）、（D）故障。

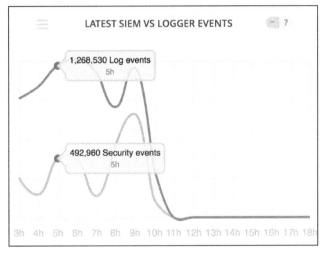

图 4-69　SEIM 和日志记录曲线发生突变

　　A．OSSIM 服务器的 Web 服务故障　　B．客户端停止发送 SIEM 和日志数据

　　C．插件不工作　　　　　　　　　　　D．传感器下线

20．由于误操作，控制台界面进入到 root:~$_界面，此时输入（A）命令才能退回到#提示符下。

　　A．jailbreak　　　　　　　　　　　　　B．exit

21．某个文件（/etc/file）里面有很多内容，现在想清空该文件，则应使用（A）命令进行操作。

    A. cat /etc/file > /dev/null   B. cat /etc/file

22. OSSIM 中的 tmpfs 是一种基于内存的临时文件系统，它的大小通常设置为物理内存的一半。（√）

23. 禁用客户机浏览器上的 Cookie 后，依然可以查询 Session。（×）

24. 如何一次性重启 OSSIM 系统中的各项服务？

为了释放更多的资源，需要重启系统中的各项服务，如果手动重启则非常麻烦，可使用下述命令自动重启各项服务。

```
# ossim-reconfig
```

25. 如何查询/var/目录下 2 级子目录的大小，并且使子目录按升序（从小到大）排列？

```
#du -h -max-depth=2 /var |sort -h

13M      /var/ossec
15M      /var/nfsen/profiles-stat
16M      /var/log/installer
21M      /var/nfsen
26M      /var/log/alienvault
29M      /var/lib/alienvault-center
31M      /var/lib/dpkg
53M      /var/log
59M      /var/lib/apt
61M      /var/cache/apt
228M     /var/cache/openvas
298M     /var/cache
556M     /var/lib/mysql
1.9G     /var/lib/openvas
2.6G     /var/lib
3.0G     /var/
alienvault:~# du -h --max-depth=2 /var/ |sort -h
```

第 5 章

OSSIM 组成结构

关键术语

- 分层处理架构
- 模块化设计
- OSSIM 工作流
- Agent 事件类型
- OSSIM 通信端口

「Q169」 OSSIM 开源框架的分层处理架构是什么？

OSSIM 系统是一个开放的架构，它的核心价值在于集成了各种开源软件之所长。OSSIM Web UI 主要采用 B/S 架构，Web 服务器使用 Apache。OSSIM 框架结构总体上分为 3 层，如图 5-1 所示。

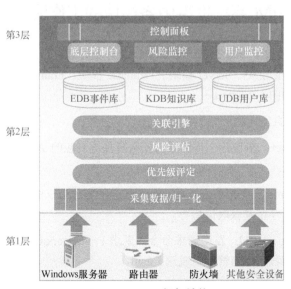

图 5-1 OSSIM 框架结构

第 1 层 数据采集层。该层使用各种采集技术采集流量信息、日志、各种资产信息，经过归一化后传入核心处理层。该层体现安全事件的来源，入侵检测、防火墙、重要主机发出的日志都是安全事件来源，它们按发出机制分又细为模式侦查器和异常监控。由数据采集层采集的安全事件在转换为统一的格式后，发送至 OSSIM 服务器。

第 2 层 核心处理层。该层主要实现对各种数据的深加工处理，包括运行监控、安全分析、策略管理、风险评估、关联分析、安全对象管理、脆弱性管理、事件管理、报表管理等工作流。在该层中，OSSIM 服务器是主角，主要功能是集中安全事件并对集中后的事件进行关联分析、风险评估及严重性标注等。所谓的集中就是以一种统一格式组织由所有系统产生的安全事件报警信息，并将所有的网络安全事件报警存储到数据库，这样就在网络中对所产生的事件形成了一个庞大视图。系统通过事件序列关联和启发式算法关联来更好地识别误报能力。

OSSIM 本质上通过对各种探测器和监控产生的报警进行格式化处理，再进行关联分析。这些后期处理能提高检测性能，即减少报警数量、减小关联引擎的压力，从整体上提高报警质量。OSSIM 在核心处理层提供丰富的工作流引擎 API 类和函数，以及丰富的 Web Services 接口。

第 3 层 数据展现层。该层主要负责完成系统与用户之间的交互，达到安全预警、事件监控、安全运行监控、综合分析统一展示的目的。Web 框架（Framework）控制台界面即 OSSIM 的 Web UI（Web User Interface，Web 用户界面），其实就是 OSSIM 系统对外的门户站点，它主要由仪表盘、SIEM 控制台、Alarm 控制台、资产漏洞扫描管理、可靠性监控、报表消息中间件及系统策略等部分组成。OSSIM 移动平台的数据展现层还为管理员提供重大事件报警功能。

「Q170」 OSSIM 系统框架中各模块的工作流程是怎样的？

OSSIM 系统主要使用了 PHP、Python 和 Perl 3 种编程语言，从软件层面上看，OSSIM 系统包括 5 大模块：Agent 模块、Server 模块、Database 模块、Frameworkd 模块以及 Framework 模块，模块间的通信如图 5-2 所示。

5 个模块之间的数据流向如图 5-3 所示。

- Agent 到 Server：来自各个传感器的安全事件被对应的 Agent 格式化后，以加密方式传输给 Server。
- Server 到 Agent：以字符串方式向 Agent 传送的各种请求命令，主要是要求 Agent 完成插件的启动、停止及获取信息等。
- Server 到 Frameworkd：发送请求命令，要求 Frameworkd 针对 Alarm 采取相应操作，例如执行外部程序或向管理员发送 Email。

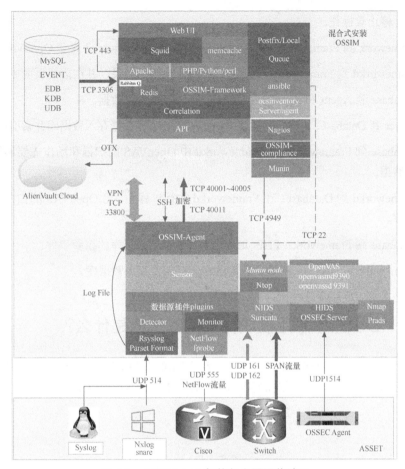

图 5-2　OSSIM 4.15 架构与主要通信端口

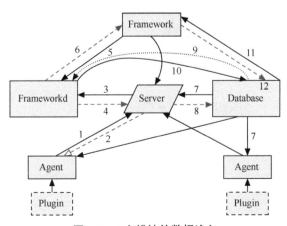

图 5-3　5 大模块的数据流向

○　Framework 到 Server：发送请求命令到 Server。要求 Server 通知 Agent 对插件执行启

动、停止等操作。

- ○ Framework 到 Frameworkd：发送请求命令，要求 Frameworkd 启动 OpenVAS 扫描进程。

- ○ Frameworkd 到 Framework：传送 OpenVAS 的扫描结果，并在前端页面中显示。

- ○ Database 到 Agent 和 Server：向 Agent 和 Server 提供数据。

- ○ Server 到 Database：Server 需要将 Events、Alarms 等数据存入数据库并索引或更新操作。

- ○ Database 到 Frameworkd：在 Frameworkd 中 OpenVAS 的扫描和动作需要调用数据库中的数据。

- ○ Frameworkd 到 Database：在 Frameworkd 执行过程中，将 OpenVAS 的扫描结果存入数据库。

- ○ Database 到 Framework：PHP 页面显示需要调用数据库的报警事件。

- ○ Framework 到 Database：用户参数设置信息需要存入数据库。

「Q171」 OSSIM 采用模块化架构的优势是什么？

在 OSSIM 的复杂模块架构中，各个子系统之间可以像搭积木一样装配在一起，形成一个整体，特定的功能模块还可以根据需要再分开。OSSIM 模块化架构的示意图如图 5-4 所示。

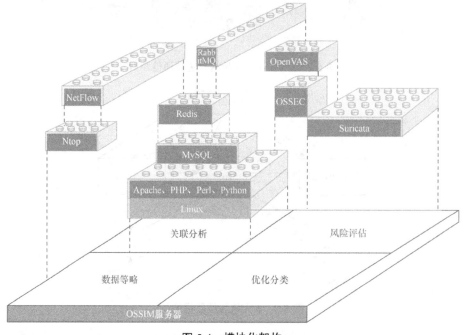

图 5-4　模块化架构

模块化架构允许更好地使用资源。通过在不同组件之间定义 API，不同组件之间可以共享数据，避免数据在网络中传输，从而极大地提高了操作安全性。

『Q172』　根据 OSSIM 部署图来分析 OSSIM 多层体系结构是怎样的？

目前 OSSIM 系统都支持分布式部署，这也是 OSSIM 在企业网中最常见的安装方式。OSSIM 分布式部署的示意图如图 5-5 所示。

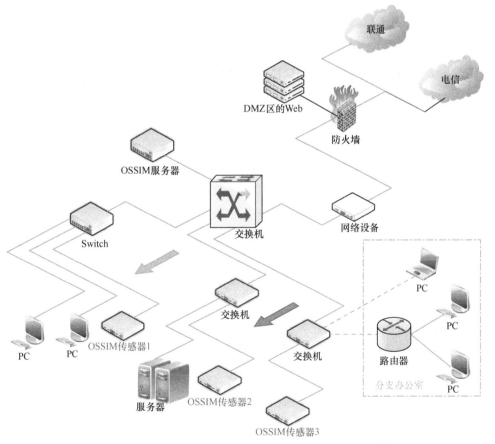

图 5-5　OSSIM 分布式部署示意图

1. 第 1 层（数据采集层）

传感器层采集数据，并通过监控镜像到 SPAN 的流量来发现异常和入侵行为。传感器应具备如下要求。

- 能收集所有数据包，前提必须在交换机指定端口上设置端口镜像（SPAN）；
- 从性能和安全上考虑，OSSIM 传感器遵循最小特权的原则；
- 传感器至少需要一块网卡。

2. 第 2 层（数据处理层）

数据处理层主要是处理传感器收集的报警数据，并将其转换为用户便于理解的格式。报警数据经处理后被导入 MySQL 数据库。在 OSSIM 系统中，可同时将 Snort 报警数据发往数据库和系统日志 Syslog 中。将报警数据存入数据库中可便于查询管理，便于 GUI 为用户展现数据。

3. 第 3 层（数据展现层）

第 3 层是 OSSIM 系统的展现层，是安全分析人员最常用的 Web 前端界面。

「Q173」 如果分布式 OSSIM 系统的传感器出现问题，会影响哪些模块的工作？

分布式 OSSIM 系统的传感器出现问题时，其状态如图 5-6 所示。

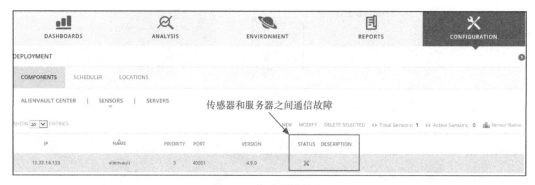

图 5-6　传感器的状态

此时在操作界面左边的方框中没有找到可用传感器，这时抓包功能将无法使用。这种故障还将影响到 Ntop、Munin 及 OpenVAS 的使用。

「Q174」 OSSIM 的工作流程包括哪些内容？

OSSIM 的工作流程主要包括以下 8 个方面的内容。

- 集中采集各传感器的报警信息。
- 解析报警记录并存入事件数据库（EDB）。

- 根据预设策略（policy）为每个事件赋予一个优先级（priority）。
- 对事件进行风险评估，计算每个报警的风险值。
- 将设置优先级的事件发送至关联引擎，由关联引擎将对事件进行关联。
- 对多个事件进行关联分析后，关联引擎可生成新的报警记录，并为其赋予优先级，然后进行风险评估。
- 通过用户监视器生成每个事件的实时风险图。
- 在控制面板中给出事件记录。

「Q175」 配置文件/etc/ossim/ossim_setup.conf 中记录了哪些内容？

配置文件/etc/ossim/ossim_setup.conf 中记录了以下信息：

- 管理主机的 IP、网关地址、域、邮件地址；
- MySQL 数据库管理员的名称、密码；
- 防火墙配置；
- 框架通信地址；
- 传感器插件、网络接口；
- NetFlow 控制参数；
- 监控网段 CIDR；
- SNMP 配置；
- 更新配置；
- VPN 配置。

「Q176」 传感器上的采集插件与监控插件有什么区别？

OSSIM 系统的传感器端包含了采集（collection）和监控（monitor）这两类插件，它们统称为安全插件，且都安装在传感器上。虽然两者都统称为插件，但工作原理不同。采集插件用于产生检测信息，再由代理程序自动发送到服务器。监控插件则需要主动采集安全设备接口上的信息，这类插件有 Snort、P0f、Prads、Arpwatch、Apache、SSH、Sudo 等。

对于监控插件，必须由服务器主动发起查询请求。监控插件中定义了需要主动采集的安全设备接口，该接口接收控制中心发出命令和查询。在 OSSIM 系统中，典型的监控插件有 Ntop、Nmap、Nessus 等。大家可在 AlienVault 控制台的传感器配置中查看插件列表。OSSIM 中主要的安全插件如表 5-1 所示。

表 5-1　OSSIM 5 主要采集插件分布

功能	插件名称
访问控制	csico-acs、cisco-acs-idm、cisco-asa
防病毒	avast、gfi security、mcafee、symantec、clamav、panda，trendmicro、avast、comodo-antivirus、malwarebytes
防火墙	fw1-alt、cisco-pix、ipfw、m0n0wall、netscreen-igs、motorola-firewall、iptables、isa、shorewall、dlink-firewall、fortigate、watchguard、netscreen-firewall、barracuda、watchguard、zyxel-firewall、gta-firewall、quickheal-firewall、juniper、fortiguard、modsecurity
HIDS	ossec、ossec-single-line、osiris
负载均衡	allot、cisco-ace、citrix-netscaler、f5
网络监控	ntop-monitor、p0f、prads、session-monitor、tcptrack-monitor
虚拟化	vmware-esxi、vmware-vcenter、vmware-vcenter-sql
漏洞扫描	nessus、nessus-detector、nessus-monitor
网络交换机	nortel-switch、h3c-switch、hp-san-switch、hp-switch　netgear-switch、arista-switch、extreme-switch、avaya、brocade
路由器	huawei-router、asus-router、mikrotik-router、cisco-router
入侵检测	snort、suricata
入侵防御系统	cisco_ips，huawei_ips、corero_ips、stonegate_ips、radware_ips、bro-ids、samhain
VPN	barracuda_sslvpn、sonicwall-vpn、juniper_vpn、cisco_vpn
邮件服务器	postfix、sendmail
数据库	oracle、oracle-weblogic、oracle-syslog
Web 服务器	apache、nginx、apache-tomcat、suhosin
负载均衡	citrix-netscaler、bluecoat、websense
FTP 服务器	proftpd、pureftpd、vsftpd、wing-ftp-server、crushftp、wuftp
网络安全设备	bit9、gfi、rsa-secureid、cyberark、sophos、freeipa、fortiweb、logbinder、stonegate、stormshield、stealthwatch、fireeye、cyberoam、cyberguard、sentinelone、rapid7、quickheal-vulscan、sangfor
无线设备	dlink-wireless、hp-wireless、extreme-wireless、avaya-wireless、kismet、aruba、h3c-ap
高可用	serviceguard、heartbeat
目录访问	openldap、freeradius、fortiauthenticator
网络访问控制 NAC	packetfence、falconstor
私有云	owncloud、cloudpassage
其他	syslog、nxlog、ssh、webmin、sap、heartbeat、honeyd、honeybot、Synology、redhat-audit、linuxdhcp、opendns、windows-fw-nxlog、ntsyslog、wmi-application-logger

这里有必要提一下 OSSIM 插件的位置。在安装系统的过程中，会把支持的插件全部复制到目录/etc/ossim/ agent/plugins/中，如 Nagios 插件的扩展名为 ".cfg"。用户可以用任何编辑器进行修改。文件/etc/ossim/agent/plugins/alienvault_plugins.list 记录了所有的数据源插件。OSSIM 下主要插件的路径如图 5-7 所示。

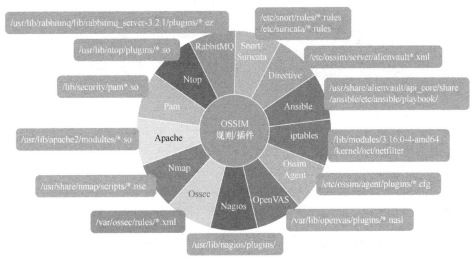

图 5-7　OSSIM 5.0 规则与插件路径

但 OSSIM 5.5 提供了 400 多个插件，涉及 10 大类，但表 5-1 中仅列出了部分插件。从插件的分布和数量来看，OSSIM 系统包含了常用的插件类型，这些插件能将常用运维设备中的日志转换为事件并存储，例如 Cisco、CheckPoint、F5、Huawei、Fortigate、Netscreen、Sonicwall、Symantec 等。如果遇到无法识别的设备，用户只能自己编写插件。传感器中已加载的插件如图 5-8 所示。

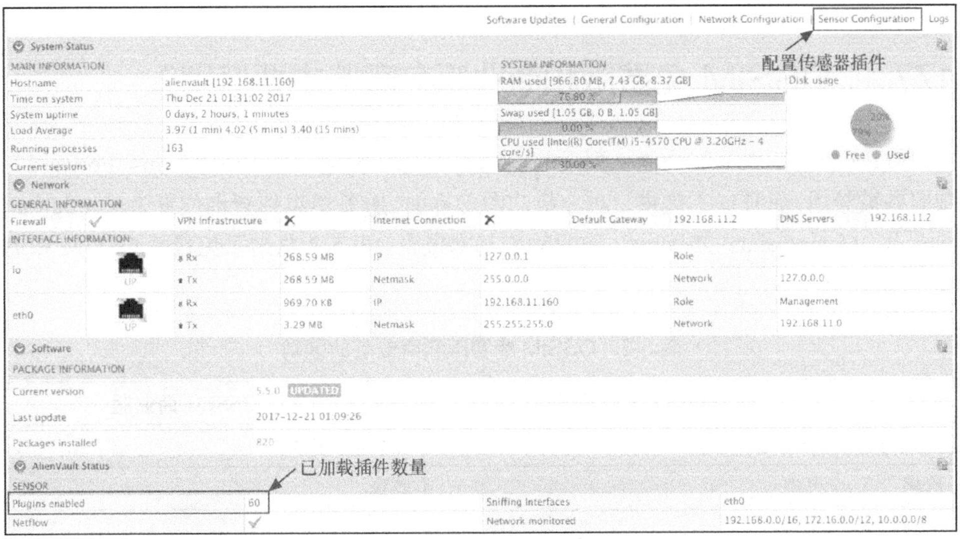

图 5-8　查看传感器启用的插件情况

从图 5-8 中看出，此传感器中启用的插件数量有 60 个，如图 5-9 所示。

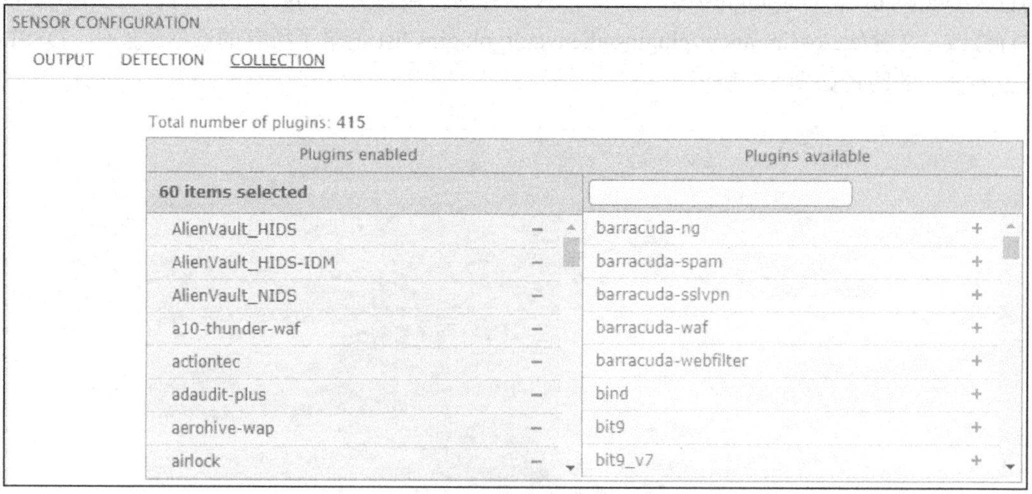

图 5-9　查看加载插件详情

可打开/etc/ossim/ossim_setup.conf 文件查看详情，如图 5-10 所示。

```
47 detectors=ossec-single-line, avaya, wmi-system-logger, nagios, cisco-ips-syslog, aruba-6, airport-extreme, snort_syslo
___g, ssh, artillery, pam_unix, alteonos, artemisa, huawei-ips, huawei-router, syslog, aerohive-wap, aladdin, axigen-mail
___, amun-honeypot, sudo, aix-audit, avaya-wireless, aruba-clearpass, oracle-syslog, ossec-idm-single-line, avast, av-nf-
___alert, sysmon-nxlog, arpalert-idm, aruba-airwave, apache-ldap, av-useractivity, alcatel, ascenlink, asus-router, allot
___, artica, apache, av-useractivity-syslog, as400, aruba, enterasys-rmatrix, assp, arpalert-syslog, arista-switch, airlo
___ck, adaudit-plus, array-networks-sag, ntsyslog, apache-tomcat, suricata, prads, barracuda-link-balancer, a10-thunder-w
___af, apache-syslog, avaya-gateway, actiontec, huawei, asterisk-voip
48 ids_rules_flow_control=yes
49 interfaces=eth0
50 ip=
51 monitors=nmap-monitor, ping-monitor, whois-monitor, wmi-monitor
```

图 5-10　从 OSSIM 配置文件中查看插件

「Q177」 OSSIM 免费版和商业版有哪些主要区别？

在 OSSIM 免费版中一些功能受到限制，例如 Logger、Sing、Forward Alarms、Forward Events 这 4 项服务被禁用，而且也不提供日志分析的图形界面。服务器组件查询位置为 Configuration→ Deployment→Components→Servers，它只输出基本报表。表 5-2 总结了免费版 OSSIM 和商业版 OSSIM 主要区别。

表 5-2　OSSIM 免费版和商业版的区别

	OSSIM 免费版	**OSSIM 商业版**
适用人群	安全研究人员	大型企业和组织
价格	开源	收费

续表

	OSSIM 免费版	OSSIM 商业版
应用案例	网络流量、协议分析、网络资产管理、漏洞扫描、安全事件管理、可用性管理、完整性检查报告输出（Alarm、Asset、PCI-DSS 等）	合 规 管 理 和 报 告 [PCI、HIPAA、ISO 27002（SOX）]、事件响应、日志管理
技术支持	社区	厂商支持
文件系统	ext3	ext4
数据库	MySQL、Redis	MySQL、Redis、MongoDB
关联规则	82 条	2042 条（持续更新）
ESP	500	理论上无限制
活动事件查询天数	5	默认 30
活动事件条数	4M	默认 20M
同时启用插件数量	10	理论上无限制
支持传感器数量	10	理论上无限制
管理	集中管理和配置	集中管理和配置
自动备份配置	可以	可以
威胁情报	社区的开发组织	Alienvault 实验室订阅
报表	Alarm 报表、资产报表、可用性报表，其中合规报表、SIEM 事件报表、风险漏洞库报表、工单报表、状态、漏洞报表可输出为 PDF 格式	提供 246 类报表，其中 Alarm 报表、资产报表、可用性报表、合规报表、SIEM 事件报表、风险漏洞库报表、工单报表、状态、漏洞报表等可在线阅读，也可以输出为 PDF 格式
访问控制	基于角色的访问控制权限	基于角色的访问控制权限以及丰富的模板
可扩展性	单机/分布式	可在线提供扩展支持，包括单机部署和多机分布部署

OSSIM ALL-IN-ONE 包含 Sensor、Framework、Server、Database 等 4 个部分。

「Q178」　OSSIM 中的 SPADE 有什么作用?

OSSIM 系统提供了 SPADE（Statistics Packet Anomaly Detect Engine，统计包异常检测引擎）。

这种异常检测手段派生出了一系列应用，例如可通过 Arpwatch 检测出 MAC 欺骗攻击，可通过 P0f 工具检测操作系统的变化，可通过 Pads 和 Nmap 工具检测出网络中新增的服务类型，用 SPADE 引擎还可以检测一些无匹配特征的可疑流量。由 Pads 程序记录的内容如下所示：

```
alienvault:~# ps -ef |grep pads
root      13378     1  0 06:28 ?        00:00:06 /usr/bin/pads_eth0 -D -i eth0 -w /var/log/ossim/pads-eth0
root      24959 24941  0 09:25 pts/0    00:00:00 grep --color=auto pads
alienvault:~# tail -f /var/log/ossim/pads-eth0.log
192.168.11.27,1801,6,unknown,unknown,1514287991
192.168.11.31,13722,6,unknown,unknown,1514287927
192.168.11.31,5989,6,unknown,unknown,1514287875
192.168.11.207,0,0,ARP,0:0C:29:74:▉:▉,1514294100
192.168.11.27,0,0,ARP,0:0C:29:78:6▉:▉,1514294150
192.168.11.205,0,0,ARP,0:0C:29:97:4▉:▉,1514296242
192.168.11.70,0,0,ARP,0:3E:E1:C1:5▉:▉7,1514298282
192.168.11.1,0,1,ICMP,ICMP,1514298356
192.168.11.201,443,6,ssl,Generic TLS 1.0 SSL,1514298359
192.168.11.203,0,0,ARP,0:0C:29:24:▉:▉8,1514298366
```

「Q179」 OSSIM 代理的作用是什么？

代理（Agent）进程采用 Python 语言编写，无须编译就能在 Python Shell 环境中运行。Agent 运行在多个主机上，负责从安全设备上采集相关信息（比如报警日志等），并统一采集到的各类信息的格式，最后将这些数据传至服务器。

从采集方式上看，Agent 属于主动采集。这可以形象地理解为由 OSSIM 服务器安插在各个监控网段的"耳目"来收集数据，并主动推送到 Collector 中，Collector 又连接消息队列系统、缓存系统及存储系统。

OSSIM 中的这些代理脚本位于/usr/share/alienvault/ossim-agent/目录下，脚本经过加密处理，以.pyo 为扩展名。如 OSSIM 代理（ossim-agent）直接读取存储在/var/log/suricata/unified2.alert.1428975051 中的日志。

Suricata 的报警输出文件是/var/log/suricata/unified2.alert，这是由配置文件/etc/suricata/suricata.yaml 第 111 行的 alert output for use with Barnyard2 语句定义，所以 ossim-agent 直接读取该文件并将其显示在 SIEM 控制台中。

在免费版的 OSSIM 系统中，其日志在大部分情况下不能达到实时处理，但可以达到准实时（firm real-time）处理，通常会在 Agent 端缓存一段时间才会发送到服务器端。Agent 会主动连接两个端口与外界进行通信，一个是连接服务器的 40001 端口，另一个是连接数据库的 3306 端口，如图 5-11 所示。

大多数 Agent 安装在传感器中，而传感器的输出就是 OSSIM 服务器的输入，可在 Web UI 中查看传感器的输出情况，如图 5-12 所示。

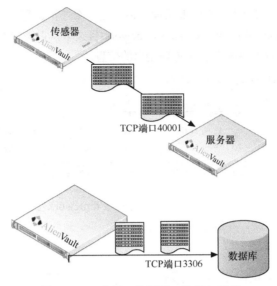

图 5-11　日志归一化处理、收集与存储

图 5-12　传感器输出配置

「Q180」　代理与插件有什么区别？

OSSIM 代理与插件既有联系也有区别，它们之间的联系主要表现在，代理会不断接受插件发来的数据，并将其打上标签之后重新生成事件，然后发往 OSSIM 服务器。两者之间的主要区别在于代理运行在传感器上，属于主动采集，主要接收插件发送来的归一化日志，并推送到 OSSIM 服务器。而且 OSSEC 代理、OCS 代理运行在客户机上，没有数量限制。而插件全部运行在传感器上，属于被动采集数据，同时加载插件数量不超过 10 个。

「Q181」　Framework 有什么作用，如何查看其工作状态？

Web 框架（Framework）控制台提供了用户的 Web 页面，是整个系统的前端，用来实现用户和系统之间的交互。

Framework 可以细分为两个部分：Frontend（可视化管理前端）和 Frameworkd。前者主要采用 PHP 语言编写，是系统的一组 Web 页面，后者是一个守护进程，采用 Python 语言编写，主要脚本在/usr/share/ossim-framework/ossimframework/目录下，它绑定 OSSIM 的知识库和事件库，监听 40003 端口，可以用来查看服务器端口的信息。

```
#lsof -Pnl +M -i4|grep ossim-fra
                        字母
alienvault:~#
alienvault:~# lsof -Pnl +M -i 4 |grep ossim-fra
ossim-fra  3342     0  5u  IPv4 1234672      0t0  TCP 127.0.0.1:54295->127.0.0.1:3306 (CLOSE_W
AIT)
ossim-fra  3342     0  6u  IPv4 1247697      0t0  TCP 127.0.0.1:55694->127.0.0.1:3306 (ESTABLI
SHED)
ossim-fra  3342     0  7u  IPv4 1233019      0t0  TCP 127.0.0.1:54092->127.0.0.1:3306 (CLOSE_W
AIT)
ossim-fra  3342     0  10u IPv4 13920        0t0  TCP *:40003 (LISTEN)
ossim-fra  3342     0  11u IPv4 16709        0t0  TCP 192.168.109.100:40003->192.168.109.100:6
0634 (ESTABLISHED)
```

通过以上命令可以清楚地查看 40003 端口信息，Framework 负责将 Frontend 收到的用户指令和系统的其他组件相关联，并绘制 Web 图表。

「Q182」 修改 OSSIM 服务器配置文件 config.xml 后如何重新启动引擎？

修改 OSSIM 服务器配置文件后需要重启服务器方可生效，手工启动系统关联引擎的方法如下所示。

```
#ossim-server -d -c /etc/ossim/server/config.xml
```

「Q183」 Agent 程序采集的日志中的各个字段表示什么含义？

OSSIM 传感器中的 Agent 程序负责接收来自不同设备的日志，并对日志进行归一化处理后存入 agent.log 文件。下面以开源 OSSIM 平台为例，对/var/log/alienvault/agent/目录下一小段 agent.log 日志文件的格式及各个字段的特点进行说明。

event type="detector" **date**="2016-08-09 12:12:11" **plugin_id**="4003" **plugin_sid**="1" **sensor**="192.168.150.10" **interface**="eth0" **priority**="1" **src_ip**="192.168.150.8" **dst_ip**="192.168.150.8" userdata="user1" **log**="Aug 9 12:12:11 ossim-sensor sshd[6567]: (pam_unix) authentication failure; log name= uid=0 euid=0 tty=ssh ruser= rhost=localhost user=user1" **tzone**="+8.0" **event_id**="56a711e9-b223-000c-292a-2aa40b2f0fb4"

各个参数的含义如下所示。

❍ event type：事件类型，一般有 detector 和 monitor 两种类型。

❍ date：从设备上接收日志的时间。

❍ sensor：传感器的 IP 地址。

- interface：用来接收网络日志的接口。
- plugin_id：称为插件 ID 或安全插件号，表示产生这个事件的插件，即用来区分是哪个 NIDS 或扫描设备产生的事件。这里 plugin_id=4002，它代表 SSHd:Secure Shell daemon。
- plugin_sid：称为 SID 或安全事件号，表示安全事件在插件中的事件类型，用于区分同一传感器探测到的不同事件的类型。插件的子 ID 可在 OSSIM 的菜单 DEPLOYMENT→COLLECTION 下的 DS Groups 选项中查询，每个插件表示一种数据源。数据采集 Agent 通过插件定义的内容分析日志，在此过程中会添加事件的 plugin_id、plugin_sid，以对该事件进行唯一标识。由于安全设备通常会生成多种类型的安全事件，所以由 plugin_id 标识的插件可对应多个 plugin_sid 事件。
- priority：优先级（0 为最低，5 为最高）。当修改了插件的优先级之后，会对事件报警产生影响。要想恢复为初始状态，可以在 Web UI 的 THREAT INTELLIGENCE→DATA SOURCE 菜单下单击 RESTORE PLUGINS 按钮。
- protocol：协议类型，包括 TCP、UDP、ICMP。
- src_ip：源 IP 地址。
- userdata：用户自定义的数据字段，最多定义 7 个，依次标记为 userdata1~userdata7。
- dst_ip：目标 IP 地址。
- log：日志内容。
- tzone：时区。
- event_id：事件 ID 编号，通常采用 UUID 号来编码。

「Q184」 在混合式 OSSIM 服务器模式与传感器安装模式中，它们安装的包有哪些区别？

安装 OSSIM 时，是选择安装 OSSIM 服务器还是传感器？OSSIM 服务器已包括传感器的所有模块，为什么还要单独分出来传感器安装方式呢？这是为了在分布式部署 OSSIM 时选用。如果用户选择在单台服务器上混合部署，那么就选择 OSSIM 服务器；如果希望在多个 VLAN 分别部署，则除了安装 OSSIM 服务器之外，还需要在各个嗅探节点安装传感器，并连接传感器和服务器。

OSSIM 服务器安装和传感器安装两种方式的主要区别就在所安装的模块上，下面以 OSSIM 4.15 为例来说明。系统对应服务组件的区别如表 5-3 所示（更新版本中的主要模块和表 5-3 类似）。

表 5-3 AlienVault OSSIM 服务器与传感器主要模块的对比

组件/服务分类	模块	OSSIM 服务器	传感器
AlienVault	alienvault-agent-generator、alienvault-api-core、alienvault-api-script、alienvault-api-center、alienvault-doctor、alienvault-dummy-sensor、alienvault-logrotate、alienvault-monit、alienvault-openvas、alienvault-openvas-plugins、alienvault-plugins、alienvault-rsyslog	√	√
AlienVault	alienvault-apache2、alienvault-api、alienvault-crosscorrelation、alienvault-directiv、alienvault-dummy-database、alienvault-dummy-framework、alienvault-dummy-server、alienvault-framework、alienvault-idm、alienvault-memcache、alienvault-mysql、alienvault-php5、alienvault-postfix	√	×
Apache	apache2、apache2-doc、apache2-mpm-prefork、apache2-utils、apache2-bin、apache2-common	√	√
NetFlow	fprobe、fprobe-ng	√	√
	nfdump、nfsen	√	×
Memcachd	memcached	√	×
Mrtg	mrtg	√	√
Munin	munin、munin-common、munin-node	√	√
Monit	alienvault-monit、monit	√	√
Nagios	nagios-images、nagios-plugins、nagios-plugins-basic、nagios-plugins-standard、nagios3、nagios3-common、nagios3-core	√	×
Ncurses	ncurses-base、ncurses-bin、libncurses5、libncursesw5	√	×
Ocsinventory	ocsinventory-agent、ocsinventory-server	√	×
Ntop	alienvault-ntop、ntop、pfring	√	√
OpenSSH	openssh-blacklist、openssh-client、openssh-server	√	√
OpenSSL	openssl-blacklist、openssl	√	√
OpenVPN	openvpn、openvpn-blacklist	√	√
OSSEC	ossec-hids	√	√
OpenVAS	openvas-administra、openvas-manager、openvas-scanner、openvas-cli	√	√
MySQL	percona-server-clie、percona-server-comm、percona-server-serv、mytop	√	×
Nagios	nagios3-common、nagios3-core、nagios-plugins	√	×
Postfix	postfix	√	×
Rsyslog	rsyslog	√	√
Samba	samba-common、smbclient	√	√
Snort	snort、snort-common、snort-common-librar、snort-rules-default	√	√
Suricata	suricata、suricata-rules-default	√	√
Squid	squid、squid-common、squid-langpack、squid3、squid3-common	√	×

续表

组件/服务分类	模　块	OSSIM 服务器	传感器
Snmp	snmp、snmpd	√	√
Prads	alienvault-prads、prads	√	√
OSSIM	ossim-agent 、 ossim-cd-configs 、 osism-cd-tools 、 ossim-contrib 、 ossim-database-migration 、 ossim-downloads 、 ossim-geoip、ossim-menu-setup、ossim-repo-key、ossim-utils	√	√
	ossim-compliance、ossim-framework、ossim-gramework-dae、ossim-mysql、ossim-mysql-ext、ossim-server、ossim-taxonomy	√	×
OCS Inevent Server	ocsinventory-server agent	√	×
Redis	redis server	√	×
HA	cluster-agents、cluster-glue、heartbeat	√	√
Capturing Packet	wireshark-common 、 tshark 、 dsniff 、 tcpdump 、 libpcap 、 pfring、tcpreplay	√	√
Rabbitmq	rabbitmq-server	√	×
Rsyslog	alienvault-rsyslog、rsyslog	√	√
Erlang	erlang	√	×
C 编译环境	gcc-4.4-base、libgcc1	√	√
	gcc-4.4	√	×
Perl	perl、perl-base、perl-modules	√	√
PHP	php5 、 phpgd 、 php5-adodb 、 php5-cgi 、 php5-common 、 php5-mysql、php5-odbc、php5-snmp	√	√
	php-db、php-soap、php-xajax、php5-memcache	√	×
Python	python	√	√
Tcl	tcl8.5、tcl8.5-dev	√	√
Scan Tool	nikto	√	×
	nmap	√	√
iptables	iptables	√	√
随机密码生成	pwgen	√	√

注意： √表示有此包，×表示无此包。

「Q185」 OSSIM 服务器和传感器的通信端口有哪些，其作用是什么？

　　正常情况下能看到端口 40001、40002、4003、40007 处于监听状态，出现故障后只有 40003 端口在监听，这时 OSSIM 处理流程与通信端口的关系如图 5-13 所示。

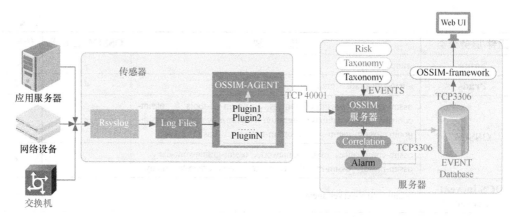

图 5-13　OSSIM 服务器/传感器端口间的通信

表 5-4 总结了 OSSIM 开放服务器端口的分配情况，表 5-5 总结了 OSSIM 传感器端口的分配情况。

表 5-4　OSSIM 开放服务器端口分配表

协议	端口	进程	作用
TCP	22	sshd	alienvault_api 服务器与传感器之间的远程通信
TCP	443	apache2	https-Web UI
TCP	40001	ossim-ser	alienvault-server 服务器进程与代理之间的通信端口
TCP	3306	mysqld	Server 和 Framework 连接 MySQL 数据库的通信端口
TCP	40002	ossim-ser	alienvault-idm-identity 身份认证进程
TCP	40003	ossim-fra	AlienVault 框架的 WebUI 进程，由/etc/ossim/server/config.xml 控制
TCP	40004	av-forwar	OSSIM 服务器之间的日志传送端口（仅在企业版中）
TCP	40005/40006	machete/mixterd	AlienVault Smart Event Collection Service（仅在企业版中）
TCP	40011	alienvault-api	API 通信端口，绑定 IP 为 127.0.0.1
UDP	514	rsyslogd	按照 RFC 3164 标准收集、解析日志数据
TCP	11211	memcached	缓存服务器端口
TCP	4369	rabbitmq	消息服务器
TCP	6379	redis	消息队列存储、加速
TCP	3128	squid	反向代理

表 5-5　OSSIM 传感器端口分配表

协议	端口	进程	作用
TCP	22	sshd	SSH 远程安全连接
UDP	555	fprobe	一个 NetFlow 传感器
TCP	9390	openvasmd	OpenVAS 管理客户端（进程名为 openvassmd）
TCP	9391	openvassd	OpenVAS 漏洞扫描进程

续表

协议	端口	进程	作用
TCP	4949	munin-nod	Munin，传感器的监视服务器
TCP	40007		服务器和传感器状态监控，如果传感器宕机，它将无法联系服务器
UDP	514	syslogd	为 Syslog 协议通信使用，作为日志收集服务
UDP	1514	ossec-agentd	OSSEC 服务器和代理之间的通信端口，作为代理管理服务通信端口使用
UDP	12000 及以上端口		用于 NetFlow 收集，分布式环境中的多个传感器启用了 NetFlow，则端口号依次为 12000、12001、12002 等；除此之外，有的系统采用 9995、9996 端口进行通信

了解上述服务对应的端口号及其作用对于今后维护 OSSIM 非常有帮助。

「Q186」 如何增删系统的数据源插件？

在 OSSIM 4.15 以上的系统中，可通过 Web UI 的菜单 DEPLOYMENT→SYSTEM CONFIGURATION→SENSOR CONFIGURATION 增删系统的数据源插件。

「Q187」 如何列出 OSSIM 分布式系统的活动代理信息？

用于列出 OSSIM 分布式系统的活动代理信息的命令如下所示。

```
#/var/ossec/bin/agent_control -lc
```

假如分布式系统中有 3 个代理，那么多个代理执行完这条命令后会显示：

```
ID: 001  ID: 002 ID: 003
```

如果需要查看 2 号代理的具体信息，则可以使用如下命令：

```
#/var/ossec/bin/agent_control -i 002
```

「Q188」 如何将 SIEM 中显示的攻击日志添加到数据源组中？

选取 SIEM 中的一条事件，单击右键，选择 Add this Event Type to a DS Group，在弹出对话框中选择具体类型，如图 5-14 所示。

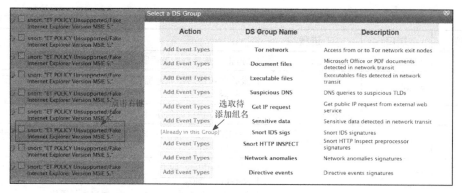

图 5-14　选择数据源

「Q189」　如何使用 Tickets?

Tickets 可以手动添加，在 SIEM 控制台上选中某个事件，如图 5-15 所示。

图 5-15　手动添加 Tickets

接下来弹出图 5-16 所示的对话框，在其中填写名称、优先级、类型等信息即可完成注册。

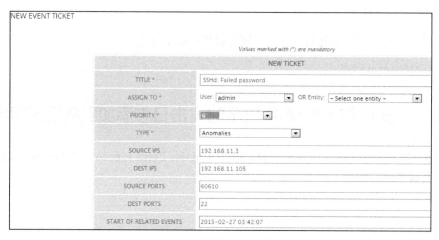

图 5-16　新建 Ticket 举例

接着，在 Tickets 的筛选条件中选择 Event 类，即可将刚才建立的 Tickets 展示出来，如图 5-17 所示。在 DASHBOARDS→ OVERVIEW→TICKETS 中可以查看各种以 Tickets 为主题的报表。

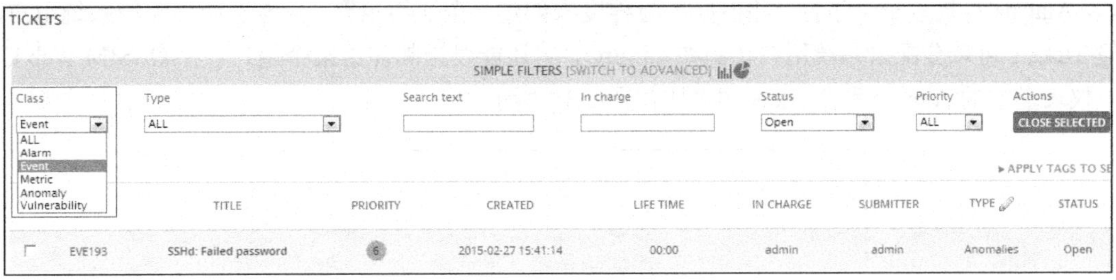

图 5-17　查看 Tickets

Q190 Alarms 与 Tickets 有什么区别?

Tickets 的原意表示由于司机在行车中违规而由交警开出的罚单。而在 OSSIM 中，Tickets 代表工单系统，是一种更紧急的报警类型。系统发现威胁或严重漏洞时会提示给管理员，管理员可以在系统上查看 Tickets，如图 5-18 所示。

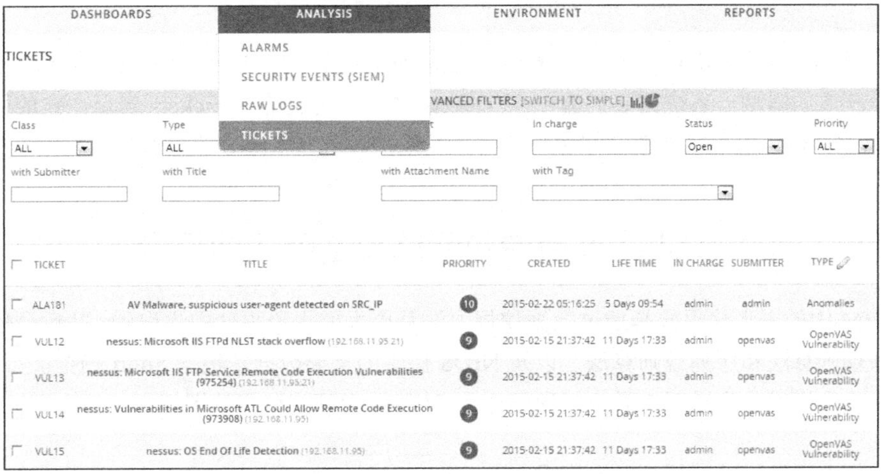

图 5-18　Tickets 显示

通常发生 Tickets 时，它的优先级较高（通常大于 5），可通过 Tickets 给管理员发送邮件提醒，其目的是在攻击者成功入侵网络之前，第一时间提醒管理员发生了问题，促使管理员去锁定故障源。

经过分析发现，当系统检测到事件的风险大于 1 时，将产生报警（Alarm），这时风险计算就显得很重要。在 SIEM 事件分析控制台中使用 Low、Medium 及 High 等 3 个级别来描述风险等级，其风险值从低到高分别是低级别 Risk<1，中级别 Risk≥1，高级别 High≥3。

从数量上看 Alerts 代表远大于 Alarms，Tickets 是从众多 Event、Alarms 数据库中提取的精华。Alarms 只提取一个事件，并根据风险程度来创建一个通用报警。报警不会分配给系统用户，但 Tickets 可以分配给系统用户（例如 admin），它还能发送邮件给某个用户。在 OSSIM Web UI 下仪表盘中的 Alarms 和 Tickets 的对比如图 5-19 所示。

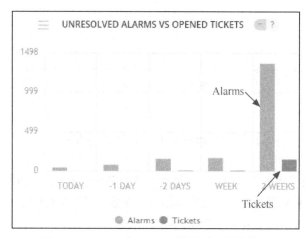

图 5-19　Alarms 与 Tickets 数量对比的柱状图

另外，/usr/share/ossim/www/conf/index.php 页面上有个"Vlulerability Ticket Threshold"，它表示对于严重的漏洞，系统需要创建一个 Tickets 系统。这通常用 Tickets 表示，它的取值范围是 1～9。这个值可以自己修改，在实际工作中发现，设置为 7 或 8 比较合适。

「Q191」 在 OSSIM 报警中对网络攻击模式如何分类？

OSSIM 中的图形化报警是通过数据挖掘方法从庞大的报警事件中提取的，其后台依托的主要是关联规则算法和序列规则算法，以及 NIDS 提供的重要数据。根据 Snort 扫描类型的不同，可将网络攻击模式分为以下 5 类，每种类型在 OSSIM 中都有特定的图例。

- 从内网发往外网的一对多模式（internal to external one-to-many）。它的图标为 ，实例如图 5-20 所示。在这种情况下，可看到一个 IP 地址向多个 IP 地址发送大量数据，这有可能是邮件服务器在发送邮件，也有可能是垃圾邮件僵尸，还可能是在运行网络端口扫描。

- 从外网到内网的一对一模式（external to internal one-to-one）。它的图标为 ，实例如图 5-21 所示。这种情况下，数据从一个 IP 地址传输到另一个 IP 地址，这有可能是正常的服务器通信，也有可能是针对特定系统的网络攻击。

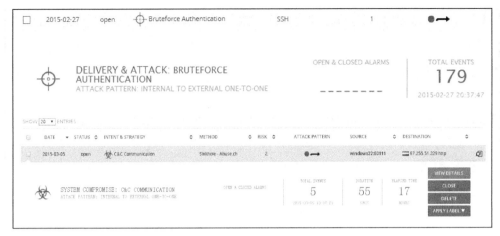

图 5-20　内网发往外网的一对多模式

图 5-21　外网到内网的一对一模式

○　外网间的多对一模式（external to external many-to-one）。它的图标为 <img>，实例如
　　图 5-22 所示。当发现多个 IP 地址发送数据到一个 IP 地址时，它可能是 Syslog 服务器，
　　也有可能是针对目的 IP 地址的一种分布式 DoS 攻击。

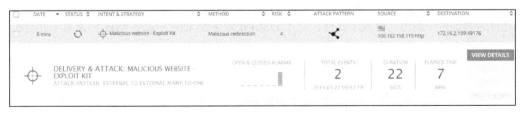

图 5-22　多对一模式

○　内网中的一对一模式（internal one-to-one）。它的图标为 ●→● ，实例如图 5-23 所示。
　　这种情况下的点对点连接有可能是正常通信，也有可能是来自内网的攻击。

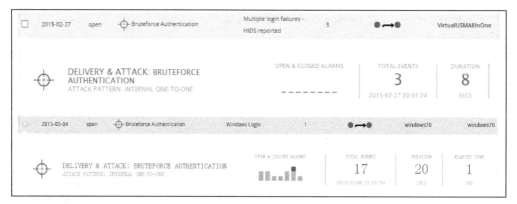

图 5-23　内网中一对一模式

○　外部到外部的一对一模式（external to external one-to-one）。它的图标为 →，实例如图 5-24 所示。这有可能是在进行 SSH 或 Telnet 远程连接。

图 5-24　外部到外部的一对一模式

通过以上 5 类网络攻击模式的图形化显示，管理员可以直观快速地分辨出网络攻击类型。

『Q192』 Ansible 使用什么协议通信?

Ansible 是 OSSIM 的内置网络服务，主要用于远程部署传感器上各类服务的配置文件。Ansible 无须安装服务端和客户端，只需在管理机上安装 Ansible，然后由管理机通过 SSH 协议将命令推送到服务器端执行，即可实现统一管理。Ansible 使用标准的 SSH 协议通信。标准 SSH 通过加密进行传输，并且远程服务器不需要守护运行进程。这使得远程服务器不容易受到攻击，而且传感器数量一般为几台或十几台，对于 OSSIM 服务器来讲，采用 SSH 协议与十几台机器进行通信很合适。

『Q193』 SSH 和 Ansible 服务在 OSSIM 中起到什么作用?

SSH 可用于在远程主机上执行命令并读取输出。SSH 使用用户名和密码进行认证，在 SSH 命令的执行过程中会提示输入密码。但是在自动化脚本中，SSH 命令可能在一个循环中执行多次，若每次都提供密码的话显然不实际，因此需要将登录过程自动化。解决方式是用 SSH 密钥实现自动登录。

当中心控制服务器与远程机器进行通信时，Ansible 默认使用 SSH Keys 方式通信，例如在 OSSIM Web UI 中的 ALIENVAULT CENTER 上可查看到传感器的各项性能参数，如图 5-25 所示。

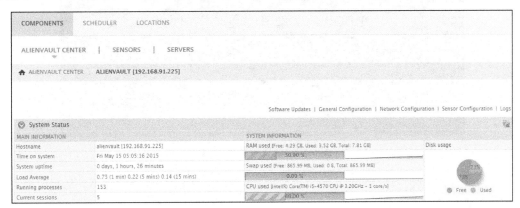

图 5-25　查看 AlienVault 状态

SSH 采用基于公钥和私钥的加密技术进行认证。认证密钥包含公钥和私钥两部分。可以通过 ssh-keygen 命令创建认证密钥。要想实现自动化认证，公钥必须放置在 OSSIM 服务器中（将其加入文件/home/avapi/.ssh/authorized_keys 中，该文件包含了公钥 id_rsa.pub 的内容）。AVAPI（AlienVault 应用程序接口）用户直接访问远程主机 192.168.91.225，其过程如图 5-26 所示。

```
alienvault:/etc/ansible# ssh -v -i /var/ossim/ssl/local/private/cakey.pem  avapi
@192.168.91.225
OpenSSH_5.5p1 Debian-6+squeeze5, OpenSSL 0.9.8o 01 Jun 2010
debug1: Reading configuration data /etc/ssh/ssh_config
debug1: Applying options for *
debug1: Connecting to 192.168.91.225 [192.168.91.225] port 22.
debug1: Connection established.
debug1: permanently_set_uid: 0/0
debug1: identity file /var/ossim/ssl/local/private/cakey.pem type -1
debug1: identity file /var/ossim/ssl/local/private/cakey.pem-cert type -1
debug1: Remote protocol version 2.0, remote software version OpenSSH_5.5p1
debug1: match: OpenSSH_5.5p1 pat OpenSSH*
debug1: Enabling compatibility mode for protocol 2.0
debug1: Local version string SSH-2.0-OpenSSH_5.5p1 Debian-6+squeeze5
debug1: SSH2_MSG_KEXINIT sent
```

图 5-26　AVAPI 用户直接访问远程主机

接着执行以下命令：

```
# /usr/share/alienvault/api_core/bin/ansible-playbook -e "remote_system_ip=10.
32.14.10 local_ system_id=<System ID>" /etc/ansible/playbooks/auth/set_crypto_files.
yml -vvvv<System ID>.
```

其中，vvvv 代表输出调试信息。

服务器的 UUID 号可通过执行 alienvault-api about 命令获取，如图 5-27 所示。

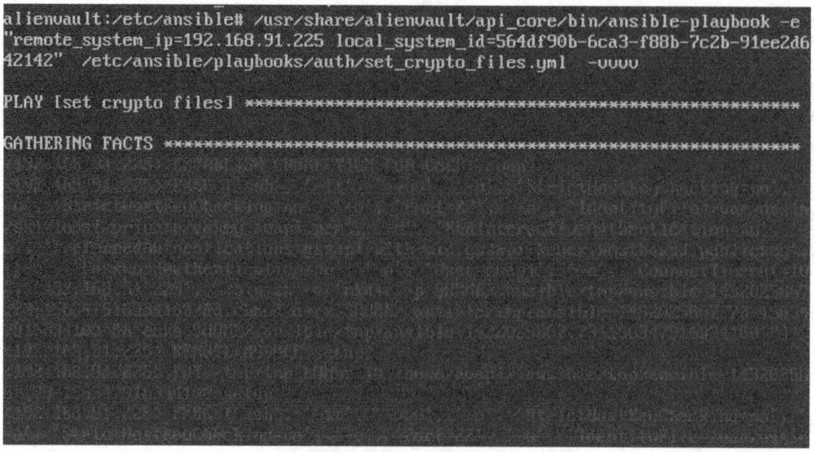

alienvault:/etc/ansible# /usr/share/alienvault/api_core/bin/ansible-playbook -e "remote_system_ip=192.168.91.225 local_system_id=564df90b-6ca3-f88b-7c2b-91ee2d642142" /etc/ansible/playbooks/auth/set_crypto_files.yml -vvvv
PLAY [set crypto files] **
GATHERING FACTS **

图 5-27　获取服务器 UUID

该脚本当执行到“get remote system id”时速度较慢，经过数分钟才能完成，运行过程中可以按 Ctrl+C 组合键终止运行。

『Q194』 如何建立基于 OpenSSL 的安全认证中心？

在分布式系统中，传感器收集的日志要安全传输到 OSSIM 服务器，必须有传输加密机制，以确保收集到的日志的安全性。在 OSSIM 服务器中，集成的可信赖的第三方认证授权中心称为 CA 认证中心，如图 5-28 所示。

Apache
SSL连接
OSSIM
OpenVAS
SSL连接
OpenSSL
CA证书
OpenVPN
调用OpenSSL函数
OpenSSH
远程SSH证书方式登录

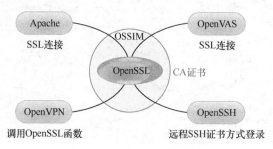

图 5-28　安全认证机制

在这种认证机制中，对称和非对称加密算法、数字证书、数字签名等技术共同建立起一套严密的身份认证系统。

SSL 作为传感器和 OSSIM 服务器之间的通信实体，提供一个安全通道，保证数据的机密性。它在服务器端强制认证，在客户端的认证服务为可选项，从而防止监听、篡改、伪造消息。

下面介绍 OpenSSL 认证中心的安装步骤。

步骤 1　在监控端（传感器所在的网段）安装好 OSSIM 配置的插件文件中指定日志输出类型，类型可以分为 Syslog、tcpdumplog、alert、unfield 几类，默认格式为 unfield 输出。

步骤 2　配置代理的配置文件（config.cfg），其中 outserver IP 为发送服务器端的 IP 地址。添加相应插件的文件路径，例如 snort=/etc/ossim/agent/plugins/snortunified.cfg，该 cfg 文件可以指定获取到的日志信息路径，并匹配正则。

步骤 3　在 Web 页面添加传感器。在分布式 OSSIM 系统的配置中，其关键是在各个 cfg 配置文件上，只要指定相应的日志文件路径，传感器就能够分析插件所捕获的信息并将其发送给服务器端。

「Q195」　如何在 OSSIM 中设置 VPN 连接?

VPN（虚拟专用网）是指运用加密、认证、访问控制等手段在公用网络上构建专用逻辑虚拟子网的技术，可使得分布在不同物理地点的相关用户通过安全的"加密管道"在公用网络中可进行通信。在 OSSIM 服务器和传感器之间建立 VPN 通道可以大大增强网络传输的安全性。下面介绍 VPN 的安装方法。首先以混合式模式安装好 OSSIM 服务器 4.1 版本，然后再安装一台传感器。服务器和传感器的 IP 如下所示。

○　服务器 IP：192.168.225.20

○　传感器 IP：192.168.225.50

在成功启动服务器后，先检查各项服务是否正常工作，然后开始安装传感器。这里以 VPN 方式和服务器连接，在安装时为系统分配一个内网 IP，它主要用于和服务器进行通信。输入服务器 IP 地址，这时系统提示"Would you like the system to configure the connection between this host and Alienvault Server(192.168.225.20) using a VPN Network?Network connectivity between the two host will be required to apply this configuration"，含义如下：

"在本主机和 AlienVault 服务器（IP192.168.225.20）之间希望采用 VPN 连接吗？两台主机之间的网络连接将需要应用此配置。"

如果按习惯不通过 VPN 连接，那么直接选择 NO 就会继续安装，这里选择 Yes 进行 VPN 连接测试，系统提示"Please enter the root user password of the remote Alienvault 服务器（IP:192.168.225.20）"。含义如下：

请输入远程 AlienVault 服务器的 root 用户密码（192.168.225.20）。

需要注意的是，192.168.225.20 这个地址是自己设置的。

当 VPN 连接成功以后，系统提示"A VPN Network has been configured between the AlienVault Server and this host. The IP address used by this host within the VPN network is 10.67.68.12,and the ip address of the AlienVault Server is 10.67.68.1"，含义如下：

“已在 AlienVault 服务器和此主机之间配置 VPN 网络。该主机在 VPN 网络中使用的 IP 地址为 10.67.68.12，AlienVault 服务器的 IP 地址为 10.67.68.1”。

1. 检查服务器和传感器之间的通信

- 检查的日志内容如图 5-29 所示。

```
sensor:~# tail -f /var/log/ossim/agent.log
```

```
2013-09-17 22:20:31,930 Output [INFO]: event type="detector" date="1379427631" device="192.168.225.2
0" interface="eth0" plugin_id="4003" plugin_sid="16" src_ip="10.67.68.12" dst_ip="192.168.225.20" ds
t_port="22" userdata1="bG9jYWxob3N0" log="U2VwIDE3IDIyOjIwOjMxIGxvY2FsaG9zdCBzc2hkWzE1MTcwXTogQWRkcm
VzcyAxMC42Ny42OC4xMiBtYXBzIHRvIGxvY2FsaG9zdCwgYnV0IHRoaXMgZG91cyBub3QgbWFwIGJhY2sgdG8gdGhlIGFkZHJlc3
MgLSBQT1NTSUJMRSBCUkVBSy1JTiBBVFRFTVBUISA=" fdate="2013-09-17 14:20:31" tzone="8.0" event_id="1fa411
e3-81b1-000c-299e-51114f7364d0"
2013-09-17 22:20:32,946 Output [INFO]: event type="detector" date="1379427632" device="192.168.225.2
0" interface="eth0" plugin_id="4004" plugin_sid="2" src_ip="10.67.68.12" dst_ip="192.168.225.20" use
rname="cm9vdA==" userdata1="c3NoZFsxNTE3MF0=" userdata2="MA==" userdata3="MA==" userdata4="c3No" log
="U2VwIDE3IDIyOjIwOjMyIGxvY2FsaG9zdCBzc2hkWzE1MTcwXTogcGFtX3VuaXgoc3NoZDphdXRoKTogYXV0aGVudGljYXRpb2
4gZmFpbHVyZTsgbG9nbmFtZTOgdWlkPTAgZXVpZDOwIHR0eT1zc2ggcnVzZXI9IHJob3N0PTEwLjY3LjY4LjEyICB1c2VyPXJvb3
Qg" fdate="2013-09-17 14:20:32" tzone="8.0" event_id="1fa411e3-81b1-000c-299e-5111500e5f94"
```

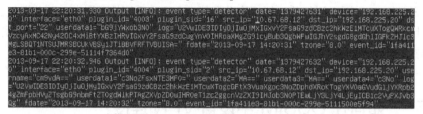

图 5-29 查看 Agent 日志

- 插入新传感器，并进行验证。

在 CONFIGURATION→ALIENVAULT COMPONENTS 选项中插入新的传感器，IP 地址设置为在 VPN 中指定的传感器 IP，如图 5-30 所示。

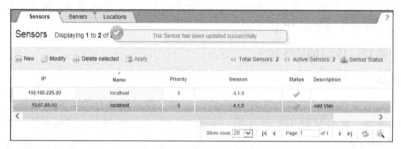

图 5-30 新增传感器

通过 SSH 登录传感器时会产生若干日志。接下来就可以在 ANALYSIS→SIEM 中查看日志，如图 5-31 所示。

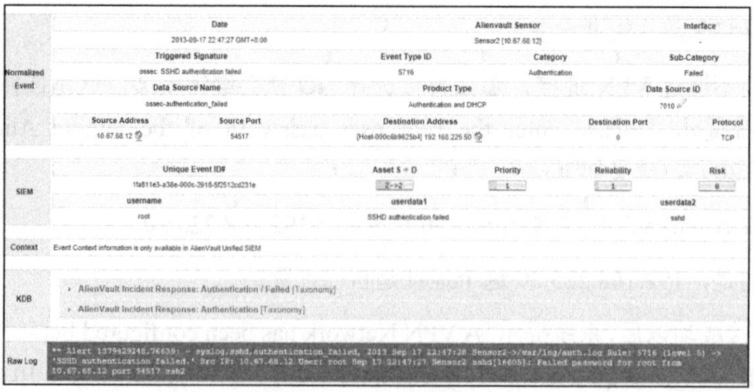

图 5-31 查看 SSH 日志

在图 5-33 中，SIEM 中的 Unique Event ID 表示方式为 UUID，它是数据库中的主键值，能唯一地识别事件。首先确保服务器端的 OpenVPN 服务工作正常。对于传感器端，在安装时可以使用服务器 IP 和 root 的密码进行 VPN 连接。

2．需要注意的几个特殊文件

VPN 地址池在服务器端的 ossim_setup.conf 配置文件 [vpn] 中定义，通信端口默认为 33800。在 OSSIM 服务器端，/etc/openvpn/AVinfraestructure/keys/ 目录下有几个证书也需要注意。它们是安装 OpenVPN 过程中生成的 Root CA 证书，用于签发服务器和客户端证书，其中 ca.crt、ca.key 为根证书文件，dh1024.pem 为服务器生成的 Diffie-Hellman 文件。

在密钥中，alienvcd.csr、alienvcd.crt、alienvcd.key 为 OSSIM 服务器生成的密钥及证书。在服务器端的 /etc/openvpn/nodes 目录下存放着节点密钥的压缩包，格式为 IP.tar.gz（例如 192.168.225.50.tar.gz）。在传感器的 /etc/openvpn/192.168.225.50/ 目录下，存放着根证书和以 .crt、.csr、.key 为扩展名的 3 个证书文件。

〖Q196〗 OSSIM 中定义的未授权行为包括哪些？

通常，对于一个基于网络的入侵检测系统而言，不允许的行为有恶意行为、异常行为和不适当行为，它们都属于未授权行为。

○　恶意行为（malicious behavior）

所有的未授权行为都是恶意行为，比如远程特洛伊木马流量、用户提权、DoS 攻击等。

○　异常行为（anomaly behavior）

与正常行为不同的行为称为异常行为。异常不等同于安全事故，但有可能是事故发生的早期征兆。我们把事故反过来念就是故事，每一起网络安全的事故背后都有一段故事，作为网络安全人员需要了解其中的玄机，不能麻痹大意。

下面通过实例去理解异常行为。内网有一台没有安装 TFTP 服务的服务器，但发现了 TFTP 流量，这就是异常行为。在没有开放文件共享的 Windows Server 中出现了共享文件访问，并监测到端口 139、135 的 TCP 连接情况，这也属于异常行为。

以上两种行为不属于入侵的前兆，而是入侵行为已经发生的标志。可能攻击者已经成功地攻击了一台主机，但没有触发报警（当然也不排除是内部用户利用合法权限攻击了主机）。如果企业采用分布式方式部署了 OSSIM 或类似工具，就可以捕获这些异常行为。

○　不适当行为（inappropriate activity）

一些未授权行为既不是恶意行为也没有害，但却属于未授权行为，这类行为可能会带来麻烦。比如，P2P 的安全问题由来已久，尽管 P2P 软件和技术本身可能是无害的，但共享的资源文件中却可能因为存在 P2P 漏洞而被利用。由于 P2P 无中心化以及自分发节点不可控的特性，它成为企业资料泄露的重要途径。网络攻击者能利用 P2P 的技术弱点发动网络攻击，它还能成为恶意软件、病毒、不法信息传播的温床。例如 P2P 文件下载或共享行为能穿透防火墙到达传输秘密文件的目的地。在一些恶意软件事件中，这类程序还能用来专门繁殖蠕虫和病毒（例如，P2P 蠕虫 Worm.Win32.Palevo.arxz 是通过 P2P 共享文件来传播的）。

本 章 测 试

下面列出部分测试题，以帮助读者强化对本章知识的理解。

1. OSSIM 平台的 SSH 服务使用（B）命令来关闭。

    A．service ssh stop   B．/etc/init.d/ssh stop

2. 配置文件/etc/ossim/ossim_setup.conf 没有记录（A）内容。

    A．定义 Web 站点根目录   B．MySQL 数据库密码

    C．防火墙配置   D．插件

    E．OSSIM 框架通信地址

3. 更改配置后，在命令行下重启动 OSSIM 服务配置的正确命令是（B）。

    A．reboot   B．ossim-reconfig -c -v -d

4. 在命令行下查看 OSSIM 版本信息的命令是 alienvault -c -v。（√）

5. 查询 OSSIM 关联引擎版本的命令是 ossim-server -v。（√）

6. OSSIM 下的检测器起到收集资源信息及监听当前网段数据包的作用，主要包括 Ntop、Prads、Suricata、OSSEC。（√）

7. SSH 与 SSL 服务最大的区别是 SSH 是为加强 Telnet/FTP 远程安全传输而设计的，而 SSL 主要适用于基于 Web 应用的安全协议，但 SSL 协议无法保证信息的不可抵赖性。（√）

## 第 6 章

传感器

关键术语

- 传感器状态
- 插件
- 资产扫描
- 消息中心类型

「Q197」 OSSIM 传感器的作用是什么，如何查看传感器的状态？

传感器工作在网卡的嗅探模式下，用来收集监控网段内主机的信息。在 OSSIM 系统中将 Agent 和插件构成的具有网络行为监控功能的组合称为传感器。传感器主要有以下几个功能：

- 入侵检测（最新版已换成支持多线程的 Suricata）；
- 漏洞扫描（OpenVas、Nmap）；
- 异常检测（P0f、Prads、ARPWatch 等）。

在 OSSIM 分布式应用中配备了多个传感器，在配置界面中可查看每个传感器的工作状态，包括 IP 地址、名称、优先级、工作状态等信息。

在 OSSIM 4.8 之后的版本中，传感器的查询方式发生了变化，路径更改为 CONFIGURATION→DEPLOYMENT→ALIENVAULT CENTER→SENSOR CONFIGURATION→ DETECTION，而且启动程序也发生了变化，由 Suricata 代替了 Snort。OSSIM 4.15 默认启动 Ntop、OSSEC、Prads、Suricata 这 4 项，正常情况下 Snort 应为停止状态。这 5 个检测器的状态无法通过 Web 界面直接修改。

「Q198」 当传感器发生故障时能否查询传感器上加载插件的状态？

OSSIM 中传感器的状态可在菜单 CONFIGURATION→DEPLOYMENT→COMPONENTS→SENSORS 中查看，如图 6-1 所示。

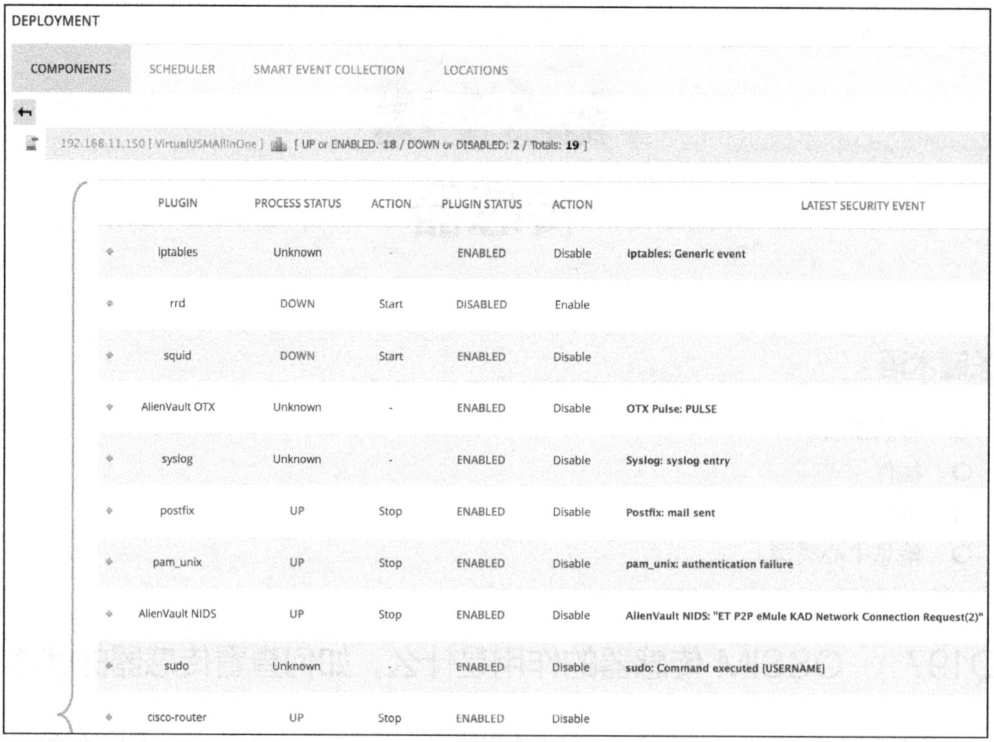

图 6-1　OSSIM 服务器与传感器通信正常

当传感器出现故障时，OSSIM 服务器将无法通过网络查询上面插件的工作状况，如图 6-2 所示。

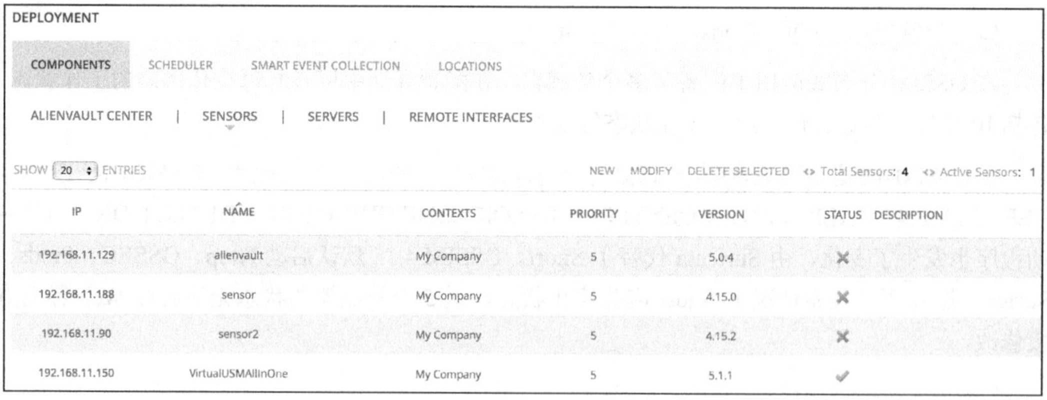

图 6-2　OSSIM 服务器与传感器通信异常

在正常情况下，某些插件（如图 6-1 中的 RRD 和 Squid 插件）被禁用后并不影响 OSSIM 服务器与传感器之间的通信。

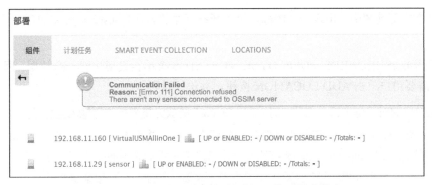

图 6-2   OSSIM 服务器与传感器通信异常（续）

「Q199」 传感器能以串联方式部署在网络中吗？

由 OSSIM 服务器与传感器组成的系统可以监控网络威胁、监测流量，但无法阻断威胁，所以不能将传感器串联在防火墙链路上，而是将其作为旁路部署来使用。这种方式和部署网络审计设备一样。

「Q200」 如何通过传感器扫描资产？

通过扫描传感器所监控的网段来建立资产列表方法为：在 Web UI 菜单的 ENVIRONMENT→ASSETS→ ASSETS DISCOVERY 中输入网段 CIDR，选择传感器。在开始执行时不要急于调整复杂的扫描参数，而是按照默认选项扫描，这时在后台相当于操作远程传感器机器执行了以下命令：

```
#nmap -A -T3 -sS -F x.x.x.x/24  -oX --no-stylesheet
```

注意，不建议用户选择完整扫描，那样将浪费大量的时间。获取到扫描机器列表后，继续单击 Update Database Values 按钮，将资产信息保存到数据库中。

「Q201」 如何查看分布式系统的传感器状态？

在 OSSIM 分布式系统部署中，通常需要预览多个传感器的状态，例如 IDS、漏洞扫描、NetFlow 等子系统的工作状态。完成下面的实验之前，请确保浏览器能够正常连接谷歌地图。

1．设置指示器。

首先在 Web UI 的 DASHBOARDS→RISK MAPS 中定义传感器。首次进入时单击 Set indicators 按钮为新指示器输入名称，在 Assets 资源池中选择一个资源，并在其中新建一个 Indicator（指示器），这样在右侧地图中会出现一个图标。设置新指示器的名称为 test，设置完成后，单击 SAVE 按钮。

2．单击 DASHBOARDS→DEPLOYMENT STATUS 菜单会发现里面没有数据，因为这是首次设置，需要用户单击 ADD LOCATION 按钮，并进行设置。

3．在弹出的对话框中输入名称。例如在"Guang"的放大镜表单位置输入坐标 🔍 ⌗ 4 43, 91100 li,，新建的指示器名称为 test，再选择需要监控的传感器名称，并单击 ADD SENSOR 按钮，如图 6-3 所示。当再次单击 Deployment status 按钮时会出现图 6-4 所示的画面。

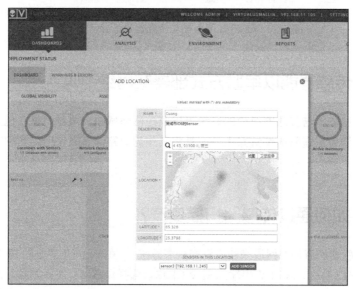

图 6-3　根据具体传感器的位置来添加

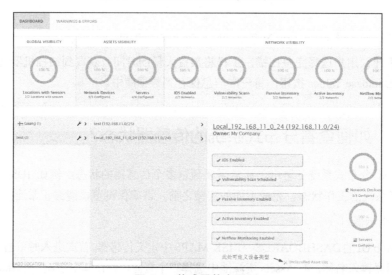

图 6-4　传感器状态展示

默认情况下，在 Assets Visibility 的服务器选项中没有参数，所以该图标为灰色，这样在配置主机时必须选择设备的类型。可以在 ADD HOST 中定义设备类型，如图 6-5 所示。

图 6-5　选择设备类型

如果在系统最初的向导设置中没有定义主机和设备类型，那么在这里就无法显示。如果错过了最初的向导设置，可以选择 Unclassified Asset List（未知资产清单）再次设置。

另外，默认情况下没有设置 Vulnerability Scan Scheduled（漏洞扫描计划）。系统会用红色字体标出，以表示需要用户设置扫描计划。在标准的漏洞管理服务中，需要对全网的所有资产进行周期性地漏洞扫描，并对输出结果进行格式化汇总，从而为用户提供长期的风险分析。显然单次漏洞扫描无法满足这个要求，所以这里提示用户应设置漏洞扫描计划的频率。

「Q202」 如何让 Ansible 获取远程主机运行时间、在线用户及平均负载信息？

Ansible 是 OSSIM 中集成的自动化运维工具，它基于 Python 开发，可以收集远程主机信息和分发部署配置文件。

接下利用 Ansible 获取远程主机运行时间、在线用户及平均负载等信息。

- 远程主机 IP 地址为 192.168.91.223
- OSSIM 服务器 IP 地址为 192.168.91.100

在 OSSIM 的命令行下输入命令/usr/share/alienvault/api_core/bin/ansible all -m raw -a ‘w’，运行效果如图 6-6 所示。

```
alienvault:~/.ssh# /usr/share/alienvault/api_core/bin/ansible all -m raw -a 'w'
192.168.91.223 | success | rc=0 >>
 01:18:26 up  3:04,  2 users,  load average: 0.01, 0.10, 0.16
USER     TTY      FROM             LOGIN@   IDLE   JCPU   PCPU WHAT
root     tty1                      22:22    0.00s  0.85s  0.02s ssh -tt -q -o S
avapi    pts/1    localhost.alienv 01:18    0.00s  0.00s  0.00s w


192.168.91.224 | success | rc=0 >>
 01:18:26 up  1:59,  2 users,  load average: 0.01, 0.02, 0.00
USER     TTY      FROM             LOGIN@   IDLE   JCPU   PCPU WHAT
root     tty1                      23:21   10.00s  1.23s  0.03s /bin/bash
avapi    pts/0    192.168.91.223   01:18    0.00s  0.00s  0.00s w
```

图 6-6 获取远程主机运行时间、在线用户及平均负载等信息

『Q203』 如何通过 Ansible 将脚本分发到远程主机并执行？

利用远程部署脚本可以实现批量配置和程序部署。需要注意的是，Ansible 本身并不能批量装在多个机器上，而是通过 Ansible 运行的模块所提供的框架来实现批量部署。下面看个例子，在整个过程中不需要输入用户名和密码。

首先建立脚本 test.sh，其执行如图 6-7 所示。

```
alienvault:~/.ssh# chmod +x ./test.sh
alienvault:~/.ssh# ./test.sh
2015-03-03_01:48:49
alienvault:~/.ssh# cat test.sh
#!/bin/sh
date +%F_%H:%M:%S
alienvault:~/.ssh# _
```

图 6-7 建立测试脚本

接着，将脚本分发到远程传感器，操作过程如图 6-8 所示。

```
alienvault:~/.ssh# mv test.sh  /root
alienvault:~/.ssh # /usr/share/alienvault/api_core/bin/ansible -m copy all -a "sr
c=/root/test.sh dest=/tmp/test.sh owner=root group=root mode=0755"
192.168.91.223 | FAILED >> {
    "failed": true,
    "gid": 101,
    "group": "alienvault",
    "mode": "0755",
    "msg": "chown failed",
    "owner": "avapi",
    "path": "/tmp/test.sh",
    "size": 28,
    "state": "file",
    "uid": 101
```

图 6-8　分发脚本

最后，远程执行命令，操作过程如图 6-9 所示。

```
alienvault:~/.ssh# /usr/share/alienvault/api_core/bin/ansible -m shell all -a "/
tmp/test.sh"
192.168.91.223 | success | rc=0 >>
2015-03-03_02:12:07

192.168.91.224 | success | rc=0 >>
2015-03-03_02:12:07
```

图 6-9　执行脚本

「Q204」　为何会出现传感器删除失败的情况？

当出现传感器删除失败的提示时，可能是该传感器所监控的资产未删除而导致的，如图 6-10 所示。只有将该传感器所监控的资产全部删除之后才能将其删除。

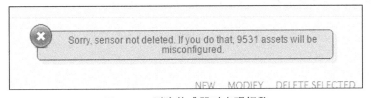

图 6-10　删除传感器时出现报警

「Q205」　OSSIM 消息中心将数据源分为几类，它们的含义是什么？

OSSIM 使用消息中心集中系统内的所有错误、警告和消息。这些消息包括由 AlienVault 发送的关于产品发布和 Feed 更新的外部消息。登录到 admin 账户后，可以通过 Web 界面访问消息中心，如图 6-11 所示。

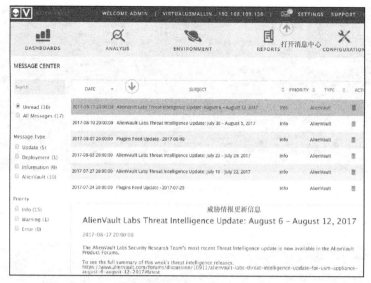

图 6-11　OSSIM 消息中心

消息中心的数据来源分为下面两种。

○　外部服务器：这些消息由 AlienVault 网站发送，系统每小时检查一次，看是否有新消息。托管邮件的服务器是 messages.alienvaul.com，它使用端口 443。外部服务器签署所有消息，OSSIM 检查签名以验证真实性。

○　系统状态：这些消息对应于 OSSIM 的实时操作，因此它们经常更新。

消息类型分为下面几类。

○　系统更新：系统生成有关更新的消息，如图 6-12 所示。

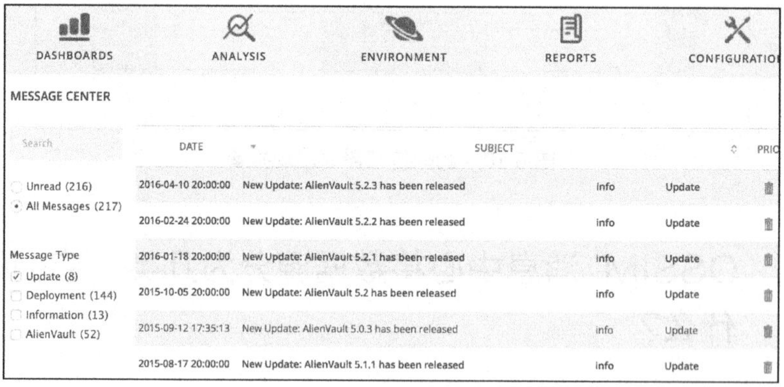

图 6-12　系统更新消息

○　系统部署：OSSIM 系统部署产成的消息，包括连接成功、连接失败信息，如图 6-13 所示。

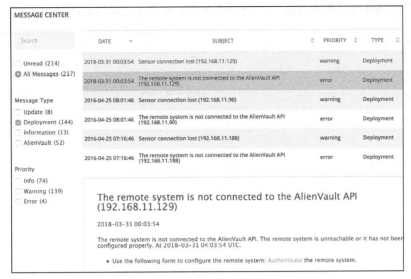

图 6-13 一条系统部署过程中的错误消息

○ 常规消息：OSSIM 实例中的其他消息，如图 6-14 所示。

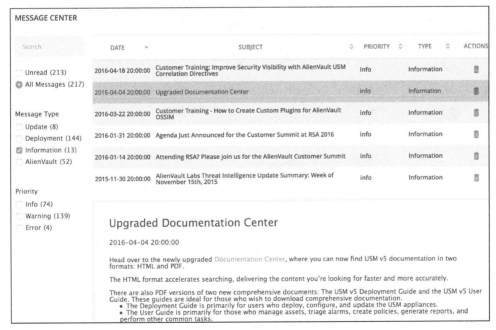

图 6-14 其他类型消息

○ AlienVault 网站更新消息：例如插件 Feed 更新消息，如图 6-15 所示。

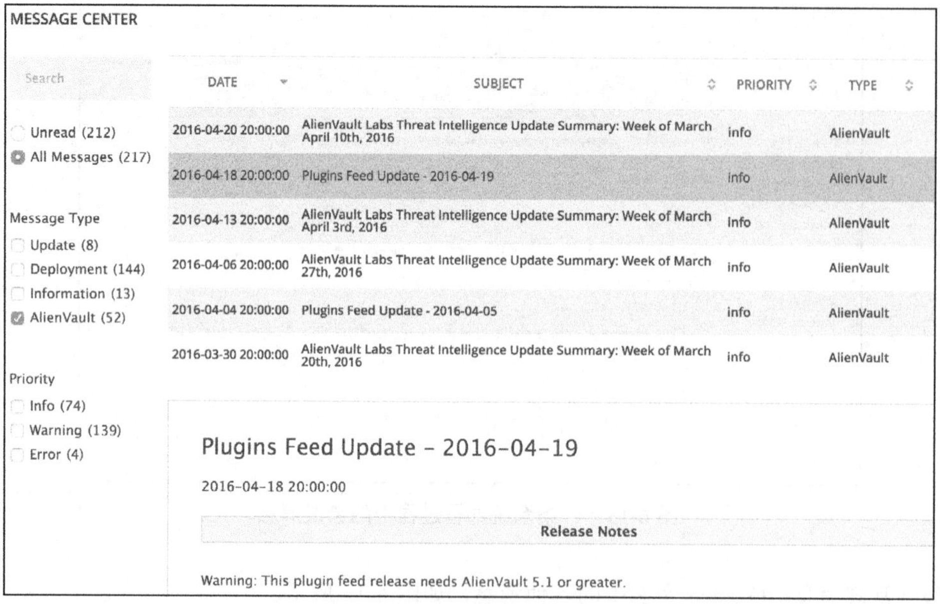

图 6-15　插件 Feed 更新消息

快速筛选出优先级高的消息类型，如图 6-16 所示。

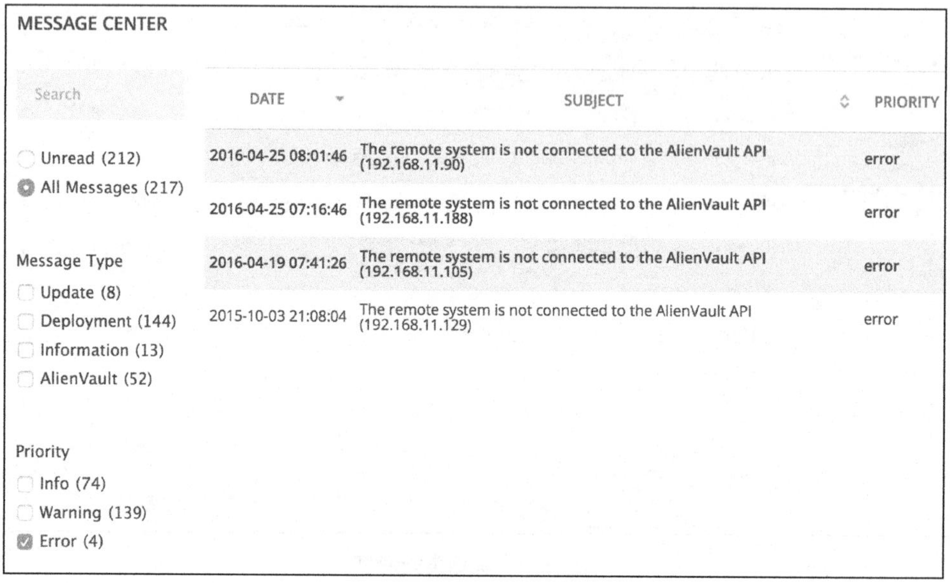

图 6-16　按优先级筛选消息

本 章 测 试

下面列出部分测试题，以帮助读者强化对本章知识的理解。

1. Ansible 是 OSSIM 服务器与传感器之间重要的配置管理工具，它基于（A）语言开发，基于（E）私钥加密方式认证，私钥文件定义在（G）文件中。OSSIM 服务器为了向传感器推送配置文件和接收传感器传来的系统信息，（C）在被控主机传感器安装 Agent。

    A．Python   B．Perl

    C．不必   D．需要

    E．SSH key   F．密码

    G．/var/ossim/ssl/local/private/cakey_avapi.pem

2. 查询 OSSIM 的 Ansible 模块的命令是（A）。

    A．/usr/share/alienvault/api_core/bin/ansible-doc -l

    B．ansible --list

3. 在 OSSIM 分布式系统中，删除传感器时（A）该传感器下管理的所有资产。

    A．必须删除   B．不必删除

4. 如何重启传感器上的 ossim-agent 服务？

输入以下命令可重启传感器上的 ossim-agent 服务。

```
#/etc/init.d/ossim-agent restart
```

5. 对于分布式 OSSIM 系统，传感器的 UUID 记录在什么文件中？

传感器的 UUID 记录在文件/etc/ossim/agent/agentuuid.dat 中，每个传感器有一个唯一的 UUID 号。

第7章

插件处理

『Q206』 OSSIM 中的数据源插件如何将日志转换为安全事件，以实现统一存储？

传感器在各种网络设备和服务器上通过 rsyslog 收集原始日志，在对原始日志进行预处理后将存储在传感器所在服务器的硬盘上，以等待后续处理。当收到日志后，安装在传感器/服务器上的代理开始工作，利用事先设定好的安全插件对日志进行预处理（归一化处理），采集流程如图 7-1 所示。

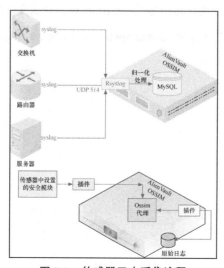

图 7-1　传感器日志采集流程

代理将插件接收到的日志送往服务器进行深度处理。服务器将字段按照类别重新组合，形成下面的格式，这样就从原始日志变成归一化处理的日志。归一化处理的字段属性如表 7-1 所示。

表 7-1　归一化处理事件格式

属性	描述
log	原始日志条目
type	事件类型，分为 detector 和 monitor 两种
date	由事件源提供的事件日期
sensor	传感器地址，也可用主机名表示
interface	与事件相关的网络接口名称
plugin_id	生成事件数据源（插件）的标识符，可简称为 PID（或称为插件 ID）
plugin_sid	生成事件数据源（插件）的特定事件类型，可简称为 PSID
priority	事件优先级，用于风险计算
protocol	使用的通信协议（TCP、UDP、ICMP 等）
src_ip	产生事件的源 IP 地址
src_port	产生事件的源端口
dst_ip	产生事件的目标 IP 地址
dst_port	产生事件的目标端口
username	用户名，表示以某个用户身份登录或产生的文件
password	密码
filename	主要用在 HIDS 的事件中，使用的文件可用于其中的事件标准化插件以识别通用文件名
userdata1~userdata9	这 9 个字段用来存储任意与插件相关的数据
unique event id	事件的 UUID 唯一编码

以上这些字段为可选字段，如果某个字段没有数据，那么可以用 0 或 N/A 来表示。大家可以先打开/etc/ossim/agent/plugins/ssh.cfg 目录下的插件以查看内部各项字段的定义，该插件内包含提取自 SSH 日志中的主要字段信息，并将这些信息映射为 OSSIM 事件格式。图 7-2 所示为 root 用户登录系统控制台之后 SIEM 发出的安全事件警告。

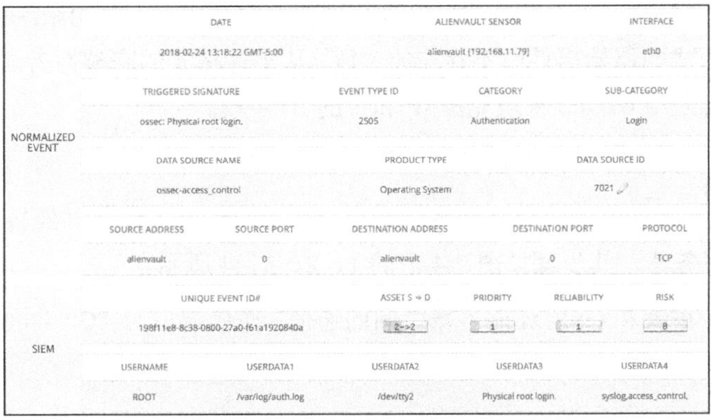

图 7-2　SSH 登录安全事件

「Q207」 OSSIM代理如何将采集的日志发送到OSSIM服务器？

为了说明日志发送过程，首先为大家介绍两个重要的组件：事件处理器和发送者代理。安全探针采集到日志后会通过事件处理器（Event Handler）组件将原始日志转变为归一化日志，以便将数据源插件采集的事件映射为 OSSIM 标准化事件格式。传感器上的发送者代理（Sender Agent）组件然后将归一化的日志发送到 OSSIM 服务器。事件处理器和发送者代理这两个组件共同组成了 OSSIM 的 GET 框架。GET 框架可以理解为在 OSSIM 架构内部的子框架，这两个框架是有机融入到一起的，其架构图 7-3 所示。

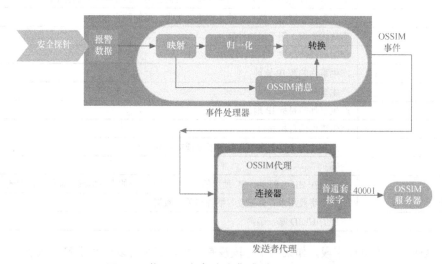

图 7-3　将 GET 框架内容集成到 OSSIM SIEM

图 7-3 所示为事件处理器将原始消息由原始日志转换为归一化数据的过程。归一化负责对每个日志内的数据字段进行重新编码，从而生成一个全新且可发送到 OSSIM 服务器的完整事件。为此，GET 框架中包含了一些特定的功能，以便将部分字段进行 BASE64 转换。OSSIM 事件负责填充 GET 生成的原始事件中不存在的字段。从事件格式的完整性考虑，当无法确认源或目标 IP 时，系统会采用 0.0.0.0 来填充源 IP 和目的 IP 字段。

发送者代理负责完成下面两个任务。

❑ 将事件处理器创建的消息队列发送给中间件，以将 GET 收集并经格式化的事件发送到 OSSIM 服务器，其步骤如图 7-4 中的 1、2、3、4 所示。

❑ 管理 GET 框架和 OSSIM 服务器之间的通信，通信端口为 TCP 40001，其步骤如图 7-4 中的 5、6、7 所示。

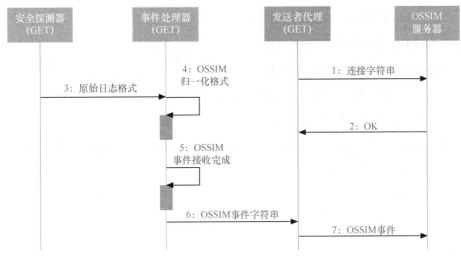

图 7-4　时序图：将探测器中的日志转换成 OSSIM 服务器事件

综上所述，归一化原始日志是规范化过程的一个重要环节。在 SIME 控制台中，OSSIM 在归一化处理日志的同时保留了原始日志，以便日志归档。这提供了一种从规范化事件中提取原始日志的手段。要完成这一任务，则需要通过事件处理器和发送者代理共同组成的 GET 框架来实现。

『Q208』　OSSIM 采用什么技术来解决网络设备的日志格式不统一的问题？

OSSIM 采取了基于插件的事件采集代理的收集模式，其基本思路是通过插件来完成日志格式化，在事件采集代理中部署若干个插件，每个插件负责采集某种服务或设备的日志并格式化，并将服务对应端口和插件表示号进行关联与绑定。这种操作的优势在于，当采集代理接收到设备向监听端口发送的日志后，可直接调用对应的插件来完成日志格式化任务，且每个插件只能接收绑定端口发送的日志，从而提高了安全事件的采集效率。

『Q209』　OSSIM 中安全事件的标准格式是什么？

归一化处理的事件不仅需要格式统一，而且需要专门的属性。以下字段是每条安全事件必备的属性。

- Alarm：报警名称。
- Event id：安全事件编号。

- Sensor id：产生事件的传感器编号。

- Source IP：安全事件的源 IP 地址。

- Source Port：安全事件的源端口。

- Type：分为两类，一类是 detector（探测器），另一类是 monitor（监控器）。

- Signature：触发安全事件的特征标识。

- Reliability：安全事件的可信度，它描述了一个检测到的攻击是否成功的可能性，侧面反映了安全事件的严重程度。

原始日志和 SIEM 事件在 MySQL 数据库中所存储的安全事件的完整格式如下所示。

- 原始日志的典型记录格式，如图 7-5 所示。

Event type	Event Detail							
Sensor	Product Type			Category		Sub-Category		
Userdata1	Userdata2	Userdata3	Userdata4	Userdata5	Userdata6	Userdata7	Userdata8	Userdata9
Idm src username	Idm src domain	Idm src hostname	Idm src mac	Idm src username	Idm src domain	Idm src hostname	Idm src mac	

图 7-5　原始日志的记录格式

- SIEM 事件记录格式，如图 7-6 所示。

SIEM		Unique Event ID#		Usets S→D		Priority	Reliability	Risk	
	User name		Userdata1		Userdata2		Userdata3	Userdata4	
	IDM	Src Username@ Domain	Src Hostname	Src Mac	Dst Username@ Domain		Dst Hostname	Dst Mac	
	Reputation	Source Address	Priority	Reliability	Activity	Destination Address	Priority	Reliability	Activity

图 7-6　SIEM 事件记录格式

Context	Source			
	Hostname	IP	Mac	Context
	Latest Update	Services		User Info
	Destination			
	Hostname	IP	Mac	Context
	Latest Update	Services		Users Info

图 7-6　SIEM 事件记录格式（续）

「Q210」 OSSIM Agent 的插件采集日志流程是什么？

下面以 syslog 插件为例来说明日志收集与处理的过程。这里需要根据收集服务的类型，在传感器的配置界面中添加相应插件，如图 7-7 所示。

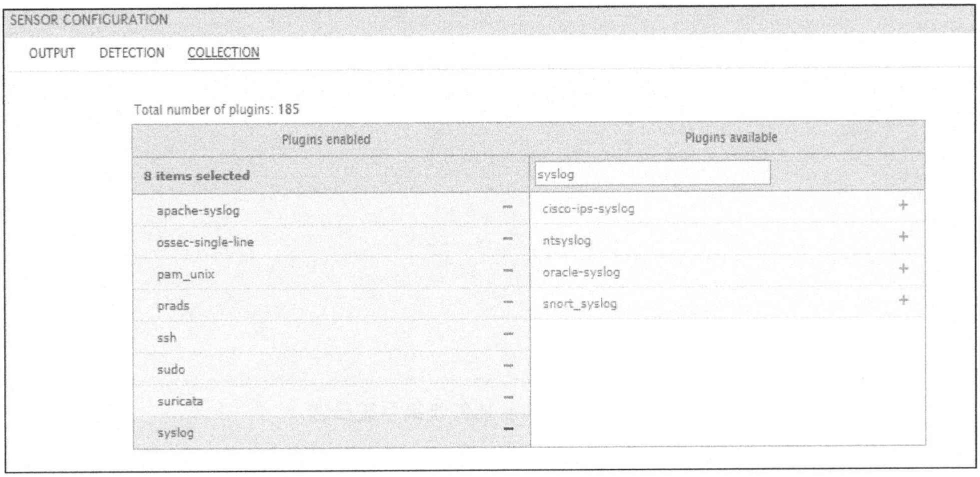

图 7-7　添加传感器插件

在选取某个插件（例如 syslog 插件）后单击"应用"按钮，稍后会自动在配置文件/etc/ossim/ossim_setup.conf 中[sensor]域的 detectors 选项中添加 syslog，如图 7-8 所示。

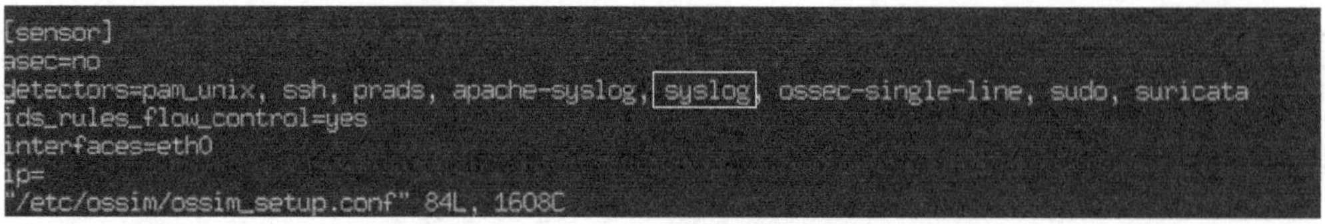

```
[sensor]
asec=no
detectors=pam_unix, ssh, prads, apache-syslog, syslog , ossec-single-line, sudo, suricata
ids_rules_flow_control=yes
interfaces=eth0
ip=
"/etc/ossim/ossim_setup.conf" 84L, 1608C
```

图 7-8　ossim_setup 配置文件中的插件列表

下面开始检查是否成功添加插件。

比如在"Plugins available"中成功添加 iptables 插件后，日志会将其记录到/var/log/alienvault/agent/agent.log 文件中。通过 cat+grep 命令组合就可以验证该 iptables 插件是否起作用。

```
#cat /var/log/alienvault/agent/agent.log |grep iptables
Feb 27 00:44:23 Virtual python: Alienvault-Agent[INFO]:WATCHDOG -plugin(iptables)
is enabled
```

从上述结果可知，已经在 agent.log 日志中过滤出关键词"iptables"，这表示添加成功。

注意，每次在修改配置文件 ossim_setup.conf 后，都需要运行 ossim-reconfig 命令使其生效。

在 OSSIM 中，syslog 插件收集的系统日志如图 7-9 所示。

图 7-9　用 syslog 插件收集系统日志

网络设备或应用程序将日志以 syslog 的形式发给传感器，然后传感器使用 ossim-agent 实现归一化处理，这样日志将保存在/var/log/目录下的某个文件中。例如，传感器的 IP 地址为 192.168.11.105，则 Buffalo 设备上的日志收集设置如图 7-10 所示。

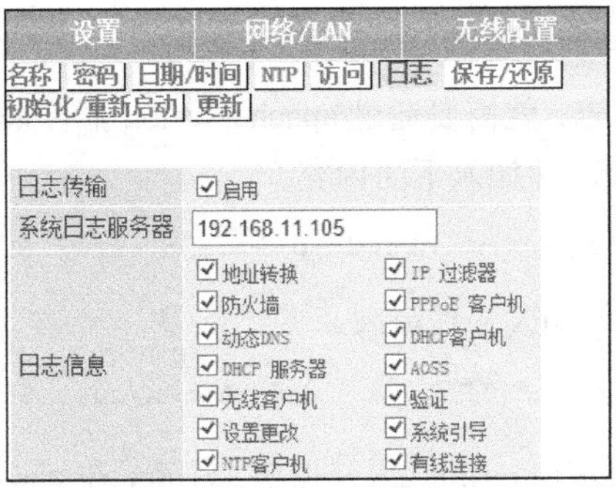

图 7-10 指向日志收集服务器

通过以上设置可将 Buffalo 防火墙日志转发到 OSSIM 系统中（IP 地址为 192.168.11.105），并由 ossim-agent 处理防火墙收集的日志，然后将其存放在/var/log/syslog 文件中。该文件的部分内容如下所示。

```
May  3 10:45:33 192.168.11.1 [4C: E6:76:43:2D:E7] buff : FIREWALL: TCP connection denied from 192.168.11.223:1057 to 192.168.117.176:445 (br0
May  3 10:45:33 192.168.11.1 [4C: E6:76:43:2D:E7] buff : FIREWALL: TCP connection denied from 192.168.11.223:1058 to 192.203.120.2:445 (br0)
May  3 10:45:34 192.168.11.1 [4C: E6:76:43:2D:E7] buff : FIREWALL: TCP connection denied from 192.168.11.223:1059 to 188.247.82.151:445 (br0)
May  3 10:45:35 192.168.11.1 [4C: E6:76:43:2D:E7] buff : FIREWALL: TCP connection denied from 192.168.11.223:2081 to 2.58.137.158:445 (br0)
May  3 10:45:35 192.168.11.1 [4C: E6:76:43:2D:E7] buff : FIREWALL: TCP connection denied from 192.168.11.223:2067 to 220.251.221.40:445 (br0)
May  3 10:45:36 192.168.11.1 [4C: E6:76:43:2D:E7] buff : FIREWALL: TCP connection denied from 192.168.11.223:2086 to 26.81.153.210:445 (br0)
May  3 10:45:36 192.168.11.1 [4C: E6:76:43:2D:E7] buff : FIREWALL: TCP connection denied from 192.168.11.223:2070 to 192.51.207.15:445 (br0)
May  3 10:45:37 192.168.11.1 [4C: E6:76:43:2D:E7] buff : FIREWALL: TCP connection denied from 192.168.11.223:2065 to 192.219.91.145:445 (br0)
May  3 10:45:37 192.168.11.1 [4C: E6:76:43:2D:E7] buff : FIREWALL: TCP connection denied from 192.168.11.223:2089 to 179.47.61.137:445 (br0)
```

接着启用 syslog 插件。当选中 syslog 插件后，在配置文件/etc/ossim/agent/config.cfg 中就会添加一条语句。可输入下列命令查看效果。

```
alienvault:~# cat /etc/ossim/agent/config.cfg|grep syslog.cfg
apache-syslog=/etc/ossim/agent/plugins/apache-syslog.cfg
ntsyslog=/etc/ossim/agent/plugins/ntsyslog.cfg
syslog=/etc/ossim/agent/plugins/syslog.cfg
alienvault:~#
```

此时，ossim-agent 会调用/etc/ossim/agent/plugins/下面对应的 syslog.cfg 插件来分析与/var/log/syslog 对应的日志。

可通过正则表达式来提取日志中的相关信息，在 syslog 中的正则表达式如下所示。

```
regexp="^(?P<logline>(\SYSLOG_DATE)\s+(?P<sensor>\S+)\s+(?P<source>\S+)\s+(?P<g
enerator>[^\[]*)\[(?P<pid>\d+)\]:(?P<logged_event>.*))$"
device={resolv($sensor)}
date={normalize_date($1)}
plugin_sid=1
userdata1={md5sum($logline)}
userdata2={$logline}
userdata3={$generator}
userdata4={$logged_event}
userdata5={$pid}
```

ossim-agent 将把这些字段内容发给服务器继续处理。

下面是在传感器上运行插件的案例。

若想收集 Apache 访问日志，就需要通过 apache-syslog 插件来解决这一问题。在 Apache 服务器上修改配置文件 http.conf，并加入下面内容。

```
CustomLog "|/usr/bin/logger -t httpd -p local6.info" combined
```

在 rsyslog.conf 配置文件中加入一行内容。

```
local6.* @AlienVault Sensor IP          // AlienVault Sensor IP 表示传感器 IP 地址
```

修改了插件内容后，必须重启 ossim-agent 服务。注意，在/usr/share/doc/ossim-mysql/contrib/plugins/下可以找到与插件相关的所有 SQL 文件。

『Q211』 在 Apache 插件中如何定义 Apache 访问日志的正则表达式？如何通过脚本检测插件？

在插件中定义的 Apache 访问日志的正则表达式如下所示：

```
regexp=(\IPV4) (\S+) (\S+) \[(?P<date>(\d\d)\/(\w\w\w)\/(\d\d\d\d):(\d\d):(\d\d):
(\d\d)).+"(?P<info>.+)" (?P<sid>\d+) (\S+)
```

OSSIM 提供了 regexp.py 脚本来检测正则表达式，具体操作可参考下面的命令。

```
alienvault:/usr/share/ossim/scripts# /usr/share/ossim/scripts/regexp.py /var/log/apache2/access.log
/etc/ossim/agent/plugins/apache.cfg ∪ |more_
```

『Q212』 经过 OSSIM 数据源插件归一化之后的日志存储在什么位置？

OSSIM 系统定义了 400 多种插件，每个插件都定义了归一化处理的日志文件的存储位置，表 7-2 所示为主要插件的日志存储位置。

表 7-2　经插件归一化处理之后的日志路径

OSSIM Agent 插件	ID	日志位置
apache	1501	/var/log/apache2/access.log /var/log/apache2/error.log
arpwatch	1512	/var/log/ossim/arpwatch-eth0.log
avast	1567	/var/log/avast.log
bind	1577	/var/log/bind.log
bluecoat	1642	/var/log/bluecoat.log

OSSIM Agent 插件	ID	日志位置
cisco-asa	1636	/var/log/cisco-asa.log
cisco-pix	1514	/var/log/cisco-pix.log
cisco-route	1510	/var/log/syslog
cisco-vpn	1527	/var/log/syslog
exchange	1603	/var/log/syslog
extreme-switch	1672	/var/log/extreme-switch.log
f5	1614	/var/log/syslog
fortigate	1554	/var/log/fortigate.log
fw1ngr60	1504	/var/log/ossim/fw1.log
gfi	1530	/var/log/syslog
heartbeat	1523	/var/log/ha-log
iis	1502	/var/log/iisweb.log
ipfw	1529	/var/log/messages
iptables	1503	/var/log/syslog
juniper-vpn	1609	/var/log/juniper-vpn.log
kismet	1596	/var/log/syslog
linuxdhcp	1607	/var/log/ossim/dhcp.log
m0n0wall	1559	/var/log/syslog
mcafee	1571	/var/log/mcafee.log
monit	1687	/var/log/ossim/monit.log
nagios	1525	/var/log/nagios3/Nagios.log
nessus	90003	/var/ossec/logs/archive/archive.log
nessus-detector	3001	/var/log/ossim/nessus_jobs
netgear	1519	/var/log/syslog
netscreen-firewall	1522	/var/log/netscreen.log
nfs	1631	/var/log/syslog
nortel-switch	1557	/var/log/syslog
openldap	1586	/var/log/openldap/slapd.log
osiris	4001	/var/log/syslog
ossec-idm-single-line	50003	/var/ossec/logs/alerts/alerts.log
ossec-single-line	7007	/var/ossec/logs/alerts/alerts.log
ossim-agent	6001	/var/log/ossim/agent.log
p0f	1511	/var/log/ossim/p0f.log
alienvault-dummy-server	1510	/var/log/ossim/sem.log
prads	1683	/var/log/prads-asset.log
prads_eth0	1683	/var/log/ossim/prads-eth0.log
postfix	1521	/var/log/mail.log
snare	1518	/var/log/snare.log

续表

OSSIM Agent 插件	ID	日志位置
snort_syslog	1001	/var/log/snort/alert
snortunified	1001	/var/log/snort
sophos	1581	/var/log/ossim/sophos.log
suiqd	1553	/var/log/squid/access.log
ssh	4003	/var/log/auth.log
sudo	4005	/var/log/auth.log
suricata-http	8001	/var/log/suricata/http.log
suricata	1001	/var/log/suricata/
symantec-ams	1556	/var/log/syslog
vmware-esxi	1686	/var/log/vmware-esxi.log
vsftpd	1576	/var/log/vsftpd.log
webmin	1580	/var/log/auth.log
websense	19004	/var/log/websense.log

表 7-2 中的 ID 号用于在 SIEM 控制台上快速检索 SIEM 事件。

「Q213」 编写日志插件分几个步骤？

编写日志插件可分为以下 7 个步骤。

步骤 1　新建插件文件。通常是复制一个现有的脚本文件并修改其内容，以符合新的应用程序需求。

步骤 2　定义一个通用规则，用于捕获所有的事件。

步骤 3　去除噪声。OSSIM 可以排除某些无关事件子类型的事件，这些事件被视为噪声，例如在 IDS/IPS 等安全设备上产生的海量重复报警。

步骤 4　通过 OSSIM 代理注册插件。为了将事件发送到 OSSIM 服务器，需要激活插件，且插件的路径必须在代理配置文件中指定。

步骤 5　通过 OSSIM 服务器注册插件。若想让服务器知道事件的优先级和可靠性价值，就必须也在服务器端注册插件。

步骤 6　在服务器端激活插件，重启 OSSIM 服务器进程。

```
#/etc/init.d/ossim-server restart
```

步骤 7　在代理端激活插件，重启 OSSIM 代理进程。

```
#/etc/init.d/ossim-agent restart
```

『Q214』　在 OSSIM 系统中如何导入检测插件？

　　OSSIM 在安装后期可通过一些 SQL 语句集中导入插件，这些插件在导入完毕后放置在 /usr/share/doc/ossim-mysql/contrib/plugins/目录下，扩展名为 sql.gz。如果发现需要将某些插件重新导入到数据库，那么可以先用 gunzip 命令解压 sql.gz 文件，再使用 "ossim-db <file.sql" 方式导入。如果是新插件怎么办呢？可复制一个功能类似的插件，修改 SQL 代码，再导入数据库。如果只还原单独的表（例如表 asset），又该怎么操作呢？查看如下操作：

```
#gunzip -c test.sql.gz |grep 'INSERT INTO 'asset''|mysql test
```

　　注意，test 代表实例数据库名称。一旦 MySQL 加载完数据，gunzip 会自动退出。

『Q215』　OSSIM 采集插件分为几大类，它们通过什么协议采集数据？

　　OSSIM 系统中的插件可分为采集插件和监视插件。采集插件主要通过 SNMP、Syslog、WMI 等协议进行采集。在传感器中，常见的采集插件有 ossec-single-line、ssh、syslog、wmi-system-logger 等，其中 SNMP 与 WMI 协议工作时主动抓取数据；Syslog 在这里则属于被动接收采集数据，具体如图 7-11 所示。

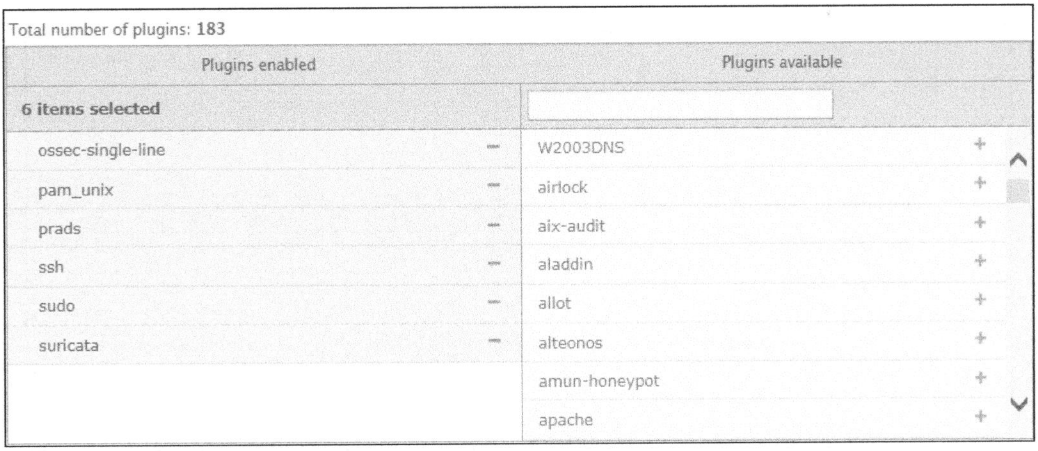

图 7-11　采集插件

　　监控插件包括 Nmap、Ntop、OCS、OSSIM、tcptrack 等，如图 7-12 所示。

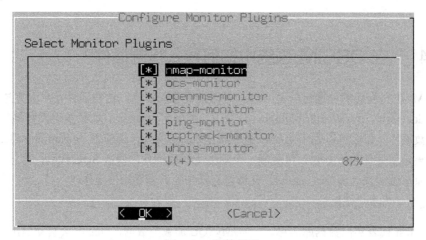

图 7-12 监控插件

当这些插件加载完毕之后，可以到 Web UI 菜单 CONFIGURATION→DEPLOYMENT→ COMPONENTS→ SENSORS 栏目中列出传感器状态，查看所添加的监控插件的工作状态，如图 7-13 所示。

COMPONENTS	SCHEDULER	SMART EVENT COLLECTION	LOCATIONS			

192.168.11.105 [virtualUSMAllInOne] 　[UP or ENABLED: 9 / DOWN or DISABLED: 0 / Totals: 9]

	PLUGIN	PROCESS STATUS	ACTION	PLUGIN STATUS	ACTION	LATEST SECURITY EVENT
✦	sudo	Unknown	-	ENABLED	Disable	sudo: Command executed [USERNAME]
✦	nmap-monitor	Unknown	-	ENABLED	Disable	
−	snort	UP	Stop	ENABLED	Disable	snort: "ETPRO TROJAN Trojan/Win32.Zbot Covert Channel 2 port 53"

		DEVICE	DATE		LAST SECURITY EVENT
🖅 [12] hours		192.168.11.105 [VirtualUSMAllInOne]	2015-04-16 08:12:15 (~14384 seconds ago)		snort: "ETPRO TROJAN Trojan/Win32.Zbot Covert Channel 2 port 53"
🖅 [48] hours		192.168.11.105 [VirtualUSMAllInOne]	2015-04-16 08:09:47 (~14236 seconds ago)		snort: "ET POLICY PE EXE or DLL Windows file download"
MARK		192.168.11.105 [VirtualUSMAllInOne]	2015-04-16 08:09:47 (~14236 seconds ago)		snort: "ET CURRENT_EVENTS Tor2Web .onion Proxy Service SSL Cert (1)"
		192.168.11.105 [VirtualUSMAllInOne]	2015-04-16 08:09:47 (~14236 seconds ago)		snort: "ETPRO TROJAN Trojan/Win32.Zbot Covert Channel port 53"
		192.168.11.105 [VirtualUSMAllInOne]	2015-04-16 08:09:47 (~14236 seconds ago)		snort: "ETPRO TROJAN Chanitor Variant .onion Proxy Domain"

	PLUGIN	PROCESS STATUS	ACTION	PLUGIN STATUS	ACTION	LATEST SECURITY EVENT
✦	pam_unix	UP	Stop	ENABLED	Disable	pam_unix: authentication failure
✦	ntop-monitor	UP	Stop	ENABLED	Disable	

图 7-13 查看监控插件的工作状态

UNIX/Linux 系统都安装了 SNMP 与 Syslog 工具。如果采集数据的目标系统为 Windows，则考虑使用 WMI 协议，此时只需要在 Windows 上进行相关配置就可远程访问，而无须安装额外的工具软件。

「Q216」 插件进程 ossim-agent 被手动停止后之后为何会自己重启？

OSSIM 有一种名为 watchdog 的进程监控程序，它的工作是监视进程的启动/停止，检查各插件是否已经开始运行。watchdog 会在后台一直运行。

```
Localhost:~# ps -ef |grep watchdog
Root      5      2   0  Oct24 ?  00:00:00 [watchdog/0]
```

watchdog 能发现意外关闭的进程，并自动重启被关闭的进程。watchdog 的检查周期为 180s，表示意外关闭的进程会在 180s 内重启，该检查周期的值可以在配置文件/etc/ossim/agent/config.cfg 中修改。

「Q217」 在 OSSIM 传感器中能同时启用 Snort 和 Suricata 插件吗？

在 OSSIM 系统中，Snort 和 Suricata 都属于网络入侵检测软件，它们不但不能同时在一个系统中使用，而且它们的插件也不能同时使用，否则会出现图 7-14 所示的报错界面。

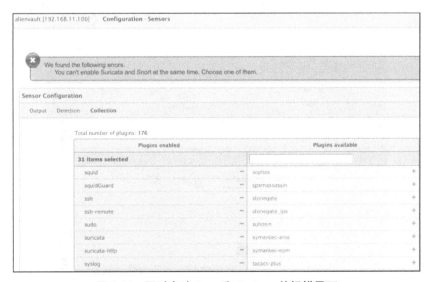

图 7-14　同时启动 Snort 和 Suricata 的报错界面

「Q218」 如何导入自定义插件？

由于自定义插件的导入过程比较复杂，下面通过一个具体实验来介绍。

实验环境如下所示。

○ 虚拟机服务器 IP 192.168.11.160

○ 虚拟机传感器 IP 192.168.11.28

○ 宿主机 IP：192.168.11.18

实验步骤如下所示。

步骤 1 在服务器端执行以下操作。

```
#cd /etc/ossim/agent/plugins/
#cp ssh.cfg debianssh.cfg
#vi debianssh.cfg
```

将 plugin_id 由 4003 修改为 9001。

将 location 改为/var/log/debianssh.log。

步骤 2 #alienvault-setup。

依次进入 Configure Sensor → Configure Data Source Plugins 选项，选择 debianssh 插件，如图 7-15 所示。

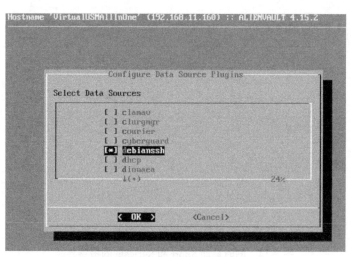

图 7-15 选择 debianssh 插件

步骤 3 退回到主界面，选择 Apply all Changes，重配置系统。

步骤 4 编辑 SQL 语句。

```
#cd /usr/share/doc/ossim-mysql/contrib/plugins
#gunzip ssh.sql.gz
#cp ssh.sql debianssh.sql
#vi debianssh.sql
```

使用 vi 编辑器将插件 ID 由 4003 改成 9001。

```
:%s/4003/9001
```

将 INSERT IGNORE INTO plugin (id,type,name,description) VALUES(9001,1,'ssh',SSHD: Secure Shell daemon'); 这一行有关 ssh 的内容全部改为 debianssh，完成后保存退出。

步骤 5 导入数据库。

向数据库中导入 debianssh.sql 文件。

```
#ossim-db < debianssh.sql
#ossim-db
mysql> SELECT * FROM plugin WHERE ID=9001;
```

查看导入的数据，如图 7-16 所示。

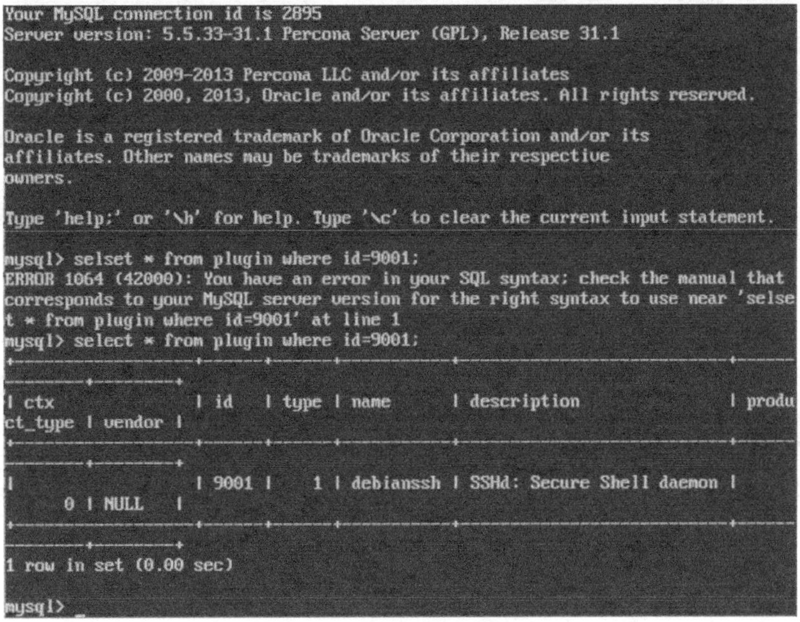

图 7-16 查看导入的数据

如果导入没问题，接着输入下列命令。

```
#alienvault-reconfig
```

步骤 6 使用命令行形式，从宿主机 192.168.11.18 的终端登录到 192.168.11.28 传感器上。

```
localhost:~ chenguang$ ssh root@192.168.11.28
root@192.168.11.28's password:
```

此时，日志将转发到 192.168.11.160 服务器的/var/log/debian.log 文件中。下面对比日志。
图 7-17 显示了客户端远程登录主机 192.168.11.28 时，由于连续三次输入登录密码错误后，相关信息会实时记录在 OSSIM 的/var/log/debian.log 日志文件中。

图 7-17 对比日志

步骤 7 通过浏览器来验证插件功能。

首先单击"系统配置"→"部署"→"组件"下的 Sensor Status 按钮，如图 7-18 所示。

图 7-18 查看插件状态

接着找到 debianssh 插件的日志，如图 7-19 所示。

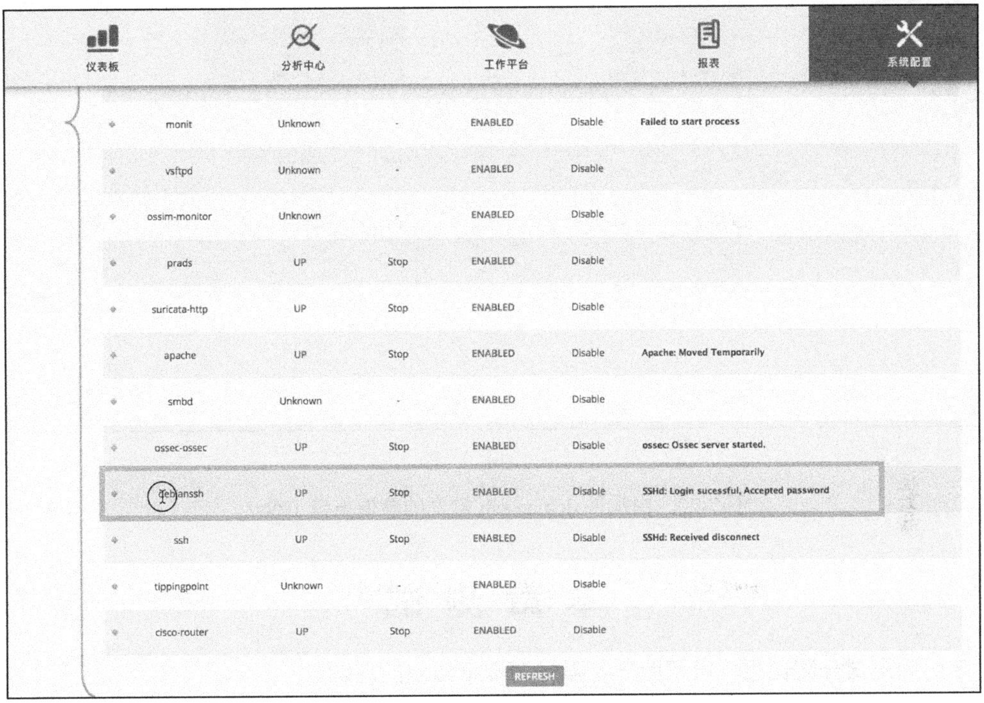

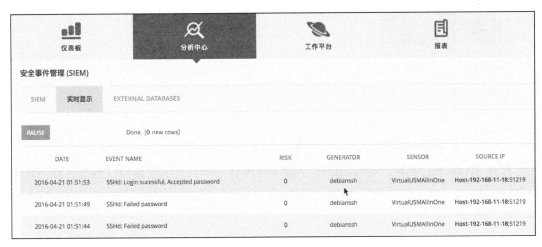

图 7-19　查看 debianssh 插件的日志

在 SIEM 控制台上过滤出 debianssh 数据源的事件，如图 7-20 所示。

(a)

图 7-20　由插件 debian ssh 触发的事件报警

NORMALIZED EVENT	DATE		ALIENVAULT SENSOR		INTERFACE
	2016-04-21 01:51:53 GMT-4:00		VirtualUSMAllinOne [192.168.11.160]		eth0
	TRIGGERED SIGNATURE		EVENT TYPE ID	CATEGORY	SUB-CATEGORY
	SSHd: Login sucessful, Accepted password		7		
	DATA SOURCE NAME		PRODUCT TYPE		DATA SOURCE ID
	debianssh		Unknown type		9001
	SOURCE ADDRESS	SOURCE PORT	DESTINATION ADDRESS	DESTINATION PORT	PROTOCOL
	Host-192-168-11-18	51219	202.106.199.37	22	TCP
	UNIQUE EVENT ID#		ASSET S → D	PRIORITY	RELIABILITY	RISK
	078611e6-aa8a-0800-275a-94605db190ea		2→2	1	2	0
			USERNAME		
			root		

(b)

图 7-20　由插件 debian ssh 触发的事件报警（续）

本 章 测 试

下面列出部分测试题，以帮助读者强化的本章知识的理解。

如何将插件中 location 定义的文件写入两个文件中？

在调试插件时需要将日志写入到两个文件中。首先确定插件名称，在这里插件路径为 /etc/ossim/agent/plugins/syslog.cfg。

```
[DEFAULT]
plugin_id=4007

[config]
type=detector
enable=yes

source=log
location=/var/log/syslog
location=/var/log/syslogbak
```

打开 syslog.cfg 文件，在 location 字段下再添加一行并写入新路径，修改完成后重启 ossim-agent。

第8章

SIEM 控制台操作

关键术语

- ○ SIEM 控制台
- ○ 知识库
- ○ SIEM 数据库
- ○ 事件分类
- ○ 事件过滤
- ○ EPS

「Q219」 如何把 SIEM 控制台中发现的重要日志加入到知识库？

知识库是具有一定智能的信息安全管理软件，在开源 SIEM 领域，目前只有 OSSIM 具有基于知识库的系统。之前在进行安全评估和漏洞分析时，对于海量信息经常会碰到查找缓慢、效率低下等问题。如今 OSSIM 中使用的知识库提高了分析问题的速度。知识库的工作流程如图 8-1 所示。

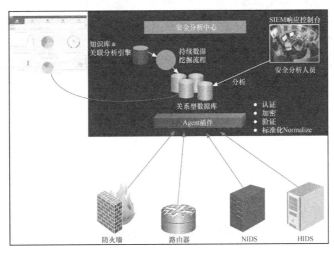

图 8-1　关联分析联动机制

知识库的应用之一是将漏洞扫描的结果提供给 IDS 系统，作为 IDS 的数据源。知识库体现在哪些地方呢？打开 SIEM 控制台查看事件信息就能发现。下面是两条 SSHD 认证成功的事件，单击任意一条可以出现图 8-2 所示的界面。

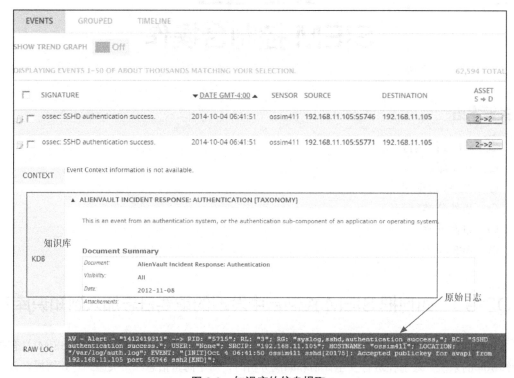

图 8-2　知识库的信息提取

图 8-2 所示的原始日志是日志规范化的一部分，且原始日志必须保留，这样可以从规范化日志中提取原始日志作为网络取证的证据。下面详细分析它提供的具体信息。首先，选中日志左侧的复选框，再单击右键加入到相应知识库中，如图 8-3 所示。

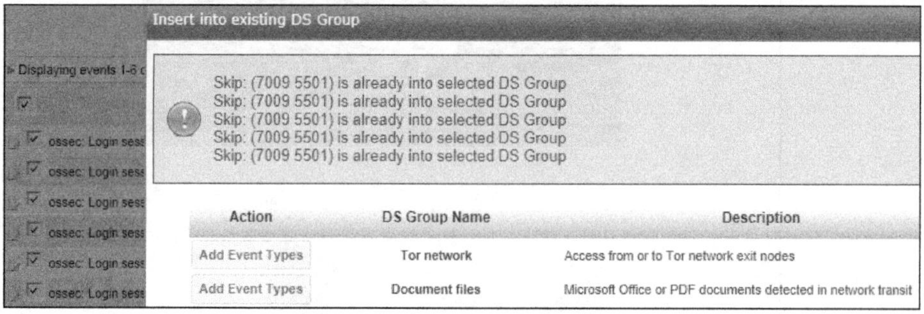

图 8-3　将日志加入数据源

单击 NEW DOCUMENT 按钮，向知识库中新增条目，如图 8-4 所示。

图 8-4　向知识库中新增条目

新增的知识库实例如图 8-5 所示。

图 8-5　新增知识库实例

这些日志信息存放到 OSSIM 知识库后，后续可做为诊断网络故障和取证的判定依据。

「Q220」　如何为知识库的条目新增附件？

知识库中新增加的每个条目都有一个由 5 位数字组成的 ID 号，在图 8-4 中这个 ID 号显示在最左侧。要想新增附件，需先单击 ATTACHEMENTS 按钮，弹出文件上传对话框，如图 8-6 所示。

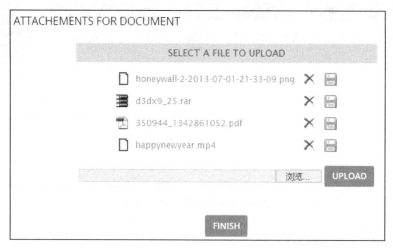

图 8-6 上传附件

附件格式可以为.txt、.log、.tar.gz、.zip、.rar、.png，且单个文件小于 100MB，上传路径为 /usr/share/ossim/uploads/ID（此处 ID 号就是新建条目的 ID）。

「Q221」 在 SIEM 控制台事件中查看视图时有几种观察模式，它们有什么区别？

每条 SIEM 事件都具有多种显示模式，而且可以在显示模式之间进行更换，如图 8-7 所示。

图 8-7 选择事件观察模式

OSSIM 定义的 SIEM 事件包含 5 种显示模式，分别是 Default、Taxonomy、Repulation Detail 及 Risk Analysis，如图 8-8 所示。

图 8-8 5 种 SIEM 事件查看模式对比

『Q222』 如何在 SIEM 警报中显示计算机名?

采用 DNS 可以解析主机名,但有时候容易出问题,这里推荐采用静态解析的方式解析主机名。为了让 OSSIM 能够顺利解析所监控的服务器发来的日志,OSSIM 服务器中需要配置 hosts 文件。hosts 文件的作用相当于 DNS,Linux 系统在向 DNS 服务器发出域名解析请求之前会查询/etc/hosts 文件,如果里面有相应的记录,就会使用 hosts 里面的记录。/etc/hosts 文件通常里面包含以下记录:

```
127.0.0.1      localhost.localdomain   localhost
```

下面将监控的所有服务器 IP 和主机名称进行对应,每条记录对应一台主机,并分发到各台服务器中。但这种映射只是本地映射,也就是说每台机器的映射都是独立的,这给维护带来了不便。

修改/etc/hosts 文件的实例如下所示。

```
# cat /etc/hosts
127.0.0.1      localhost
10.32.X.Y      alienvault.alienvaultalienvault
10.32.X.Z      win7
```

以上配置中,10.32.X.Y 和 10.32.X.Z 表示两个 IP 地址。

〖Q223〗 在 SIEM 控制台事件的表单中，N/A 表示什么意思？

N/A 是英文单词 Not Available 的缩写，在表单中表示该处内没有内容。在没有东西可填写但空格也不许留空时就要写上 N/A。

〖Q224〗 如何设定 SIEM 事件的保存期限？

随着时间的推移，硬盘会被传感器不断传输过来的各种报警信息填满，而且关联分析引擎分析安全事件的总数也有上限，所以新版 OSSIM 系统设定了以下限制：

- 在系统磁盘中保存 30 个备份文件。
- 在线可查询的安全事件保存期为 90 天。
- 在数据库中保存 4000 万条记录。
- 备份时间为 01:00。
- 永久保存 Alarm 报警。

相关的具体参数可以到 CONFIGURATION→ADMINISTRATION→MAIN 菜单下的 BACKUP 选项中查看，如图 8-9 所示。

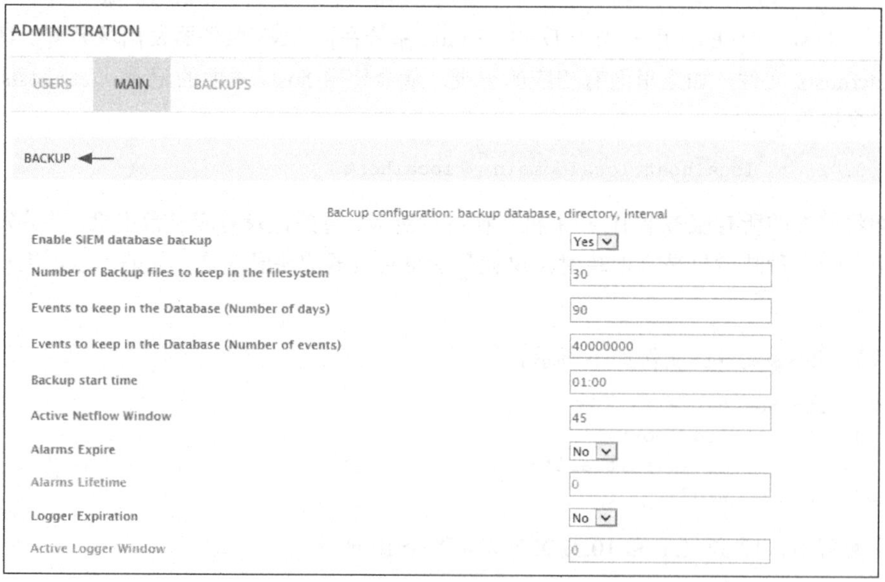

图 8-9　设置 SIEM 事件的保存期限

「Q225」　如何恢复 SIEM 事件数据库？

SIEM 系统以天为单位自动备份数据库，保存路径为/var/lib/ossim/backup。在终端下可轻松容易地重置 SIEM 数据库。如果需要恢复某一天的 SIEM 数据，只需按提示操作即可。当用户需要恢复某天的数据时，选中相应日期，例如在图 8-10 中显示的日期为 "17-04-2015"，然后单击 RESTORE 按钮，经过数分钟后即可恢复 SIEM 事件数据库。

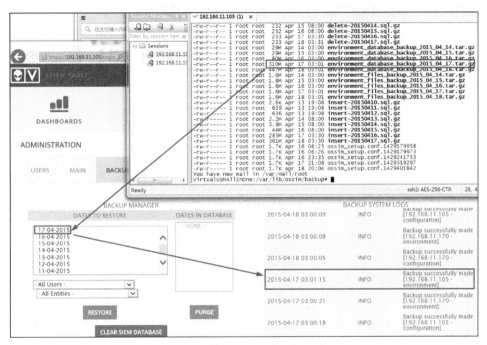

图 8-10　恢复 SIEM 事件数据库

「Q226」　SIEM 控制台上包含哪些重要元素？

OSSIM 的 SIEM 控制台中包含众多元素，比如元数据（meta data）、IP 头数据、网络层协议和有效载荷（Payload）等，下面将详细说明这些元素。

1．元数据

OSSIM 中的元数据提供了有关 Snort 收集的入侵检测的数据信息，例如记录流量过程的时间信息，这也是事件关联分析的重要参数。但这种时间变化趋势中出现的信息并不会在捕获包中出现。利用元数据标准可搜索到由 Snort 收集的所有包含标准的数据，这些数据主要用来描述 NIDS。

2．传感器

对于分布式的 OSSIM 系统而言，应有两个以上的传感器，这些传感器被部署在不同的网段，因此可以方便地查询到不同传感器所收集的数据。此外还有一个要注意的问题，即同一个传感器放置在网络外部与网络内部，对于同一个报警而言所代表的含义不同。如果放置在防火墙外侧，在收到 Windows 共享访问试探时，这就是疑似网络攻击；如果是放置在内部网段，在同样出现 Windows 共享访问时，那很有可能是正常的文件共享。

3．报警组

报警组的作用是形成事件报警的集合。报警组是 SIEM 控制台提供的一个非常有用的功能，它允许报警分类显示，用于集中多种报警。可以把系统中一些试探性攻击、零碎的问题报警集中在一起。通过这个报警组功能可以直观地查看到疑似攻击信息，如图 8-11 所示。

图 8-11　分组后的效果

4．分类（category）和子类（subcategory）

SIEM 控制台中每类报警事件又可细分为若干子事件，它们可以在 Web UI 的 CONFIGURATION→THREAT INTELLIGENCE→TAXONOMY 菜单中查看，如图 8-12 所示。

5．特征码（signature）

特征码的作用是查询与特征值相匹配的报警。在日常的日志分析中，用特征匹配进行查询非常有用，尤其是分析 ShellCode 攻击时非常方便，如图 8-13 和图 8-14 所示。

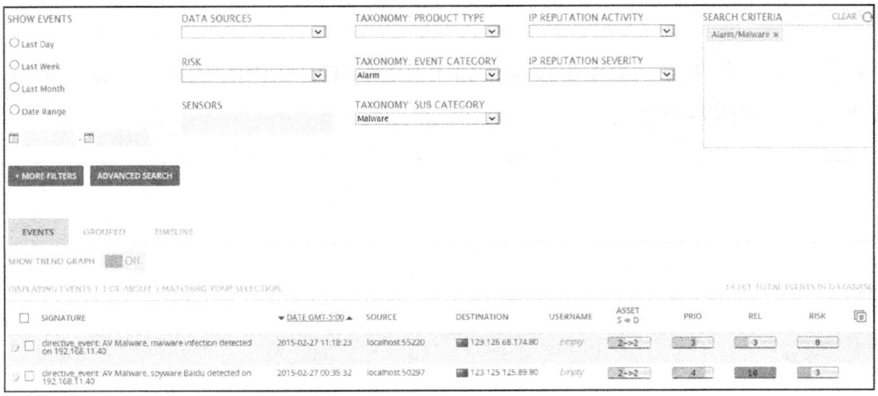

图 8-12　事件分类与子类筛选显示

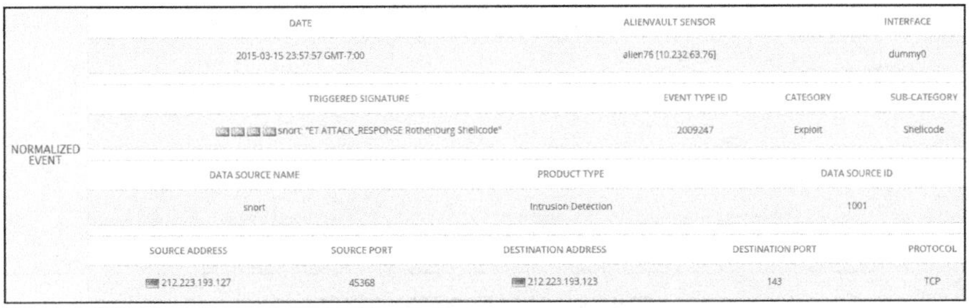

图 8-13　ShellCode 攻击时的特征码

图 8-14　ShellCode 攻击的有效载荷

6．报警时间

由于在各个时间段都会产生大量报警，为了查询特定时间内的报警，可通过时间选项进一步缩小查询范围，如图 8-15 所示。

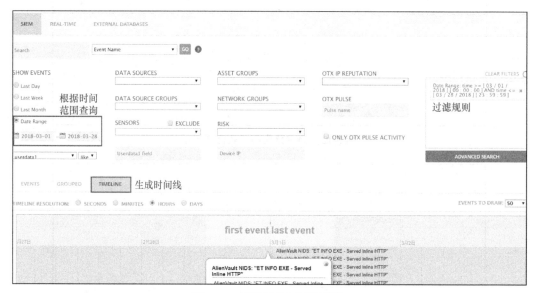

图 8-15　按时间范围过滤报警

7．IP 头部数据

数据分析中经常需要分析 IP 头部数据，从 IP 头部数据中可以获取如下内容。

○　IP 地址：可以鉴别出源地址、目标地址。

○　域数据：显示 IP 头部信息、服务类型、生存期、段 ID 标识、段偏移量、报头校验及报头长度。

○　传输层协议数据：包含 TCP 和 UDP 的信息，主要有 TCP 端口、TCP 标志及 TCP 域数据。

○　有效载荷（Payload）：包含了应用程序所使用的数据，通过有效载荷可快速发现网络中隐藏的木马（前提是要知道木马的特征码）。图 8-14 中所示的这条报警中就含有效载荷。

8．通过逻辑运算符查询

新版本的 SIEM 控制台使用了高级查询（Advanced Search）套件，它的逻辑运算符用来建立更加复杂的查询，这些运算符如图 8-16 所示。

○　=：等于

○　<>：不等于

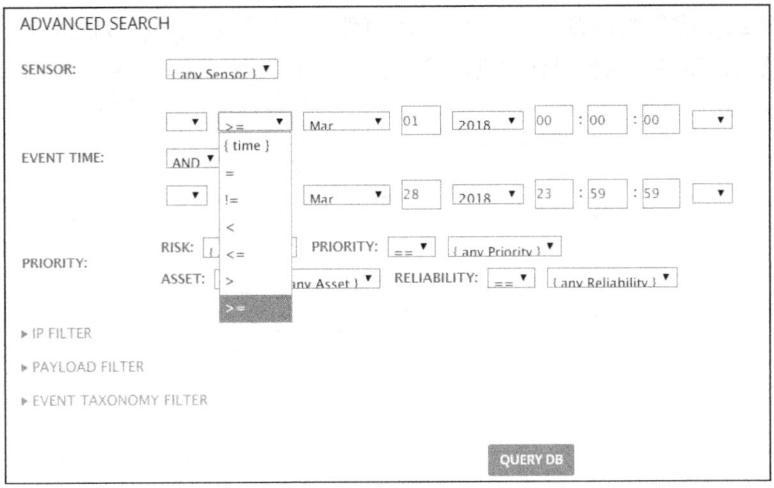

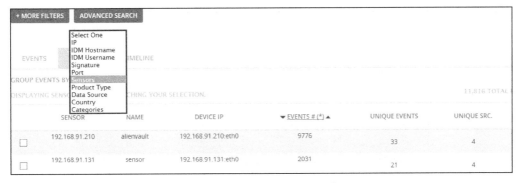

图 8-16　逻辑运算符

- ○　<：小于

- ○　<=：小于等于

- ○　>：大于

- ○　>=：大于等于

- ○　like：可以使用%作为通配符

如需要过滤不同的传感器输出的日志，还可以在筛选条件中选取 Sensors 选项，快速过滤出多个传感器所输出的日志数量，如图 8-17 所示。

图 8-17　通过传感器过滤日志

「Q227」　如何在 SIEM 事件控制台中过滤事件？

在 OSSIM 的 SEIM 控制台中可以显示大量日志和报警信息。从整体数量上看，比较多的是由 OSSEC、Syslog 收集的各类日志以及 Snort 事件（网络数据包深度分析），以及发送给本机（127.0.0.1）的访问事件，其他事件的过滤可以通过选择 Data Sources 来实现。SIEM 事件的构成如图 8-18 所示。

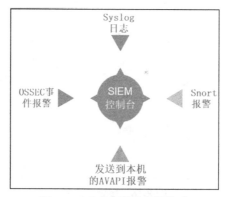

图 8-18　SIEM 事件主要构成

注意，在 OSSIM 5.1 之后的版本中，OSSEC 改为 AlienVault HIDS，Snort 改为 Suricata，模块名称是 AlienVault NIDS。

SIEM 合并以下 3 个来源的冗余的报警信息：

❏　合并基于主机监控 OSSEC 产生的冗余报警事件；

❏　合并基于网络监控 Snort 产生的冗余报警事件；

❏　合并来自 Directive 的报警。

接着查看 SIEM 数据源中的分类，如图 8-19 所示。

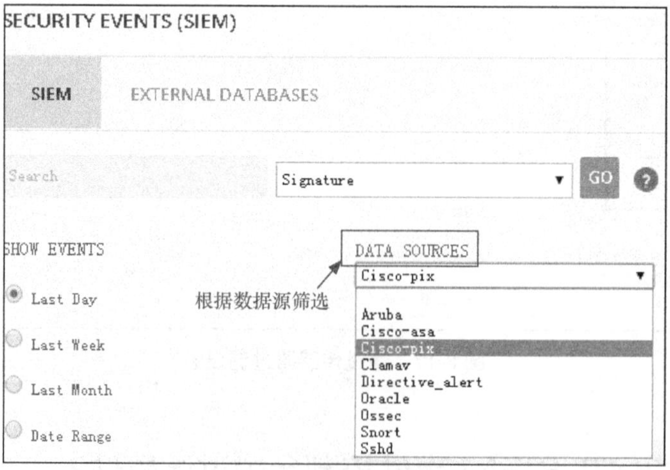

图 8-19　数据源的分类

在 OSSIM 的 SIEM 控制台中能显示很多数据，如何快速过滤出有用的数据至关重要。首先应了解 SIEM 日志的基本格式，它由 Signature、Date、Sensor、Source、Destination、Asset 和 Risk 共 7 个部分组成，各部分含义如下。

- Signature：日志特征。

- Date：日期。

- Sensor：传感器。

- Source：源地址。

- Destination：目的地址。

- Asset：资产。

- Risk：风险值。

可以在 Custom Views（自定义显示方式）中获得更多的日志信息，如图 8-20 所示。

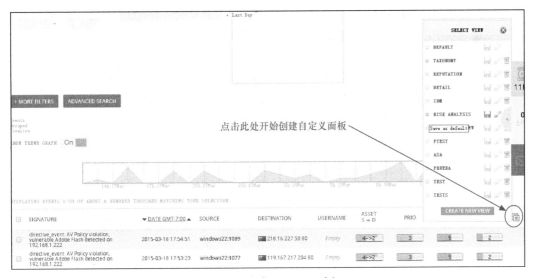

图 8-20　自定义 SIEM 列表

在 SIEM 面板中有很多过滤开关，下面介绍几个常用的过滤开关。

首先是 Search 开关，可以在其中输入日志的关键字。然后单击 Signature 按钮，系统会列出与之匹配的日志，并找出这些日志。这些日志中会有不少冗余日志，以及大量干扰日志。

接着进一步过滤。输入 IP 地址，然后单击 IP 按钮，它会列出"src or dst ip"、"src ip"、"dst ip"、"src or dst host"、"src host"和"dst host"6 种筛选方式。

经过多重筛选后，既可以定位到想要查询的日志，也可以通过单击 CLEAR 按钮逐条删除过滤条件，如图 8-21 所示。

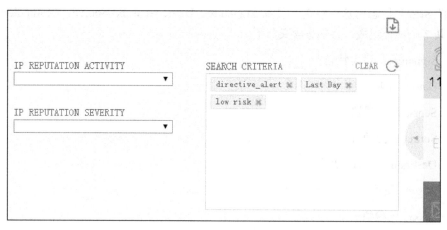

图 8-21　通过 CLEAR 按钮删除过滤事件

其次可以输入传感器 IP 地址、数据源种类以及风险等级来更精确地过滤日志。在 SIEM 提供的更多过滤选项中，还可以使用数据源组、网络/主机组以及日志种类等特性进行过滤，如图 8-22 所示。

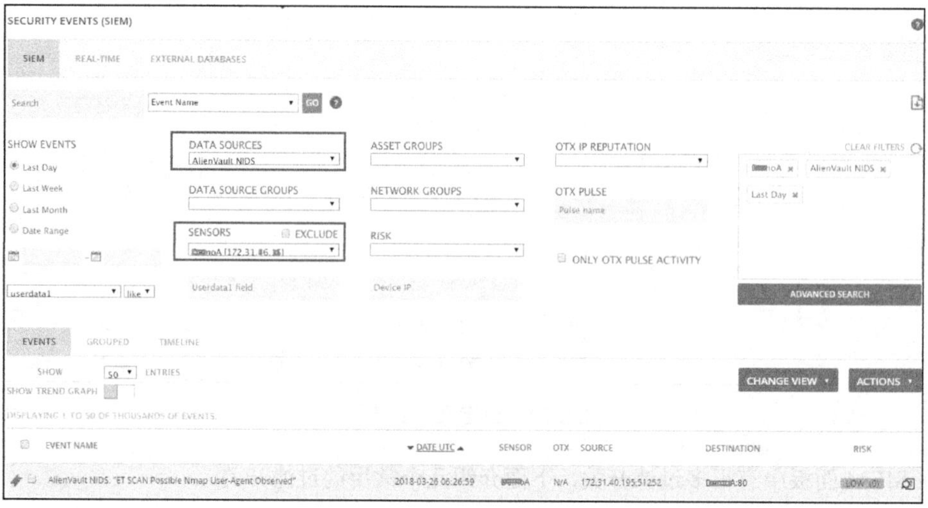

图 8-22　SIEM 过滤选项

另外，SIEM 还可按不同的地址、端口、日志和不同的数据源对收集来的日志进行分类统计，如图 8-23 所示。

在 SIEM 事件列表中能显示出多种类型，如果想要过滤某一种数据源日志，则可使用过滤源的方式。可以选择数据源过滤，例如选择 AlienVault NIDS，结果如图 8-24 和图 8-25 所示。

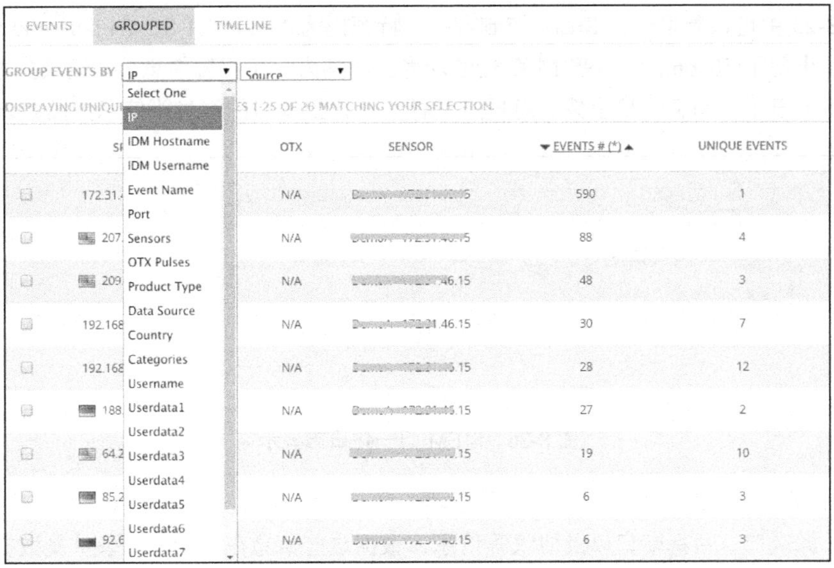

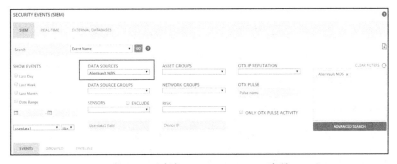

图 8-23 分类统计

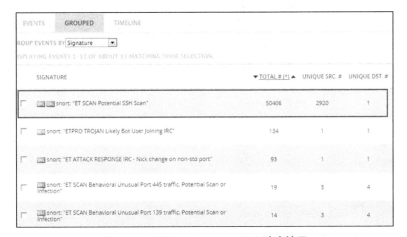

图 8-24 过滤 AlienVault NIDS 事件

SIGNATURE	TOTAL # (*) ▲	UNIQUE SRC. #	UNIQUE DST. #
snort: "ET SCAN Potential SSH Scan"	50406	2920	1
snort: "ETPRO TROJAN Likely Bot User Joining IRC"	134	1	1
snort: "ET ATTACK RESPONSE IRC - Nick change on non-std port"	93	1	1
snort: "ET SCAN Behavioral Unusual Port 445 traffic, Potential Scan or Infection"	19	3	4
snort: "ET SCAN Behavioral Unusual Port 139 traffic, Potential Scan or Infection"	14	3	4

EVENTS GROUPED TIMELINE

ROUP EVENTS BY Signature

ISPLAYING EVENTS 1-13 OF ABOUT 13 MATCHING YOUR SELECTION.

图 8-25 显示 AlienVault NIDS 过滤结果

从图 8-25 中可以看出，在 SIEM 控制台中，特征码为 "snort:ET SCAN potential SSH Scan"
的事件总共出现了 50406 次，OSSIM 系统可以将其归纳为一条报警信息，并记录到数据库。这
样处理后既节省了空间又一目了然。对日志进行归一化处理后的消息头信息如图 8-26 所示。

DATE		ALIENVAULT SENSOR		INTERFACE
2014-10-04 06:32:38 GMT-4:00		ossim411 [192.168.11.105]		eth0
TRIGGERED SIGNATURE		EVENT TYPE ID	CATEGORY	SUB-CATEGORY
snort: "ET SCAN Potential SSH Scan"		2001219	Recon	Misc
DATA SOURCE NAME		PRODUCT TYPE		DATA SOURCE ID
snort		Intrusion Detection		1001
SOURCE ADDRESS	SOURCE PORT	DESTINATION ADDRESS	DESTINATION PORT	PROTOCOL
192.169.7.151	333	192.168.11.105	22	TCP

图 8-26　SIEM 归一化日志显示

图 8-26 所示的界面中包含了时间、传感器、网卡、特征码、事件类型、数据源、源地址、
目标地址、源端口、目标端口以及协议等信息。根据这些信息在成千上万条重复数据中找到规
律，然后根据特征码的不同 "消除" 重复数据，这就是归纳合并。

另外还可以通过 SIEM 提供的时间线（TimeLine）功能分析事件发展趋势，并通过列出的
TOP N 方式显示趋势，所列举的趋势能够反映一段时间内的数据变化，例如：

- Siem vs Logger events 显示 24 小时内变化趋势；

- Ticket resolution time 显示一周内变化趋势；

- Tickets closed by month 显示每月统计趋势；

- Security events trend:last day 显示最近一天变化趋势；

- Security events trend:last week 显示最近一周变化趋势。

更多变化趋势还可以输出到报表子系统中，如图 8-27 所示。将这些日志归纳出安全事件
Top 5、嗅探主机 Top 10，或者占用带宽最多的 Top10、常见事件类型 Top10 等，分析人员就
能从这些信息中快速挖掘出新的可疑信息。

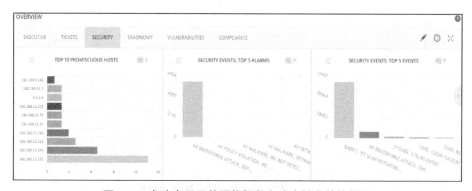

图 8-27　仪表盘显示的网络报警和攻击排名的柱状图

「Q228」　如何将高风险的事件进行快速分类？

首先在 Web UI 的 ANALYSIS 菜单中选择 SECURITY EVENTS，进入 SIEM 控制台，在 RISK（风险）筛选项中选择 High（高风险），如图 8-28 中的数字①所示。

图 8-28　过滤高风险事件

再选择分组，如图 8-28 数字②所示，这样就能筛选出高风险等级的事件。

如果需要再细分，则需要加入更多筛选条件。例如，如需根据 IP 来过滤，那么可按照图 8-29 中标记的①、②、③的顺序来选择，即可实现过滤功能。如需将过滤出来的事件删除，在 ACTIONS 中④的位置选择删除即可。

图 8-29　筛选事件

『Q229』 如何删除与恢复安全事件?

为了在 SIEM 控制台中删除安全事件，需要掌握 3 个按钮的功能。

- Delete Selected：删除选中的事件。为了快速勾选所有事件，可将 Signature 前面的复选框选中。

- Delete All On Screen：可快速删除当前屏幕显示的事件。

- Delete Entire Query：删除整个查询。

注意，系统负载较大时，删除过程会变得缓慢，在 Search criteria（搜索条件）方框下方会出现"Deleting in backgroud"（正在后台删除）字样，此时不要重复单击删除按钮。

OSSIM 系统每天会自动备份 SIEM 事件，存储路径为/var/lib/ossim/backup/，文件名为 environment_database_backup_日期_tar.gz，其中"日期"采用年、月、日来表示。当找到备份文件后，不必在命令行手动导入，只要在 Web UI 中轻点鼠标就能完成。

下面尝试恢复 SIEM，首先在 CONFIGURATION→ADMINISTRATION→BACKUP 菜单中选择 DATES TO RESTORE 中的某个日期，比如 05-04-2015，然后单击 RESTORE 按钮，系统开始恢复，如图 8-30 所示。

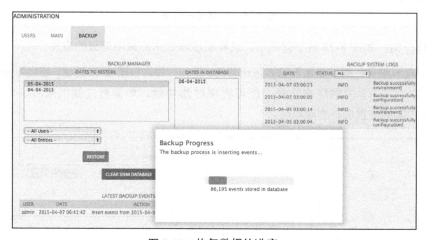

图 8-30　恢复数据的进度

『Q230』 SIEM 控制台中显示的事件存储在什么地方?

SIEM 控制台中显示的事件都存储在 MySQL 数据库中，要查看 alienvault_siem 数据库中表

acid_event 的内容，可执行如下命令，其结果如图 8-31 所示。

```
# ossim-db
mysql > use alienvault_siem;
mysql > SELECT hex(ctx) from acid_event;
```

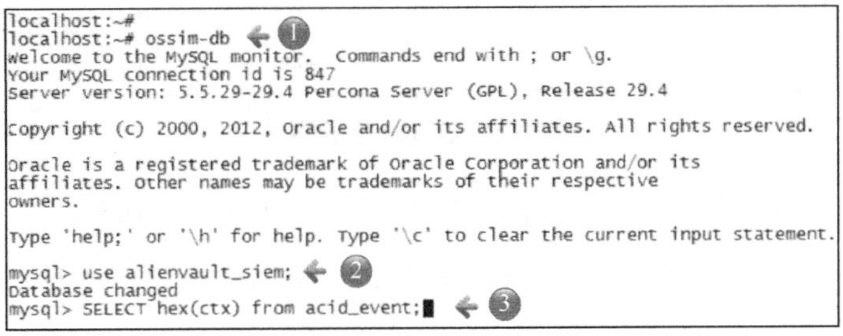

图 8-31　查看 alienvault_siem 库 acid_event 表

在图 8-32 中箭头所指的两处位置可以看到，SIEM 显示的事件数量与数据库中查询到的数量一致。

图 8-32　查看数据库中的事件数量

「Q231」　如何在 Web 页面清理 SIEM 数据库中的事件？

如果每次都到数据库中手动清理 SIEM 事件，那么时间成本会比较高，还容易出错。针对此操作，OSSIM 提供了便捷的操作方式。

在图 8-33 中显示了两条事件，清理这两条事件的步骤如下。

图 8-33　删除所选的事件

步骤 1　首先选择事件，方法为选中图 8-33 中①、②位置的复选框。

步骤 2　在 ACTIONS 下拉列表中选择相应操作。该下拉列表中包含了下面几种操作方式。

❍　Insert Into DS Group：插入到 DS 组。

❍　Delete Selected：删除所选。

❍　Delete All On Screen：全屏删除。

❍　Delete Entire Query：删除整个查询。

步骤 3　这里选择 Delete Selected 即可。

「Q232」 为什么不能跨 VLAN 显示服务器的 FQDN 名称？

服务器的 FQDN（Fully Qualified Domain Name，全限定域名）名称需要利用广播方式来传播，而路由器隔离广播域，无法跨 VLAN，故无法显示 FQDN 名，只能显示 IP 地址。

「Q233」 SIEM 日志显示中出现的 0.0.0.0 地址表示什么含义？

根据 RFC 文档中的描述，0.0.0.0/32 可以用作本机的源地址，作用是帮助路由器发送路由表中无法查询的包。如果设置了全 0 网络的路由，那么路由表中无法查询的包都将送到全 0 网络中去。在路由器配置中可用 0.0.0.0/0 表示默认路由，作用是帮助路由器发送路由表中无法查询的包。

严格来说，0.0.0.0 表示所有未知的主机和目的网络，这里的"未知"是指在本机的路由表里没有特定条目指明如何到达。而在 OSSIM 系统的 SIEM 日志中，0.0.0.0 表示没有对应的 IP 与该日志相关联。

有时在 SIEM 的 Web UI 下会看到 src ip 和 dst ip 的值均为 0.0.0.0，这是因为这些日志不涉及网络连接，为了填充这个字段，所以全部为 0，即没有源和目的 IP。这里有一种特例：当 OSSIM 主机解析失败时也会标记全 0 的地址，这时可以通过修改/etc/hosts 的方法手工逐条加入来解决。

「Q234」　无法显示 SIEM 安全事件时应如何处理？

当用户意外终止 alienvault-update 升级过程，或出现非法关机操作时，在 Web UI 中的 SIEM 控制台上很有可能会出现下面的提示：

"No events matching your search criteria have ben found.Try fewer conditions."

应该避免上述情况的发生。如果一旦遇到这样的提示，可以采用以下方式解决。

步骤 1　通过命令行修复。

```
#ossim-reconfig        // 重新启动 OSSIM 服务器
```

步骤 2　在 OSSIM 终端控制台重置 SIEM 数据库。

```
#ossim-setup           // 启动 OSSIM 终端控制台
```

在终端控制台，从菜单上依次选择 Maintenance&Troubleshooting→Maintain Database→Reset SIEM database，这时系统会启用修复脚本。注意先尝试修复数据库，如无效再清理 SIEM 数据库。在重置 SIEM 数据库之后，可重新显示 SIEM 安全事件。

「Q235」　SIEM 数据源与插件之间有何联系？

通过传感器配置界面启用的插件能直观地反映在仪表盘和 SIEM 控制台上，如图 8-34 所示。图中以 Aruba 插件（一种无线 AP 设备的插件）为例说明。

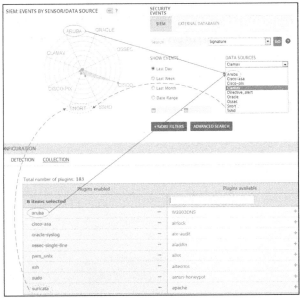

图 8-34　数据源与插件的关系

首先启用 Aruba 插件，应用生效后，便能在仪表盘中显示事件。用户还可以在 SIEM 控制台上筛选 Aruba 数据源产生的所有事件。

通过图 8-34 中的实线箭头可以看出，数据源与插件是一一对应的。

「Q236」 什么是 AVAPI 事件？如何过滤 AVAPI 事件？

AVAPI（AlienVault Application Programming Interface）事件主要记录 OSSIM 系统中各种应用程序的运行信息，它们不属于安全事件。当这类事件数量达到一定程度的，它们会对安全分析人员操作 SIEM 控制台造成干扰。AVAPI 事件的实例如图 8-35 所示。

⚡ ☐	AlienVault HIDS: SSHD authentication success [avapi].	2017-08-31 02:09:38	alienvault	N/A	0.0.0.0:59206	0.0.0.0
⚡ ☐	AlienVault HIDS: SSHD authentication success [avapi].	2017-08-31 02:09:38	alienvault	N/A	0.0.0.0:59205	0.0.0.0
⚡ ☐	AlienVault HIDS: SSHD authentication success [avapi].	2017-08-31 02:09:38	alienvault	N/A	0.0.0.0:59204	0.0.0.0
⚡ ☐	AlienVault HIDS: Login session opened [avapi].	2017-08-31 02:09:38	alienvault	N/A	0.0.0.0	0.0.0.0
⚡ ☐	AlienVault HIDS: Login session opened [avapi].	2017-08-31 02:09:38	alienvault	N/A	0.0.0.0	0.0.0.0
⚡ ☐	AlienVault HIDS: Login session opened [avapi].	2017-08-31 02:09:38	alienvault	N/A	0.0.0.0	0.0.0.0

图 8-35 SIEM 显示的 AVAPI 事件

部署的传感器越多，系统产生的 AVAPI 事件就越多。MySQL 数据库的空间有限，为此可使用下述方法过滤 AVAPI 事件，从而节省数据库空间。

首先，OSSIM 配有一个预设的默认策略 AVAPI filter，它用于过滤掉内部 OSSIM 通信和进程。这可以在 "CONFIGURATION→THREAT INTELLIGENCE→POLICY" 中找到并列在 "AV 默认策略" 中，这是开箱即用的，但可能会注意到仍然会显示一些事件，特别是有外部组件 logger 或传感器的事件，如图 8-36 和图 8-37 所示。

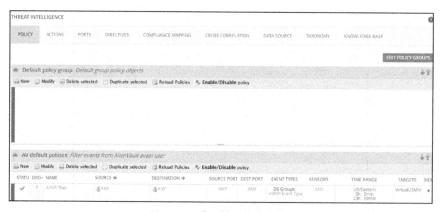

图 8-36 进入策略编辑界面

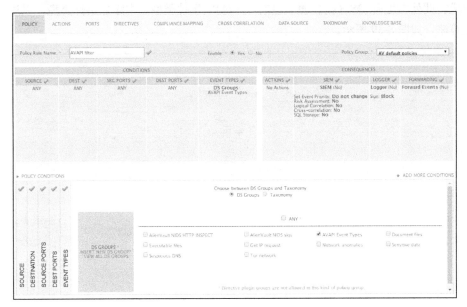

图 8-37 新建名为 AVAPI Filter 的策略

在这种情况下，点击菜单 ENVIRONMENT → ASSETS & GROUPS→ ASSET GROUPS，然后单击 CREATE NEW GROUP 创建一个资产组，然后将所有 AlienVault 组件添加到新组中，如图 8-38 所示。

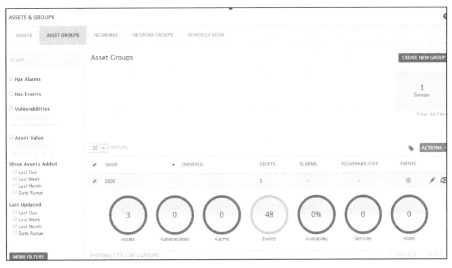

图 8-38 创建资产组

添加组别并为其命名，接着为组添加资产。操作完成后返回到策略设置界面，并从源列中删除 OSSIM，然后添加刚创建的资产组。依次单击底部的更新策略按钮，重新加载策略，至此操作完成。此外，可向 DS（数据源）组的"AVAPI 事件类型"中添加事件类型，以进一步细化调整策略，如图 8-39 所示。

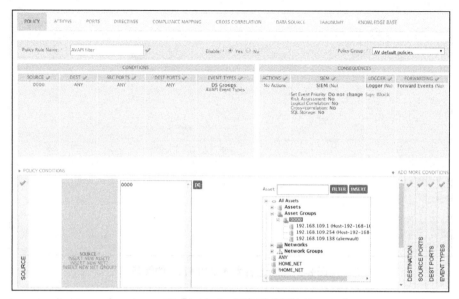

图 8-39　进一步调整策略

下面检验过滤效果。在 SIEM 控制台在选择资产组，效果如图 8-40 所示。

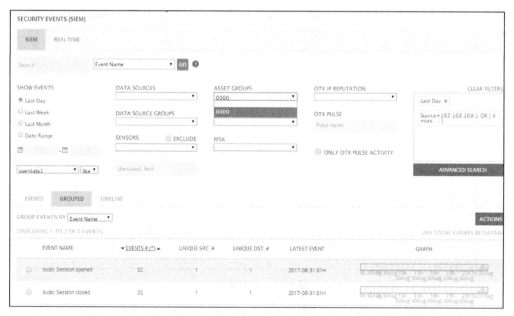

图 8-40　检验过滤效果

『Q237 』 在 OSSIM Web UI 中出现的 EPS 参数表示什么含义?

　　EPS 表示每秒内持续事件的数量,它是用来衡量传感器的数据源插件在归一化事件数量时的度量标准,它和数据库能存储多少条日志完全是两码事。

　　当事件增长超过峰值时,分析人员需要能确定这种事件增长是否是由主动攻击引起的,这至关重要。OSSIM 不仅能够处理这些增长的事情,还会将每秒增长的事件数量(EPS)及时通知安全团队。在免费版的 OSSIM 系统(采用分布式安装)中 EPS 最高为 500,OSSIM 企业版(采用分布式安装)中 EPS 的值可以达到 3000+。不过,这个值需要足够的硬件配置来提供支持(Xeon E5 8Core CPU、物理内存 32GB)。图 8-41 所示为免费版 OSSIM 的 EPS 值。

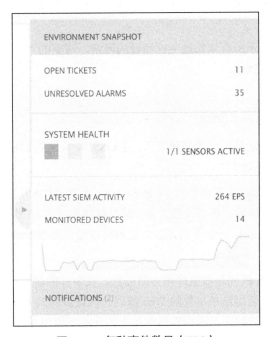

图 8-41　每秒事件数量(EPS)

本 章 测 试

　　下面列出部分测试题,以帮助读者强化对本章知识的理解。

1. 查看(A)数据源事件报警时可以下载 Pcap 格式的数据。

　　A. Snort　　　　　　　　　　　B. OSSEC

　　C. SSH　　　　　　　　　　　　D. pam.unix

2. 查看（D）数据源事件报警时，无法查看原始日志。

A．syslog

B．directive_alert

C．pam_unix D sudo

D．Snort

3. 免费版的 OSSIM 中会出现 AV-FREE-FEED 类报警，它们代表 AlienVault 公司免费使用的规则。（√）

4. OSSIM 系统中用 EPS 的大小来衡量 OSSIM Server 事件关联引擎的处理能力。（×）

5. SIEM 控制台上为什么会显示地址 0.0.0.0？

根据 RFC 文档的描述可知，0.0.0.0/32 可以用作本机的源地址，作用是帮助路由器发送路由表中无法查询的包。如果设置了全 0 网络的路由，那么路由表中无法查询的包都将送到全 0 网络中去。在路由器配置中可用 0.0.0.0/0 表示默认路由，作用是帮助路由器发送路由表中无法查询的包。

严格来说，0.0.0.0 表示所有未知的主机和目的网络，这里的"未知"是指在本机的路由表里没有特定条目指明如何到达。

如果输入以下命令：

```
# netstat -anp | grep LISTEN | grep -v LISTENING
```

查看这条命令的显示结果就比较好理解了。在 OSSIM 系统的 SIEM 日志中，0.0.0.0 表示没有对应的 IP 与该日志相关联。

有时候在 SIEM 的 Web UI 下会看到 src ip 和 dst ip 也为 0.0.0.0，这是因为这些日志不涉及网络连接，为了填充这个字段，所以全部为 0，即没有源和目的 IP 地址。这里有一种特例：当 OSSIM 主机解析失败时也会标记全 0 的地址，这时可以通过修改/etc/hosts 的方法手工逐条加入来解决。

全 0 的问题要从 Web 源码和数据库两方面去查。在事件的源、目标 IP 中有一个不显示或者都不显示时，需要调试调用这条事件的 Web 源码。假设源码的 ip_src 变量值都为 0，那么显示结果就会是 0.0.0.0。有的情况是数据库事件表中的某些字段为 0，系统都用全 0 来填充。

第 9 章

可视化报警

关键术语

- ○ 可视化
- ○ Alarm
- ○ Alarm 分类
- ○ X-Scan
- ○ 漏洞挖掘
- ○ IDS 报警

『Q238』 如何产生报警事件?

报警事件（Alarm Event）由关联指令（correlation directives）所产生，在 Alarm 中展示的报警信息是通过关联规则从大量的事件中匹配得到的。OSSIM 采用了一种图形化方式来展示系统报警信息，这便于管理员及时筛选有效报警信息。报警事件的产生过程如图 9-1 所示。

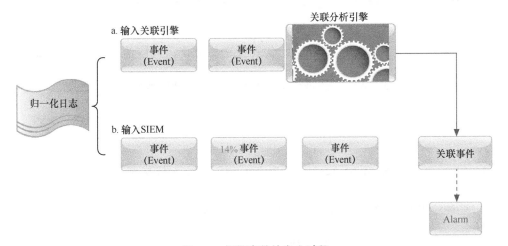

图 9-1　报警事件的产生过程

具体报警事件的生成步骤如下所示。

- ❍ 由日志采集器将日志收集到 OSSIM 传感器中。
- ❍ 传感器将日志归一化处理，转换成事件后发往 OSSIM 服务器。
- ❍ 将事件导入关联引擎。
- ❍ 服务器根据关联规则发出报警。

「Q239」 OSSIM 中将报警事件分为几类，分别表示什么含义？

由 OSSIM 关联引擎处理后生成的报警分为 5 种类型。这几种类型的报警可以到 Web UI 的 THREAT INTELLIGENCE→DIRECTIVES 下查看相对应的关联指令。这 5 种报警类型如下所示。

- ❍ System Compromise 代表系统危害，对应的策略文件为 alienvault-scan.xml 等，下面为该策略的典型实例。

  ▶ ✔🗐🗑✎ AV-FREE-FEED Malware, DDoS bot Darkness detected on SRC_IP
  System Compromise, Trojan infection, DDoS trojan Darkness

- ❍ Exploitation & Installation 代表漏洞利用与植入，对应的策略文件为 malware.xml 等，下面为该策略的典型实例。

  ▶ ✔🗐🗑✎ AV Web attack, SQLNinja successful attack against DST_IP
  Exploitation & Installation, WebServer Attack - SQL Injection, SQLNinja

- ❍ Delivery & Attack 代表投送与攻击，对应的策略文件为 alienvault-bruteforce.xml alienvault-attack 等，下面为该策略的典型实例。

  ▶ ✔🗐🗑✎ AV-FREE-FEED Web attack, SQL injection attacks detected against DST_IP
  Delivery & Attack, WebServer Attack - SQL Injection, Attack Pattern Detection

- ❍ Reconnaissance & Probing 代表踩点与探测，对应的策略文件为 alienvault-scan.xml 等，下面为该策略的典型实例。

  ▶ ✔🗐🗑✎ AV-FREE-FEED Network scan, SSH service discovery activity from SRC_IP
  Reconnaissance & Probing, Service discovery, SSH

 Environmental Awareness 代表环境意识，对应的策略文件为 alienvault-policy.xml 等，下面为该策略的典型实例。

> ✔ 🗐 🗑 ✎　AV-FREE-FEED Policy violation, BitTorrent P2P usage on SRC_IP
> Environmental Awareness Desktop Software - P2P, BitTorrent

为了检验聚合效果，Web UI 将这 5 类报警显示在同一张图中，可通过菜单 ANALYSIS→ALARM 进行查看，如图 9-2 所示。圆圈面积的大小直观地反映了报警的数量。

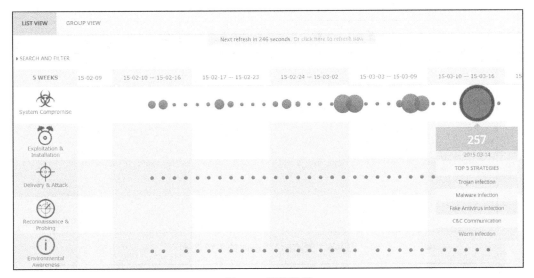

图 9-2　报警种类

1．System Compromise（系统危害）

此类报警属于系统危害类安全事件，说明攻击者已通过网络或其他技术手段造成系统中的信息被篡改或者信息已泄露。例如当系统感染蠕虫后，会对系统造成损害，图 9-3 显示了系统感染蠕虫病毒时发出的报警。将这类报警放在首位，说明它最重要，往往这类报警的风险值大于 3，属于高风险事件。

这类报警同样能显示出隐藏性非常强的 C&C 攻击，如图 9-4 所示。

在事件特征码中单击右键会显示 Logs by Signature 等 3 个命令，在事件的原地址处单击右键会显示 Asset Detail 等 14 条与该事件相关的功能菜单，如图 9-5 所示。

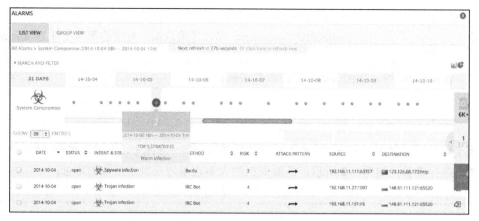

图 9-3　受蠕虫病毒感染时的系统危害实例

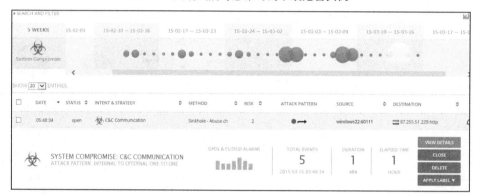

图 9-4　受 C&C 攻击时的系统危害

图 9-5　在事件原地址处右键单击时显示的功能菜单

2．Exploitation&Installation（漏洞利用与植入）

这类报警属于恶意代码类安全事件，表示攻击者已经开始进行渗透、提权等严重的攻击行为。图 9-6 所示为 Web 服务器遭受 XSS 攻击的报警实例。

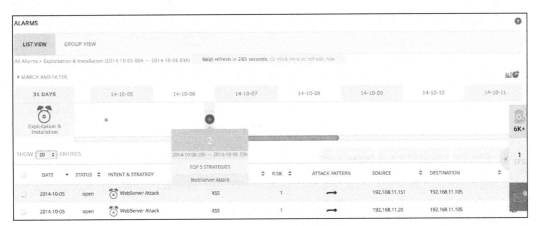

图 9-6　XSS 攻击引发的报警

3．Delivery&Attack（投送与攻击）

Delivery 和 Attack 报警表示正在投送或已经发生的攻击行为，这种攻击行为往往是利用系统配置缺陷、协议缺陷、程序缺陷，使用暴力攻击等手段对信息系统实施攻击。图 9-7 所示为系统捕获的已发生的暴力破解攻击。

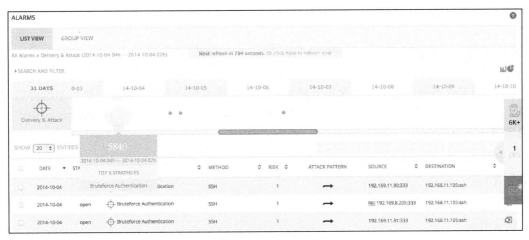

图 9-7　系统捕获的暴力破解攻击

4．Reconnaissance&Probing（踩点与探测）

Reconnaissance 属于扫描探测类安全事件，它是用嗅探或模拟业务通信的方式获得系统及网络信息的各类事件，如目标存活信息、端口开放信息、操作系统指纹等。图 9-8 所示为系统受到端口扫描（还包括系统服务扫描和通信协议扫描）时的报警。

图 9-8　由端口扫描引发的报警

5．Environmental Awareness（环境意识）

这类行为的优先级最低，通常是软件升级或者 P2P 类下载引发的报警，其风险值一般小于等于 1，这种报警关注度最低，如图 9-9 所示。

图 9-9　检测到 P2P 下载

『Q240』　如何通过 Alarm 快速识别网络攻击？

在 OSSIM 系统中将网络安全态势感知与可视化技术相结合，可以将网络攻击态势以可视化的形式展示出来。这种方式能够有效地降低误报率和漏报率。可视化 Alarm 识别攻击的步骤如下。

步骤 1　在 OSSIM Web UI 中进入 Alarm 分析页面，单击图 9-10 中的气泡（数字 1 所在的位置）。

步骤 2　在图 9-10 中单击任意气泡之后显示图 9-11 所示的界面，它立即将后门报警的概况展示出来。

图 9-11 中箭头下方的 TOTAL EVENTS 显示了后门事件的总数为 883 条，单击 VIEW DETAILS 按钮可显示出该 Alarm 的详细信息，如图 9-12 和图 9-13 所示。

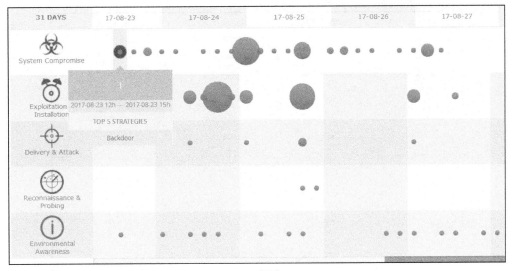

图 9-10 可视化 Alarm

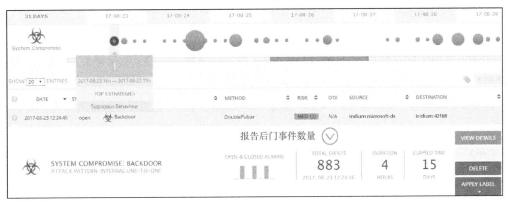

图 9-11 后门事件数量

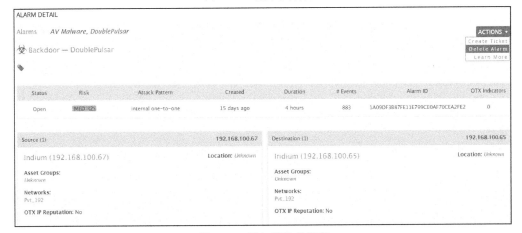

图 9-12 后门事件的细节

图 9-13　后门事件的细节

Alarm 页面中的报警是通过关联分析引擎而得来的报警，主要显示报警类型、发生时间、持续时间、事件条数，源主机和目的主机漏洞等信息。

这些数据均来自于 NIDS，在 OSSIM 系统中由 Suricata 采集。查看产生报警的详情，如图 9-14 所示。

图 9-14　查看报警详情

「Q241」　报警分组有什么作用?

在 ALARM 的报警列表中，提供了另一种简明扼要的方式来展现报警，这就是报警分组功能。可以尝试点击 GROUP VIEW 按钮来显示报警分组，如图 9-15 所示。

图 9-15　报警分组显示

这种分类方式可快速显示有效报警。若想在分组中查看某一事件的详细信息，单击其中的事件即可，如图 9-16 所示。

图 9-16　某报警事件的详细信息

下面以 System Compromise→Worm Infection →Internal Host scanning 报警分组进行讲解。当系统危害中出现了主机扫描行为时，这类行为疑似为网络蠕虫。扫描主机的漏洞往往是蠕虫传播的前提，蠕虫通过 ICMP 包、TCP SYN、FIN、RST 以及 ACK 包探测，具有随机性。从图 9-17 中看出，系统定义了这类事件的风险值、扫描的持续时间、源地址、目的地址、源端口、目标端口以及关联等级，这种异常行为会立即被 OSSIM 发现，并将多条重复的报警事件分为一组。

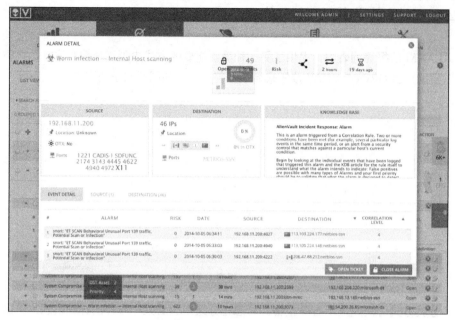

图 9-17　查看报警分组详情

『Q242』 如何通过 X-Scan 工具来触发 OSSIM 报警？

X-Scan 是一款知名的漏洞扫描工具，其界面支持中文和英文两种语言，包括图形界面和命令行两种方式。X-Scan 采用多线程方式对指定的多台主机进行安全漏洞检测。推荐初学者使用 X-Scan 工具来快速触发 OSSIM 的报警，流程如图 9-18 所示。

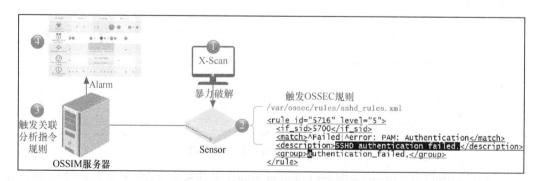

图 9-18　使用 X-Scan 触发报警流程

试验环境如下所示。

○　OSSIM 混合安装服务器，IP 地址为 192.168.91.160。

○　客户机为 Linux，IP 地址为 192.168.91.100。

○　攻击机为 Windows 2003 Server，安装有 X-Scan v3.3，IP 地址为 192.168.91.200。

操作步骤如下所示。

步骤 1　在攻击机上打开 X-Scan，在设置菜单中设定攻击目标 IP 为 192.168.91.100，选中所有插件。

步骤 2　开始进行扫描，如图 9-19 所示。

步骤 3　在 OSSIM 的 Web UI 中观察 Alarm 的变化。通常在模拟攻击开始后的 2～3 分钟，Web 界面中的 Alarm 菜单就会收到报警。

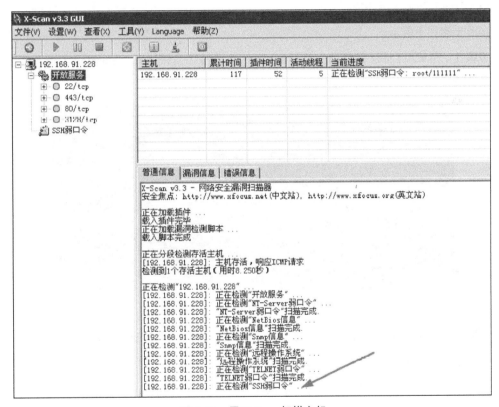

图 9-19　用 X-Scan 扫描主机

「Q243」 如何采用 Armitage 对目标主机进行渗透测试?

当使用扫描工具对 OSSIM 传感器所监控网段的主机进行扫描时，SIEM 控制台会发出报警，使用渗透工具时，同样会报警。对于扫描工具，大家可以采用 Kali Linux 进行实验。下面介绍一个图形化工具——Armitage，它是针对 Metasploit 而开发的图形化工具，可以让初学者能更加轻松地完成渗透测试。

Kali Linux 自从 1.0 版本起就已实现了 Metasploit 和 Armitage 的连接，通过在 Armitage 中调用 Metasploit 框架中的模块，可将原来命令行下复杂的命令转换为图形界面进行操作，从而降低了渗透测试的门槛。正常启动 Armitage 需要以下几个条件：

- Metasploit 框架；
- MySQL 或 PostgreSQL 数据库；
- Nmap 扫描器；
- Java 1.7+虚拟机环境。

实验步骤如下所示。

步骤 1 在 Kali Linux 的终端上执行 msfconsole 命令，直接进入 Metasploit 的命令行界面，如图 9-20 所示。

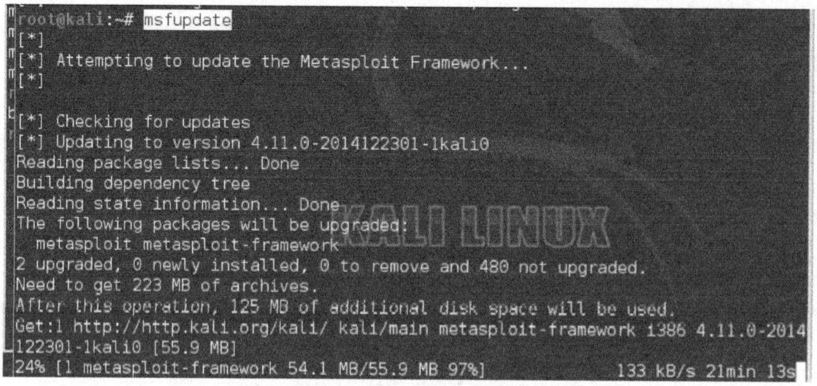

图 9-20　进入 Metasploit 命令行界面

步骤 2 在终端中执行 msfupdate 命令，更新 Metasploit 渗透测试框架。

步骤 3 分别启动 MySQL 和 Metasploit RPC 服务，启动顺序如下。

- Applications→Kali Linux→System Services→MySQL→mysql start
- Applications→Kali Linux→System Services→Metasploit→community /pro start

步骤 4 在终端输入命令 armitage&，弹出其登录界面，其中包含主机名、端口、用户及密码等字段，这些字段都保持默认值，接着单击 Connect 按钮，如图 9-21 所示。此时系统显示没有发现 RPC 服务器，提示选择 Metasploit 的 RPC 服务器，单击 Yes 按钮，随后系统便可启动一个图形化界面。

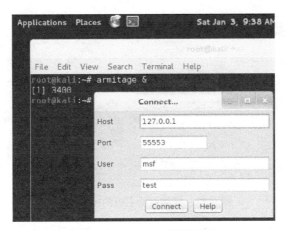

图 9-21　Armitage 登录界面

步骤 5　在 Armitage 的菜单项中依次选择 exploits→windows→smb→ms08_067_netapi 后，显示配置渗透攻击模块参数的界面，如图 9-22 所示。

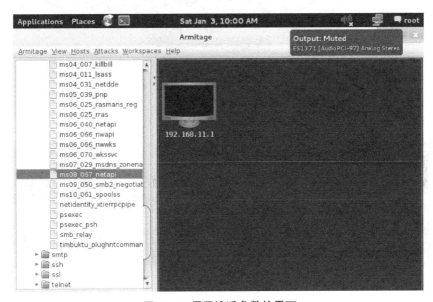

图 9-22　用于渗透参数的界面

此时便可对主机进行渗透测试，假设攻击目标 IP 为 192.168.11.121（这是一台未打补丁的 Windows 2003 Server 英文版系统）。

首先扫描目标系统的端口，单击 Armitage 下的 Hosts 菜单，利用内置的 Nmap Scan 快速扫描工具自动探测目标主机的操作系统，如图 9-23 所示。在使用 Armitage 攻击系统时，准确探测操作系统的类型、版本比较重要。

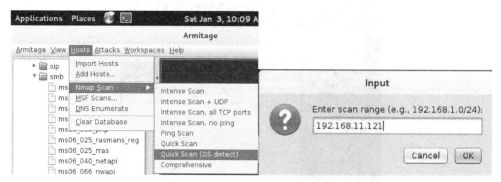

图 9-23　探测目标主机的操作系统

扫描结束后，系统弹出扫描完成对话框，如图 9-24 所示。系统自动给出分析结果。

图 9-24　扫描完成

步骤 6　选择目标 192.168.11.121，单击 Launch 按钮，系统启动扫描程序，查找目标主机的漏洞，如图 9-25 所示。

单击 Exploit 按钮并等待数秒后，系统提示溢出攻击成功，目标主机图标变成红色。在目标主机的图标上单击右键，选择 Command Shell，这时系统弹出一个管理员权限的 Shell，表示本次测试成功，如图 9-26 所示。

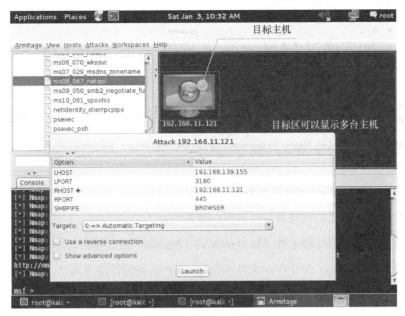

图 9-25 开始渗透目标主机

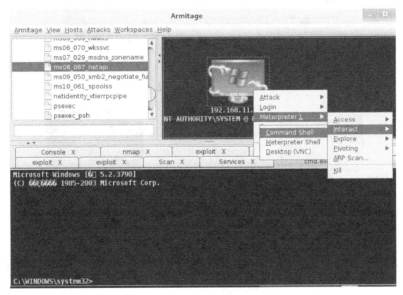

图 9-26 获得目标主机的管理员 Shell

注意，如果 Kali Linux 系统出现屏幕保护，那么需要输入 root 的密码，默认为 toor。

上面采用 Armitage 的图形化界面进行渗透的步骤可概括为：目标扫描、查找漏洞、自动渗透和取得权限。使用 Armitage 进行渗透的最大好处是，它可同时对多个主机进行渗透测试。

「Q244」 如何通过 Metasploit 挖掘 Windows XP 的 MS08-067 漏洞？

Metasploit 是一款免费的渗透测试软件，它的整体框架采用模块化设计，主要构成如下。

○ 基础库文件：包括 Ruby extension、Framework-core、Framework-base，提供核心框架功能。

○ 接口：msfconsole、msfcli 及 msfgui。

○ 模块：通过框架加载调用并提供核心渗透功能。

○ 插件：通过调用外部工具（如 OpenVAS、Nessus）扩充框架的功能。

本实验采用 Metasploit 命令行方式对 WindowsXP 系统进行渗透测试，实验拓扑如图 9-27 所示。

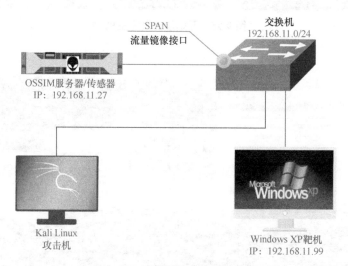

图 9-27　渗透测试实验环境拓扑

下面以 BT5 系统中自带的 Metasploit 为例（其他版本同样参照其执行），其操作过程如下所示。

使用下述命令启动 MSF 终端。

```
#msfconsole
```

1．升级系统。

```
#msfupdate
```

升级完成后，所下载的文件存放在/opt/framework/msf3/目录下。升级过程中可能会遇到下列错误提示。

```
svn: GET of '/svn/!svn/ver/1609/framework3/trunk/lib/anemone/page.rb':could not
connect to server (https://www.metasploit.com)
```

此时重新执行 **msfupdate** 命令即可消除故障。若升级未完成，不可强行终止升级。

2．添加服务器 IP 或网段地址，这里输入 192.168.11.0/24。

msfconsole（控制台终端）是 Metasploit 渗透测试框架中的用户界面，在终端下输入 msfconsole 命令便可进入控制终端。下面利用 Nmap 扫描目标主机来发现 MS08-067 漏洞，如图 9-28 所示。

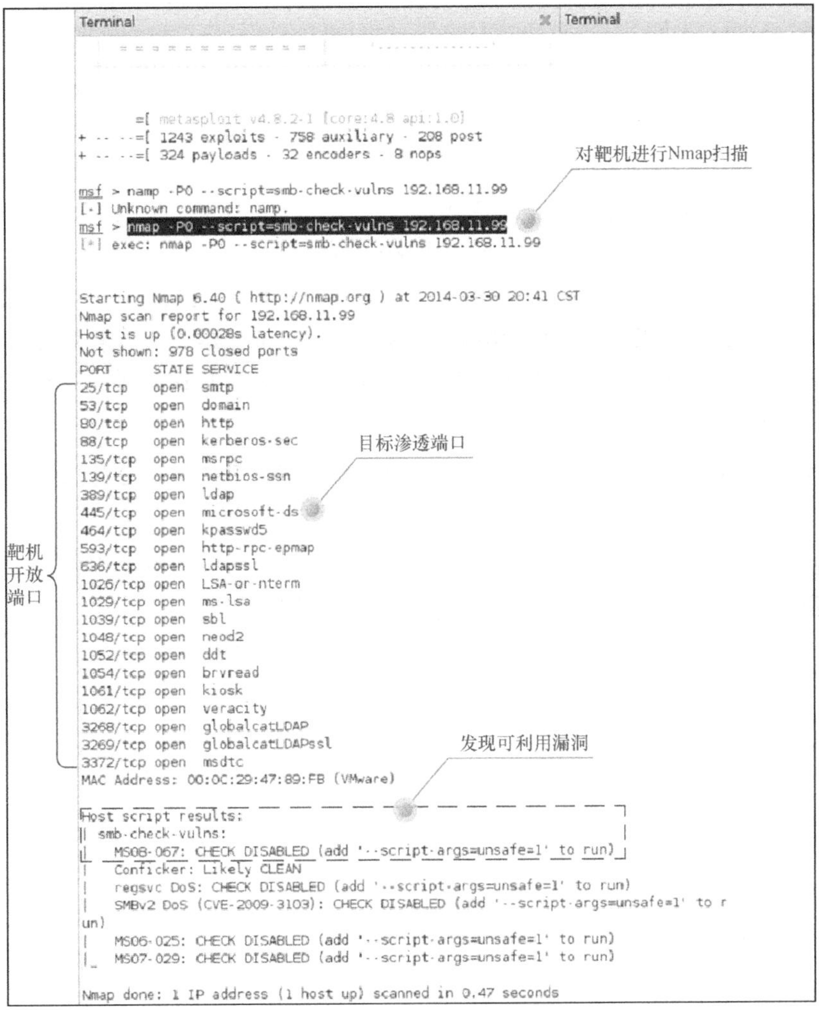

图 9-28　使用 Nmap 扫描目标主机

3．查看详细信息。

```
msf>  info windows/smb/ms08_067_netapi
```

4．执行 use windows/smb/ms08_067_netapi 命令，进入到渗透攻击模块。

5．执行 show payloads 命令，查看该模块可以使用的攻击载荷。

在攻击载荷中选择 reverse_tcp 模块，并执行 set payload windows/meterpreter/reverse_tcp 命令，将其配置到渗透模块中，如图 9-29 所示。

图 9-29　渗透步骤注解

该载荷的作用是在渗透攻击成功后，执行 reverse_tcp 模块中的 ShellCode，利用该 ShellCode 创建一个反向连接会话。当配置完载荷参数后，执行 show options 命令查看需要配置的目标参数。在 ms08_067_netapi 模块中，需要将 RHOST 参数设置为目标的 IP 地址，其中 RPORT 参数、LPORT 参数以及 target 参数都可以使用默认值。

Metasploit 命令行下的操作比图形界面下的操作稍复杂，基本过程分为扫描、查找漏洞、调用模块、渗透溢出及取得权限 5 个步骤。

如果攻击者采用这类攻击，OSSIM 系统会立刻发出报警。下面查看 SIEM 报警事件，如图 9-30 所示。

图 9-30　查看 SIEM 报警

查看攻击事件的时间线分布，如图 9-31 所示。

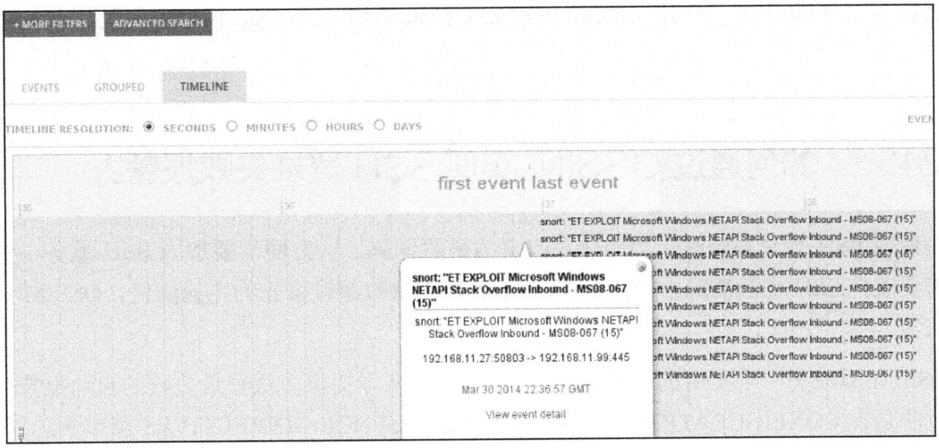

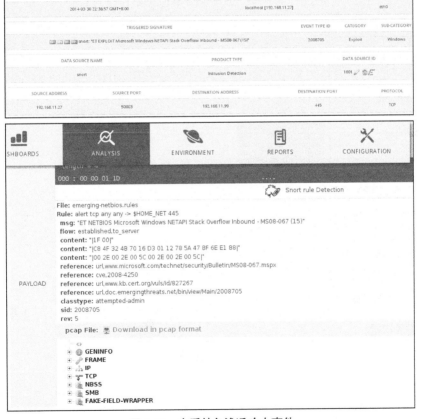

图 9-31　查看渗透攻击的时间线

查看某条事件的详细信息，如图 9-32 所示。

图 9-32　查看某条渗透攻击事件

在本实验中，Snort 系统可将恶意流量中的有效载荷以 pcap 格式保存在 OSSIM 服务器端，安全分析人员可以通过单击 Download in pcap format 按钮下载 pcap 包，以便利用其他工具进行分析。

「Q245」 如何通过 OSSIM 实现 SSH 登录失败报警?

在使用 SSH 登录系统时，为防止用户暴力破解密码，一方面需要加固 SSH 服务，另一方面还需要监控 SSH 登录情况。一旦 SSH 登录失败的次数超过事先约定的阈值，OSSIM 系统便发出报警。

OSSIM 系统另一个实用的功能是，可为 SSH 服务器提供多次登录失败的自动报警功能，实现方法是在 CONFIGURATION→THREATINTELLIGENCE→DIRECTIVES 菜单下选择 NEW DIRECTIVE 按钮，设置 SSH 登录失败报警策略。例如，在图 9-33 中新建名称为 ssh_Attack 的策略，设定登录失败的次数超过最大尝试值 3 则报警，详细步骤如图 9-33～图 9-38 所示。

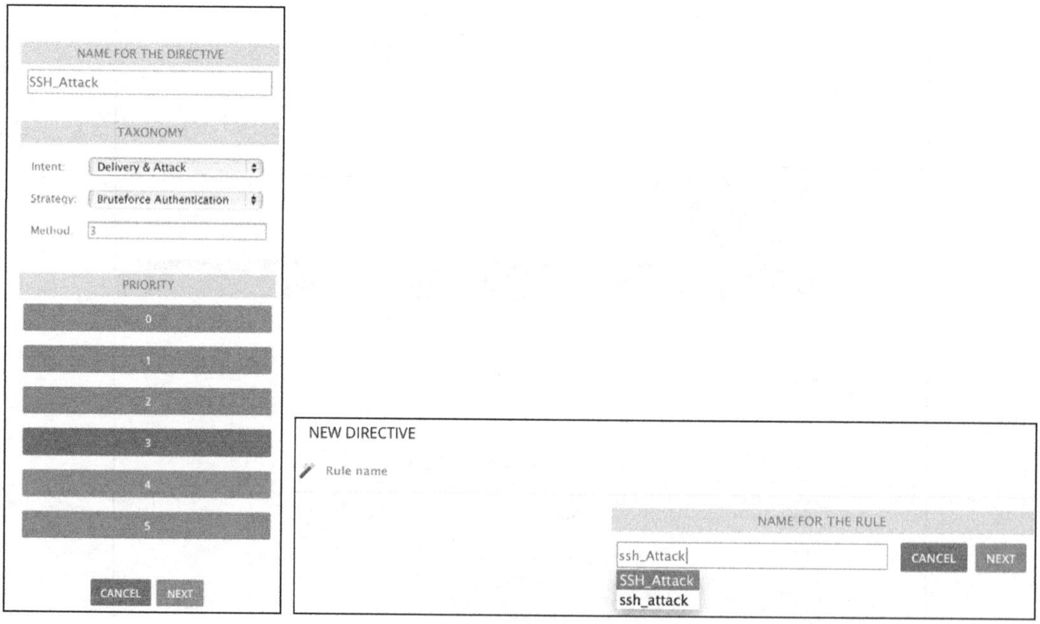

图 9-33　新建报警策略

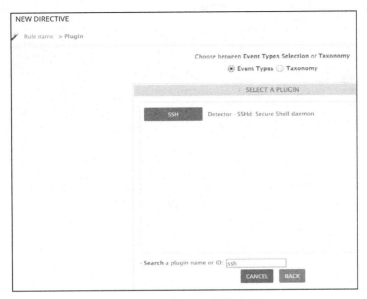

图 9-34 选择 SSH 插件类型

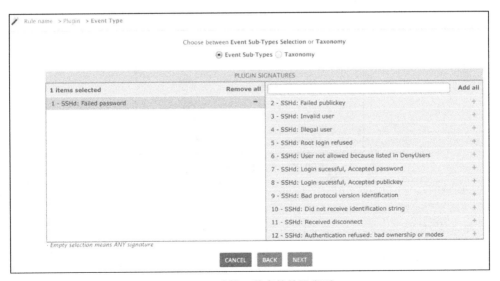

图 9-35 选择一种事件的子类型

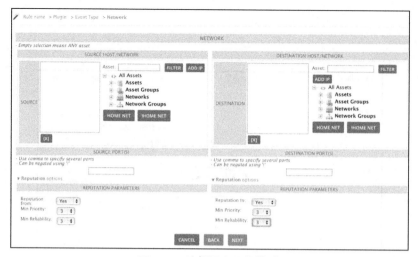

图 9-36　选择源和目标地址

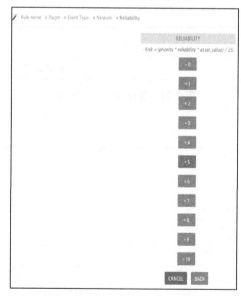

图 9-37　设定策略可靠性为 5

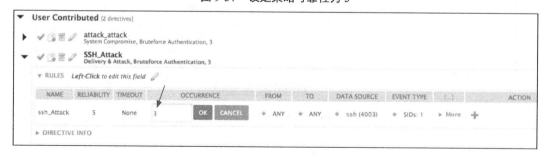

图 9-38　设定发生此类事件的发生次数为 3

设置完成之后，单击 OK 按钮。可以在列表中查看到策略信息，如图 9-39 所示。这里的 Directive 表示"指令"，可以将其理解为用于检测 SSH 攻击的指令。

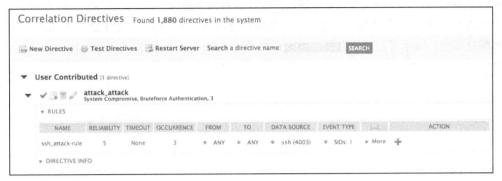

图 9-39 列表中的策略信息

策略设置完毕后，单击 Restart Server 按钮，使其生效。图 9-40 所示为 SSH 客户端登录失败后，SIEM 控制台上发出的报警提示。

图 9-40 在 SIEM 中查看 SSH 登录失败报警

最后，使用 OSSIM 的日志筛选功能可查看所有登录失败报警的数量，这对于掌握服务器的安全情况非常有帮助。

「Q246」 如何区别 IDS 的误报与漏报？

真假报警的问题与医院中的病毒检测是一个道理，因此 OSSIM 的 IDS 系统数据经过关联分析引擎检测后会得出一个报告。我们不能完全按这个报告去判断，如果把正常的资源访问判断为入侵行为并加报警，这属于"误报"（false positive）；如果当攻击发生时没有发现入侵行为，没有对其进行响应叫"漏报"（false negative）。

面对网络中不断产生的新威胁，可利用 Web UI 的 ANALYSIS→ALARM 菜单将所有报警进行聚合并分类，同时允许管理员标识聚合后的报警。在图 9-42 中选择 Vulnerable software 后，会在右下角会出现 **APPLY LABLE** 标签，该标签具有两个选项，一个是 Analysis in Progress（分析进展情况），用红色字体醒目标出，含义是继续分析该报警；另一个是 False Positive，用蓝色字体醒目标出，表示可忽略的报警，如图 9-41 所示。

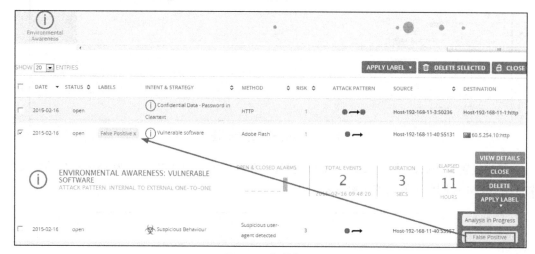

图 9-41　报警标识

「Q247」 如何设置 SSH 登录报警策略？

在 OSSIM 5.0 平台上设置 SSH 登录报警策略的步骤有 8 个，如下所示。

步骤 1　在 Web 界面下选择 CONFIGURATION→THREAT INTELLIGENCE，新建一条策略，如图 9-42 所示。

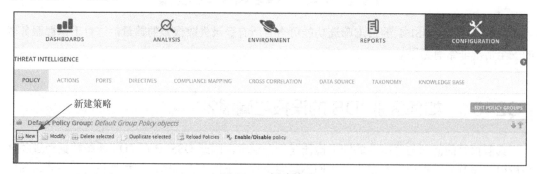

图 9-42　新建策略

该策略包含条件和行动两个部分，可以形象地将其比喻为"If That，Then This"。这时策略主要就是调整 CONDITIONS（条件）和 CONSEQUENCES（结果）选项的内容。

步骤2　选择 SOURCE（源地址）和 DEST（目标地址）。

步骤3　选择一个或多个 DS（数据源）组。

步骤4　单击 INSERT NEW DS GROUP 按钮，弹出如图 9-43 所示的界面。

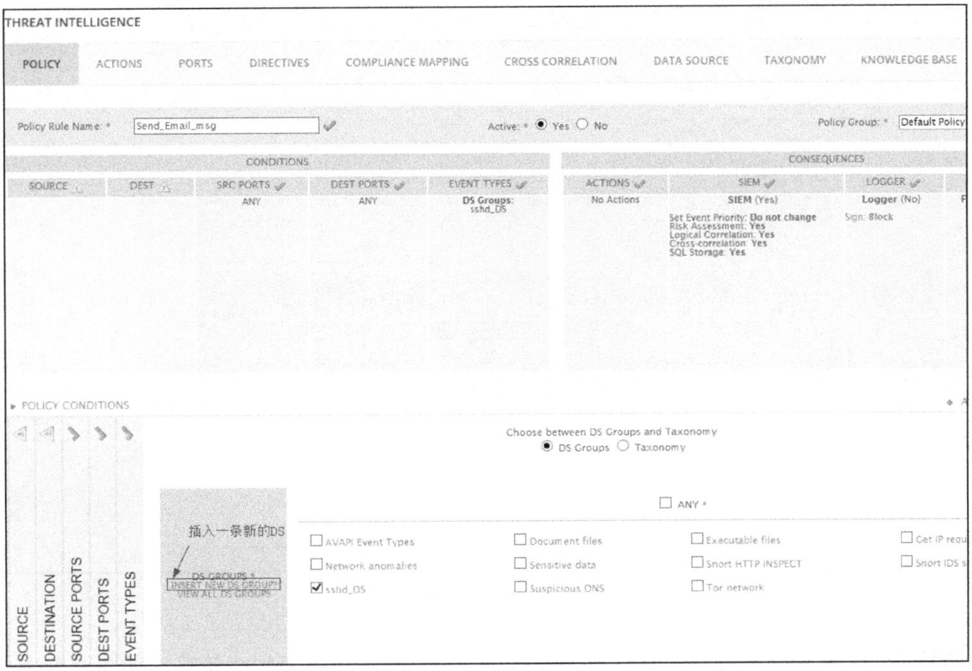

图 9-43　添加新的数据源

步骤5　在列表中选择数据源。如果没有找到，可以在右侧搜索栏输入数据源名称，例如 SSH。

步骤6　选择完毕后单击 ADD BY DATA SOURCE 按钮，如图 9-44 所示。

图 9-44　添加数据源

步骤7 选择添加动作，单击 INSERT NEW ACTION 按钮，如图 9-45 所示。

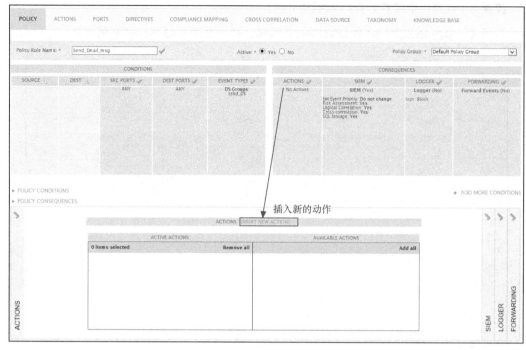

图 9-45 插入动作

步骤8 保存并更新策略，然后单击 Reload Policies 按钮重新加载策略，如图 9-46 所示。设置完成。

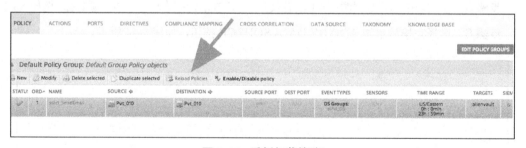

图 9-46 重新加载策略

「Q248」 OSSIM 如何感知 SSH 暴力破解攻击？

暴力破解攻击是一种通过不断尝试登录而获取正确用户账号和密码的攻击方法，它往往利用单机和控制的大量僵尸网络进行大量的登录尝试，最终获得可以成功登录的账号和密码。为了防御 SSH 暴力破解，人们想出了登录 IP 白名单机制、更改 SSH 服务端口、禁止 root 登录、禁止

ping、禁用密码认证及采用 SSH 密钥认证的机制。这里采用 Snort、OSSEC 入侵检测工具和关联分析技术来进行预警。

OSSIM 的 SSH 插件将登录事件分为 Failed password、Invalid user、Illegal user、Root login refused、Authentication refused、Login successful、Bad protocol version identification 等几种。以下是典型的程序暴力破解分析的思路。

对于典型的程序暴力破解分析，攻击者通常使用程序和脚本进行登录尝试，通过尝试不同的密码，判断登录是否成功。它的特点是网络连接的频率很高，一般 1min 内会有超过 10 次的登录操作。Linux 系统的 SSH 登录日志记录在/var/log/auth.log 文件或/var/log/secure 文件中，仅靠人工分析这两个日志很难定位故障。

例如，监测到服务器在一个月内总共收到近 10 万次的登录连接尝试。暴力破解日志会被及时记录到日志/var/log/auth.log 中，然后传感器中的/etc/ossim/agent/plugins/ssh.cfg 插件会将日志进行标准化处理，将其变成 SSH 事件后发往 OSSIM 服务器，并存储在 MySQL 数据库中。SSH 登录事件的部分内容如图 9-47 所示。

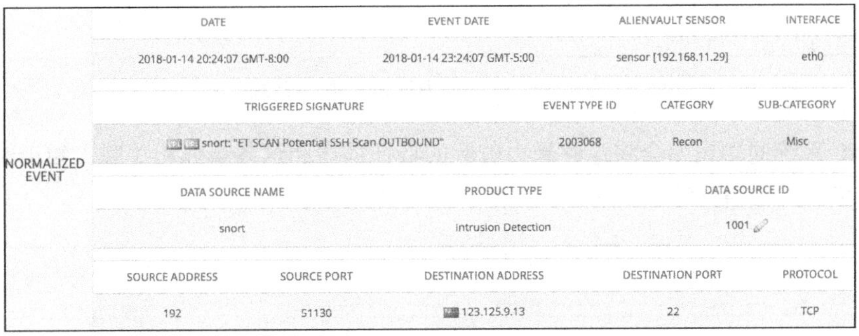

NORMALIZED EVENT	DATE		EVENT DATE		ALIENVAULT SENSOR		INTERFACE
	2018-01-14 20:24:07 GMT-8:00		2018-01-14 23:24:07 GMT-5:00		sensor [192.168.11.29]		eth0
	TRIGGERED SIGNATURE			EVENT TYPE ID	CATEGORY		SUB-CATEGORY
	snort: "ET SCAN Potential SSH Scan OUTBOUND"			2003068	Recon		Misc
	DATA SOURCE NAME		PRODUCT TYPE			DATA SOURCE ID	
	snort		Intrusion Detection			1001	
	SOURCE ADDRESS	SOURCE PORT	DESTINATION ADDRESS		DESTINATION PORT		PROTOCOL
	192	51130	123.125.9.13		22		TCP

图 9-47　SSH 登录事件

在对 SSH 事件进行归一化操作时，提取日志中有关时间、特征码、分类、源地址、源端口、目的地址、目的端口、协议等信息。与此同时，传感器上的入侵检测系统会根据事先定义好的规则发现这种暴力破解攻击，如图 9-48 所示。

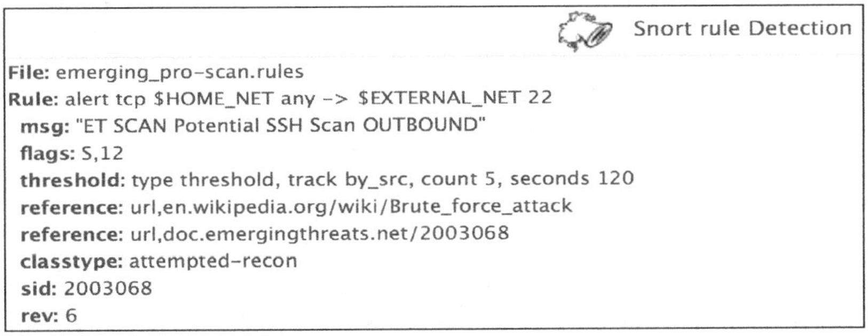

Snort rule Detection

```
File: emerging_pro-scan.rules
Rule: alert tcp $HOME_NET any -> $EXTERNAL_NET 22
 msg: "ET SCAN Potential SSH Scan OUTBOUND"
flags: S,12
threshold: type threshold, track by_src, count 5, seconds 120
reference: url,en.wikipedia.org/wiki/Brute_force_attack
reference: url,doc.emergingthreats.net/2003068
classtype: attempted-recon
sid: 2003068
rev: 6
```

图 9-48　触发 SSH 事件的 Snort 检测规则

这种暴力破解的有效载荷如图 9-49 所示。

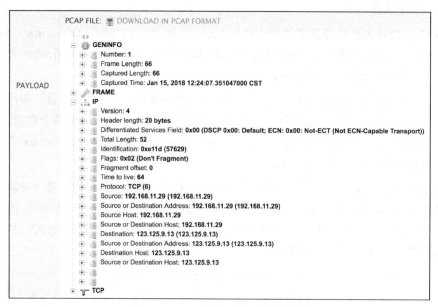

图 9-49　SSH 暴力破解的有效载荷

OSSIM 系统的知识库会将这种暴力破解的特征描述和这条事件相关联。知识库主要是对 AlienVault 侦测扫描事件响应的解释，如图 9-50 所示。

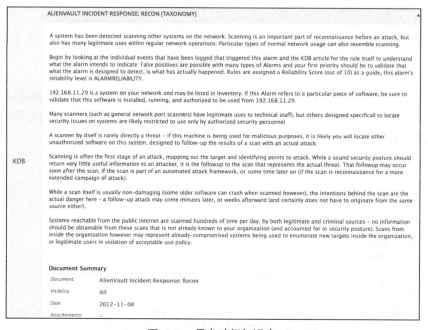

图 9-50　暴力破解知识库

在一段时间内，暴力攻击会产生许多这样的事件，管理人员不可能查看所有事件，需要借助一套关联分析规则从中进行提炼，具体关联规则如图 9-51 所示。

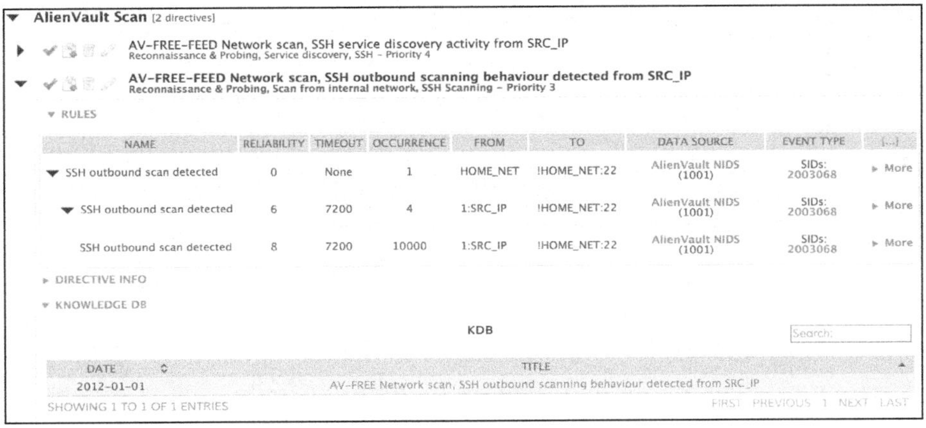

图 9-51　用于发出报警的关联规则

关联分析引擎可将难以理解的大量重复事件精炼为少量几条 Alarm，如图 9-52 所示。

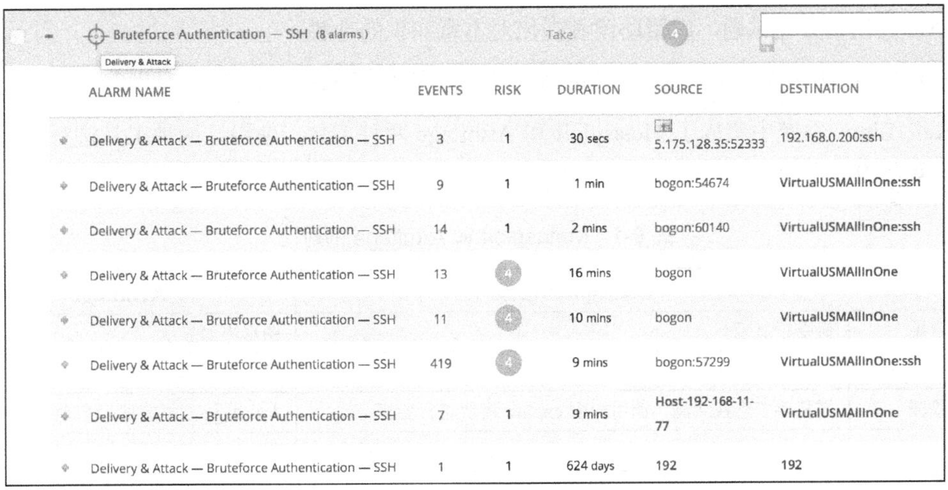

图 9-52　关联分析 Alarm

进一步可以将 Alarm 最终展示为可视化的图形报警，如图 9-53 所示。

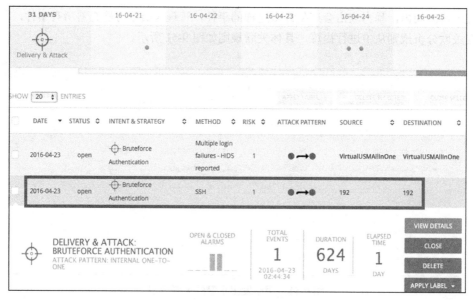

图 9-53　Alarm 的可视化

本 章 测 试

下面列出部分测试题，以帮助读者强化对本章知识的理解。

在对目标主机进行渗透实验时，Metasploit 方式和 Armitage 方式有哪些区别？

Kali Linux 系统中集成了 Metasploit 和 Armitage 两种工具，使用这两种工具进行渗透测试的差异如表 9-1 所示。

表 9-1　Metasploit 和 Armitage 的对比

	Metasploit 框架	**Armitage**
显示效果	命令行显示	图形界面显示
使用方式	基于控制台模式	基于图形和控制台模式
漏洞验证	需要手工查找漏洞，调用相应 exploit 模块进行验证	Armitage 扫描完成后自动导入结果
执行效率	低	高

第 10 章

OSSIM 数据库

关键术语

- SQL 和 NoSQL
- MySQL
- phpMyAdmin
- 数据库编码
- 数据库备份
- Ossim-db
- SQLite
- MySQL 客户端

「Q249」 OSSIM 数据库有哪几种，各有什么作用？

OSSIM 数据库比较复杂，大体上分为两类：

- 关系型数据库，如 MySQL；
- 非关系型数据库，如 Redis、MongoDB（用于 OSSIM 企业版）。

OSSIM 框架从总体上将数据库划分为事件数据库（EDB）、知识数据库（KDB）、用户数据库（UDB）。OSSIM 数据库用来记录安全事件关联及配置等相关的信息，以 OSSIM 5 为例，数据库包括 ISO27001An、PCI、alienvault、alienvault_api、alienvault_asec、alienvault_siem、avcenter、ocsweb 这 8 个数据库。

- ISO27001An：记录 ISO2001 质量认证的数据 A05_Security_Policy、A06_IS_Organization、A07_Asset_Mgnt、A08_Human_Resources、A09_Physical_security、A10_Com_OP_Mgnt、A11_Acces_control 、 A12_IS_acquisition 、 A13_IS_incident_mgnt 、 A14_BCM 、 A15_Compliance 中的内容。
- PCI：合规数据库。
- alienvault：存储 SIEM 信息，主要表名如表 10-1 所示。

- alienvault_api：存储应用程序接口信息。

- alienvault_siem：存储所有报警事件信息。

- avcenter：配置中心数据库，存放着管理、开发组件和 Web UI 信息。

- ocsweb：OSSIM 系统使用了开源 IT 资产管理系统，该数据库中用来存放服务器资产数据。

表 10-1　alienvault 库主要表名及用途

数　据　库	表　　名	查　询　用　途
alienvault	acl_perm	查询 Web UI 菜单权限设置
	alarm_categories	查询报警分类
	alarm_kingdoms	查询 Alarm 中的 5 种攻击分类
	alarm_taxonomy	查询 Alarm 分类和子类，用于和 alarm_kingdoms 表关联
	category	查询事件分类
	subcategory	查询子类
	config	查询系统路径、端口、样式及用户配置
	custom_report_types	查询自定义报表类型及调用 PHP 文件的路径
	dashboard_custom_type	查询仪表盘类型参数的定义，引用图片位置
	dashboard_widget_config	查询可拖动窗口配置
	device_types	查询设备类型记录
	event	查询事件记录
	extra_data	查询从事件中提取的数据，包括 data_payload 等
	host	查询主机记录
	host_ip	查询 IP 地址（采用十六进制表示）
	host_mac_vendors	查询网卡厂家、MAC 地址分配
	host_qualification	查询主机记录
	net	查询网络设置
	plugin	查询插件名称（包括厂家及描述）
	plugin_reference	查询插件及引用
	plugin_sid	查询插件 SID
	port	查询服务端口定义
	product_type	查询产品类型
	protocol	查询协议及描述
	repository	查询知识库
	repository_relationships	查询知识库关系

续表

数　据　库	表　名	查询用途
alienvault	risk_indicators	查询风险指标设定
	rrd_config	查询 RRD 配置
	sensor	查询传感器记录
	server	查询服务器记录
	server_role	查询服务器规则
	tags_alarm	查询 Alarm 标签
	users	查询系统用户
	vuln_nessus_family	查询 Nessus 族
	vuln_nessus_plugins	查询 Nessus 插件描述（升级后会增加条目）
	vuln_nessus_plugins_feed	查询 Nessus feed
	vuln_nessus_preferences_defaults	查询 Nessus 默认偏好设置（升级后会增加条目）
	vuln_nessus_settings	查询 Nessus 扫描策略
	vuln_nessus_settings_preferences	查询 Nessus 偏好设置（升级后会增加条目）
AlienVault_siem	acid_event	查询 acid 事件记录
	reference_system	查询参考网址记录
AlienVault_api	monitor_data	查询主机 CPU、磁盘等信息

「Q250」　采用 SecureCRT 访问数据库时出现乱码，这是什么原因引起的，如何避免？

　　某用户在 Windows 客户端用 SecureCRT 工具远程连接到 OSSIM，当打开 OSSIM 数据库时出现如图 10-1 所示的乱码界面。

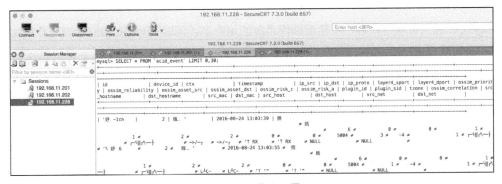

图 10-1　出现乱码界面

乱码产生的原因主要是由客户端和服务器端编码不一致造成的。在 OSSIM 中，服务器/客户机两端均需采用 UTF-8 编码，Windows 中文版的编码不是 UTF-8，而是 zh_CN.UTF-8，它是 UTF 编码的中文语言环境，所以 Windows 端的应用程序也改为 UTF 编码。由于大多数 Linux 系统支持 UTF-8 编码，而远程登录时会使用本地编码，所以会出现乱码的问题。

在使用 SecureCRT 软件访问数据库时，为了避免出现乱码，建议采取下述操作。

选择选项（Options）→会话选项（Session Options）→外观（Appearance）→字符（Character），选择 UTF-8。

「Q251」 MySQL 数据库权限的存储机制是什么？

MySQL 数据库管理员在调试 OSSIM 数据库时，需要了解权限存储机制和权限管理，下面从几个方面来讲解。

1. MySQL 权限概述

MySQL 主要有 SELECT、INSERT、UPDATE、DELETE 等权限，其中 SELECT 权限用于控制用户对数据库表的选择操作，INSERT 权限用于控制用户对数据库表的插入操作，UPDATE 权限用于控制用户对数据库表的更新操作，DELETE 权限用于控制用户对数据库表的删除操作。

在 MySQL 权限中，SELECT、INSERT、UPDATE、DELETE 这 4 种权限为数据操作权限，用于数据查询、插入、修改和删除，其他权限则主要用于数据管理。MySQL 允许数据库管理员将这 4 种权限建立在数据库、表、列等数据级别上，并赋予特定用户。用户在获得这 4 种权限后，会拥有该数据库的相应权限。

因此这可能出现同一用户在数据库、表和列这 3 个级别发生冲突的现象，此时 MySQL 采用"数据库级权限 < 表级权限 < 列级权限"规则处理该冲突。

2. MySQL 的用户

MySQL 独立管理用户名，不使用操作系统的用户名，同时 MySQL 独立管理用户的密码。此外，MySQL 还将用户名与用户登录的主机绑定起来，即 MySQL 允许数据库管理员对特定主机上的特定用户进行授权。特定主机由主机名或主机 IP 地址来标识，且支持通配符，其中%代表任意字符。

3. MySQL 的权限存储机制

MySQL 将所有用户信息保存到系统数据库中。MySQL 有数据库、表和列这 3 种级别的用户权限，另外 MySQL 还有"全局"用户权限，它适用于 MySQL 所存储的所有数据库。

为了细分用户权限，MySQL 在数据库 mysql 中建立了 user、db、host、tables_priv 和 columns_priv 等 5 个表，用于保存更详细的用户权限信息。

① 全局权限信息存储

MySQL 将全局权限信息存储在表 user 中，该表的结构如图 10-2 所示，其字段举例如图 10-3 所示。

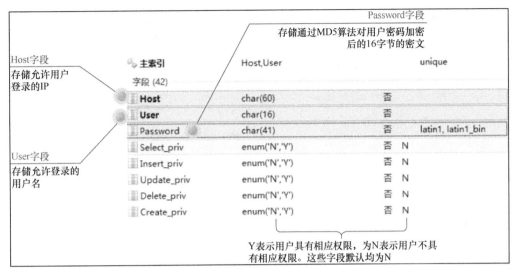

图 10-2　user 表结构

Host	User	Password	Select_priv	Insert_priv	Update_priv	Delete_priv	Create_priv
127.0.0.1	root	*E04E389611F2003CC6E94BBF4A3A3F4B37D0E840	Y	Y	Y	Y	Y
192.168.11.12	root	*6A7A490FB9DC8C33C2B025A91737077A7E9CC5E5	Y	Y	Y	Y	Y
192.168.11.29	ocs	*E04E389611F2003CC6E94BBF4A3A3F4B37D0E840	Y	Y	Y	Y	Y
192.168.11.29	root	*E04E389611F2003CC6E94BBF4A3A3F4B37D0E840	Y	Y	Y	Y	Y
::1	root	*E04E389611F2003CC6E94BBF4A3A3F4B37D0E840	Y	Y	Y	Y	Y
alienvault	root	*E04E389611F2003CC6E94BBF4A3A3F4B37D0E840	Y	Y	Y	Y	Y
localhost	debian-sys-maint	*1BFE56741441F55F56F29763BCF69E2384802F71	Y	Y	Y	Y	Y
localhost	root	*E04E389611F2003CC6E94BBF4A3A3F4B37D0E840	Y	Y	Y	Y	Y

图 10-3　实际字段举例

② 数据库级权限信息存储

数据库级权限信息存储在 db 和 host 这两个表中。图 10-4 将两者的表结构进行了对比，其中 host、db 和 user 字段的含义如下。

- host：存储允许用户登录的主机名或主机 IP 地址。
- db：存储允许用户访问的数据库名称。
- user：存储被授权用户的名称。

③ 安全隐患

MySQL 提供基于用户 IP 进行验证的安全功能，但它只是将用户所登录主机的 IP 地址与 user 表中的 IP 地址进行比较。若某用户被授权在特定主机上访问 MySQL 服务器，则可将未获授权主机的 IP 地址修改为已获授权主机的 IP 地址，以此欺骗 MySQL 服务器，从而到达非法访问的目的。可通过路由器 MAC 地址的绑定功能消除该安全缺陷。

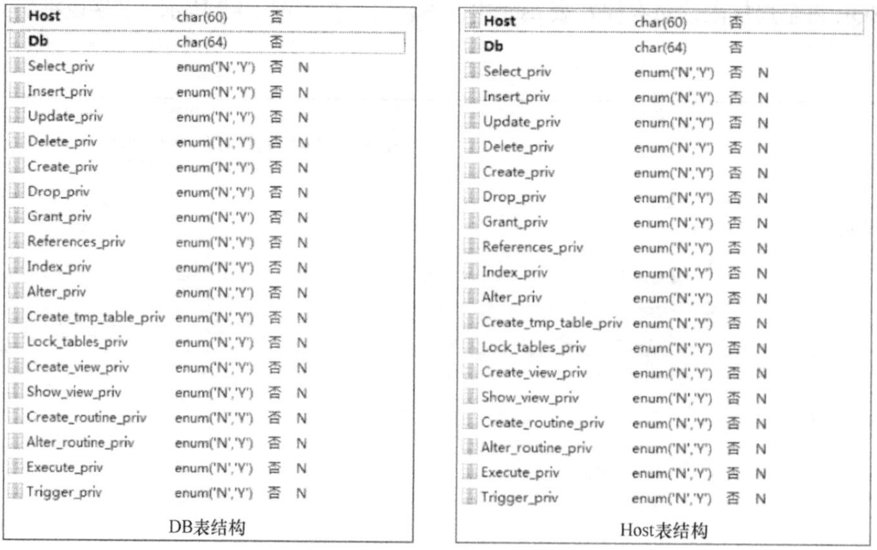

Host	char(60)	否	
Db	char(64)	否	
Select_priv	enum('N','Y')	否	N
Insert_priv	enum('N','Y')	否	N
Update_priv	enum('N','Y')	否	N
Delete_priv	enum('N','Y')	否	N
Create_priv	enum('N','Y')	否	N
Drop_priv	enum('N','Y')	否	N
Grant_priv	enum('N','Y')	否	N
References_priv	enum('N','Y')	否	N
Index_priv	enum('N','Y')	否	N
Alter_priv	enum('N','Y')	否	N
Create_tmp_table_priv	enum('N','Y')	否	N
Lock_tables_priv	enum('N','Y')	否	N
Create_view_priv	enum('N','Y')	否	N
Show_view_priv	enum('N','Y')	否	N
Create_routine_priv	enum('N','Y')	否	N
Alter_routine_priv	enum('N','Y')	否	N
Execute_priv	enum('N','Y')	否	N
Trigger_priv	enum('N','Y')	否	N

DB表结构

Host	char(60)	否	
Db	char(64)	否	
Select_priv	enum('N','Y')	否	N
Insert_priv	enum('N','Y')	否	N
Update_priv	enum('N','Y')	否	N
Delete_priv	enum('N','Y')	否	N
Create_priv	enum('N','Y')	否	N
Drop_priv	enum('N','Y')	否	N
Grant_priv	enum('N','Y')	否	N
References_priv	enum('N','Y')	否	N
Index_priv	enum('N','Y')	否	N
Alter_priv	enum('N','Y')	否	N
Create_tmp_table_priv	enum('N','Y')	否	N
Lock_tables_priv	enum('N','Y')	否	N
Create_view_priv	enum('N','Y')	否	N
Show_view_priv	enum('N','Y')	否	N
Create_routine_priv	enum('N','Y')	否	N
Alter_routine_priv	enum('N','Y')	否	N
Execute_priv	enum('N','Y')	否	N
Trigger_priv	enum('N','Y')	否	N

Host表结构

图 10-4 db、host 表结构对比

Q252 如何让 OSSIM 中的 MySQL 数据库支持远程访问？

默认情况下，仅能在登录控制台后对 MySQL 进行操作，但实际工作中常常需要远程调试、操作数据库。除了使用 phpMyAdmin、Webmin、MySQL-Front 工具外，还可以通过下述方式来远程访问 MySQL 数据库（在 OSSIM 中，root 依然是 MySQL 默认的用户名和密码；可在/etc/ossim/ossim_setup.conf 中找到）。

1．编辑/etc/ossim/ossim_setup.conf 文件

此文件中有一个参数 db_ip，默认为 127.0.0.1，表示只有本机才能访问数据库。

2．修改 root 权限

通常在 MySQL 的安装文件中包含 MySQL 系统库，其中 user 表使用 username 与 host 作为双主键。如果表 user 中没有 root、localhost 字段，那么该用户无权登录 localhost。

如果此时不修改 root 权限，那么客户机（如 IP 为 192.168.150.200）在连接数据库时会遇到以下提示：

```
Access denied for user 'root'@'192.168.150.200' (using password:YES)
```

当前用户没有访问 MySQL 的权限，可采用下列方法修改 root 权限。

```
mysql> grant 权限 1,权限 2,…权限 n  ON  数据库名.表名 to 用户名@IP 地址 identified by'连接口令'with grant option;
```

❍　权限设置方法 1

当"数据库名称.表名称"使用*.*代替时,表示用户可操作服务器上所有的数据库和所有的表。用户地址可是 localhost,也可是 IP 地址、机器名字或域名。还可以用"%"表示使用任何地址进行连接。为 IP 地址为 192.168.150.200、root 用户密码为"1234567"的任何数据库的任何表赋予所有操作权限的语句如下所示。

```
mysql>grant all privileges on *.* to 'root'@'192.168.150.200' identified by
'1234567'with grant option;
mysql>flush privileges;
mysql>exit
```

经过上面三步之后,即可安全地在其他主机上使用客户端工具登录 MySQL 服务器。

❍　权限设置方法 2

以下是赋予任何主机以 root 身份登录访问任何数据库的权限。注意,这种方式虽然可以解决问题,但比较危险,不建议使用。

```
mysql>grant all privileges on *.* to 'root'@'%' with grant option;
mysql>flush privileges;
mysql>exit
```

❍　故障排除实例

使用 ossim-db 时出现了"Access denied for user 'root'@'localhost' (using password:YES)"以及 Access denied for user 'root'@'localhost' (using password:NO)提示,这该如何处理?图 10-5 给出了此类故障排除的步骤。

步骤 1　停止数据库。

```
#/etc/init.d/mysql stop
```

步骤 2　调用 mysql_safe 脚本。

```
#mysql_safe --user=mysql --skip-grant-table --skip-networking&
```

在找回 root 密码时,经常会使用 mysqld_safe –user=mysql,后面需要额外增加下面两个参数。

❍　--skip-grant-tables:在启动 MySQL 时不启动 grant-tables 授权表。

❍　--skip-networking:关闭 MySQL 的 TCP/IP 连接。

步骤 3　进入数据库。

```
#mysql –u root mysql
```

经过上述修改后,无须输入 root 密码也可进入数据库。

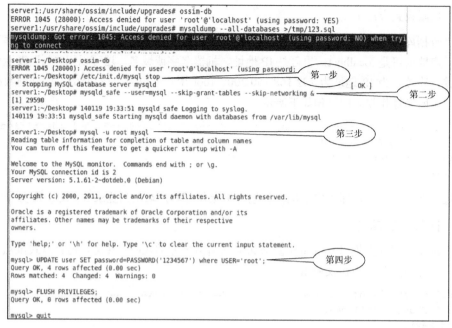

图 10-5 设置 MySQL 权限

步骤 4 为 root 用户重新赋值。

>UPDATE user SET password=PASSWORD('1234567') where USER='root'

最后刷新权限。

>FLUSH PRIVILEGES

该命令的作用是将当前 user 和 privilege 表中的用户信息/权限设置从 mysql 库（MySQL 数据库的内置库）中读到内存。

按上述情况修改后，重启数据库服务器即可解决故障。如果依然报错，则可尝试在 /etc/mysql/my.conf 配置文件的[mysqld]域中添加以下命令。

skip-grant-tables

然后重启 MySQL 服务。当密码修改完成后，需要在配置文件中将 skip-grant-tables 命令删除。

「Q253」 如何通过 phpMyAdmin 数据库解决"Access denied for user 'root'@'localhost'(using password:YES)" 报错问题？

使用命令行设置权限时会遇到各种古怪的问题。例如，直接通过 MySQL-Front 工具登录系统，输入用户名称 root、数据库密码和服务器 IP 后连接数据库，会出现图 10-6 所示的错误提示。

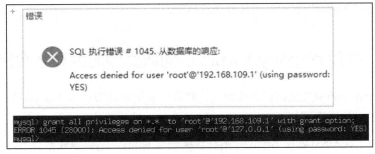

图 10-6　登录数据库出错

下面通过 phpMyAdmin 工具在图形界面中进行设置来解决这个问题。

步骤 1　登录 phpMyAdmin 系统，在"用户"设置中设置权限，如图 10-7 所示。

图 10-7　设置用户权限

步骤 2　添加用户，并按照图 10-8 中所示的数字标注顺序来设置登录信息和用户权限。

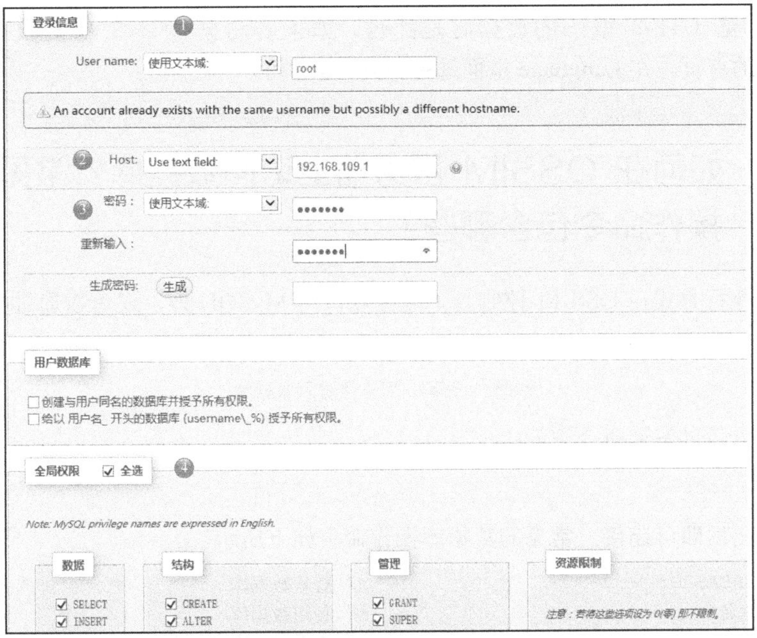

图 10-8　设置用户权限

注意，不需要设置用户数据库，以上设置完成后单击执行按钮，系统提示新增一个用户。接下来就可以通过 MySQL 客户端工具登录数据库。

『Q254』 采用 phpMyAdmin 访问数据库时为什么会出现乱码？

PhpMyAdmin 中的中文乱码问题很烦人，究其原因主要是 UTF-8 和 GB2312 编码不能同时正确显示导致的。处理步骤如下。

步骤 1　由于在 OSSIM 中 MySQL 的默认编码是 latin1，所以首先修改 phpMyAdmin 的编码转换。修改 libraries 目录下的 select_lang.lib.php 文件，将[indent]'utf-8' => 'utf8'，修改成'utf-8' => 'latin1'。

步骤 2　修改页面的编码显示。

将

```
'zh-gb2312' => array('zh|chinese simplified', 'chinese_simplified-gb2312', 'zh'),
```

修改成

```
'zh-gb2312-utf-8' => array('zh|chinese simplified', 'chinese_simplified-gb2312', 'zh'),
```

在 "zh-gb2312" 后面增加 "-utf-8"，这样页面编码就支持 UTF-8 编码了。

步骤 3　选择以 zh-gb2312-utf-8 进入 phpMyAdmin，此时可以正常浏览由 GB2312 编码的数据，但是浏览 UTF-8 编码的数据时是乱码。如果要浏览 UTF-8 中的数据，则请进入 phpMyAdmin 的首页，在 Language 里面选择 zh-utf-8 即可。

『Q255』 如何在 OSSIM 服务器上访问数据库？常见的数据库操作命令包含哪些？

除了以命令行方式在 OSSIM 控制台下连接并访问 MySQL 外，还可以通过 ossim-db 命令来访问 MySQL。

```
#ossim-db                  // 无须输入密码，可直接进入数据库
```

当然也可以通过下列命令访问：

```
#mysql -u root -p
```

在输入密码后即可连接。常见的数据库操作命令如下所示。

```
>SHOW DATABASES;              // 查看数据库
>USE 数据库名;                 // 使用数据库
>SHOW TABLES;                 // 查看数据库中的表
>SHOW TABLES;pager;           // 分屏显示
```

```
>pager less;                              // 按空格键可翻页，以查看余下内容；按 q 键返回命令行
>DESC 表名;                                // 查看表结构
>SHOW COLUMNS FROM <table name>;           // 列出表的列信息
>SHOW INDEX FROM <table name> ;            // 列出表的索引信息
>SHOW STATUS;                              // 列出服务器状态信息
```

『Q256』 如何分屏显示 alienvault.alarm 表中的内容？

由于在 OSSIM 的 MySQL 数据库中，alienvault.alarm 表的行数很多，不方便查看，为此需要分屏显示。可以使用 pager 命令改变 MySQL 的查询输出，具体操作如下。

```
mysql>pager less;
PAGER set to 'less'
mysql>SELECT * FROM alarm \G
*************************** 1. row ***************************
     backlog_id: 'Z<94>^G<CB>^Q<E6><85> ^L^S<BE><8A>
       event_id: 'Z<94> ^G<CD>^Q<E6><85> H<F6>: <BA>
  corr_engine_ctx: 9<96><DC>L<F4>^H^Q<E5><88> 'Z<94>
      timestamp: 2016-04-22 02:28:15
         status: open
      plugin_id: 1505
     plugin_sid: 50100
       protocol: 6
         src_ip: <C0><A8>^K<A0>
         dst_ip: <C0><A8>^K<A0>
       src_port: 0
       dst_port: 0
           risk: 3
            efr: 80
        similar: 26121b671bc7f002155ca8d4b73a05ea2e161f73
          stats: { "events" : 155, "src" : { "ip" : "192.168.11.160" : { "co
unt" : 155, "rep" : 0, "country" : "--", "uuid" : "0x3a486db1f40811e5885e08002
75a9460" } }, "port" : { "0" : 155 }, "rep" : 0, "country" : { "--" : 155 } },
"dst" : { "ip" : { "192.168.11.160" : { "count" : 155, "rep" : 0, "country" :
"--", "uuid" : "0x3a486db1f40811e5885e0800275a9460" } }, "port" : { "0" : 155
}, "rep" : 0, "country" : { "--" : 155 } } }
      removable: 1
        in_file: 0
```

第一条记录用 1.row 来显示，这样看起来比较规整。按下空格键即可显示第二条记录。

『Q257』 如何查看 OSSIM 数据库的大小？

MySQL 中的 information_schema 存放了其他数据库的信息，所以只要查询其中的相应信息就可得知 OSSIM 数据库的大小。

○ 使用 information_schema 数据库。

```
>use information_schema
```

○ 查询所有数据的大小。

```
>select concat(round(sum(DATA_LENGTH/1024/1024),2),"MB") as data from TABLES;
```

○ 查看指定数据库的大小，比如数据库 alienvault。

```
mysql>select concat(round(sum(DATA_LENGTH/1024/1024),2),"MB") as data from TABLES w
here table_schema="alienvault";
```

○ 查看指定数据库中表的大小，比如数据库 alienvault 中的 alarm 表。

```
mysql>select concat(round(sum(DATA_LENGTH/1024/1024),2),"MB") as data from TABLES
where table_schema="alienvault" and table_name="alarm";
```

「Q258」 OSSIM 中的 SQLite 数据库有什么作用，它存储在什么位置？

SQLite 是一个开源的嵌入式关系型数据库，于 2000 年由 D. Richard Hipp 发布，其优点是可减少应用程序管理数据时带来的开销。SQLite 可移植性好，使用方便，高效可靠。OSSIM 中采用的 SQLite 版本是 V 3.0，存储位置如下：

○ /var/ossim/av_forward/avcache.db

○ /var/lib/openvas/mgr/tasks.db

○ /var/lib/openvas/scp-data/scap.db

「Q259」 RRDTool 与数据库 MySQL 之间有什么区别？

RRDTool 不但具有绘图功能，还具有存储数据的功能，它与 MySQL 的区别如下所示。

○ 用 RRD 格式存储的数据可以重复利用，而 MySQL 数据库只能被动接收数据。RRDTool 可以对收到的整型数据进行计算，如计算两个数据的变化程度并存储结果，将一个 RRD 文件中的数据与另外一个 RRD 文件的数据相加。

○ RRDTool 中的 RRD 文件为固定大小，RRD 文件不会像 MySQL 数据库文件那样随着时间延长而增大，因此 RRD Tool 文件的存储能力有限，不能存放大量数据。

○ RRDTool 数据库要求定时获取数据，而 MySQL 数据库则没有这个要求，如果在某个时间间隔内没有收到到数据，则 RRD Tool 会用 UNKN（unknow）来代替。

「Q260」 如何将 SQL 文件插入到 OSSIM 数据库中？

步骤 1 使用 gunzip 解压缩 sql.gz 文件。

```
#gunzip /usr/share/doc/ossim-mysql/contrib/plugins/symantec-epm.sql.gz
```

步骤 2　进入 SQL 文件所在的目录。

```
# cd /usr/share/doc/ossim-mysql/contrib/plugins/
```

步骤 3　导入数据库。

```
# cat symantec-epm.sql |ossim-db
```

最后执行 ossim-reconfig 命令，使导入的数据库生效。

「Q261」 如何把一个.sql.gz 文件导入到数据库中？

在/usr/share/doc/ossim_mysql/contrib/plugins/ 目录中有两种插件文件：一种是.sql，这是 MySQL 数据库导出的备份文件；另一种是.sql.gz，这是通过 tar 命令压缩的 SQL 文件。可采用下列 3 种方法将.sql.gz 文件导入数据库。

1. 采用 zcat 命令。

```
#zcat /path/to/file.sql.gz | mysql -u 'root' -p your_database
```

示例：

```
#zcat /usr/share/doc/ossim-mysql/contrib/01-create_alienvault_data_config.sql.gz
| ossim-db alienvault >> /var/log/alienvault/update/prepare-db.log 2>&1
```

2. 采用 pv 工具。

该方法能显示进度条，效果与 zcat 命令相同。

① 安装 pv。

```
#apt-get install pv
```

② 使用 pv。

```
#pv  mydump.sql.gz | gunzip | mysql -u root -p
```

3. 采用 gunzip 命令。

```
#gunzip < 01-create_alienvault_siem_data.sql.gz |mysql -u root -p  [your Database]
```

「Q262」 如何优化数据库中的表？

随着反复对数据库进行更新和删除操作，数据在磁盘上的存储位置将会变得分布不均，同时会增加在该表中搜索数据的时间。在 MySQL 的底层设计中，由于数据库被映射到具有某种文件结构的目录，而表则映射到文件，所以会产生磁盘碎片。如果直接使用 optimize table event 命令，则系统会提示 "Table does not support optimize"（表不支持优化）。应采取以下方法优化，主要操作过程如图 10-9 所示。

```
mysql>alter table event ENGINE='InnoDB';
mysql>analyze table event;
```

```
mysql> analyze table event;
+----------------+---------+----------+----------+
| Table          | Op      | Msg_type | Msg_text |
+----------------+---------+----------+----------+
| alienvault.event | analyze | status   | OK       |
+----------------+---------+----------+----------+
1 row in set (0.00 sec)

mysql> optimize table event;
+----------------+----------+----------+-----------------------------------------------------
| Table          | Op       | Msg_type | Msg_text
+----------------+----------+----------+-----------------------------------------------------
| alienvault.event | optimize | note     | Table does not support optimize, doing recreate + analyze
 instead |
| alienvault.event | optimize | status   | OK
+----------------+----------+----------+-----------------------------------------------------
2 rows in set (0.60 sec)
```

图 10-9　优化表

『Q263』 如何重置 OSSIM 数据库?

可采用手动方式和自动方式重置 OSSIM 数据库。

❍　手动方式。

编辑/etc/ossim/ossim_setup.conf 文件，将 rebuild_database 的值由 no 改成 yes。

然后运行下述命令。

```
#ossim-reconfig  -c
```

❍　自动方式。

编辑/etc/ossim/ossim_setup.conf 文件，将 rebuild_database 的值由 yes 改成 no。

然后在命令行下执行如下命令。

```
#alienvault-reconfig --rebuild_db
```

这条命令执行完后会弹出图 10-10 所示的对话框。

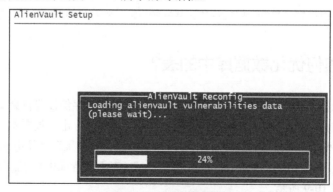

图 10-10　重置数据库

「Q264」　如何恢复 OSSIM 数据库的出厂设置?

打开终端控制台，进入到图 10-11 所示的界面，选择最后一项 Restore database to factory settings，结果如图 10-12 所示。

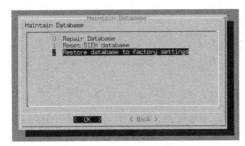

图 10-11　重新初始化数据库

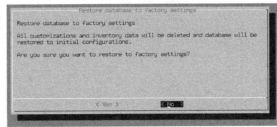

图 10-12　确认恢复出厂设置

开始恢复时首先停止 AlienVault 服务，如图 10-13 所示。

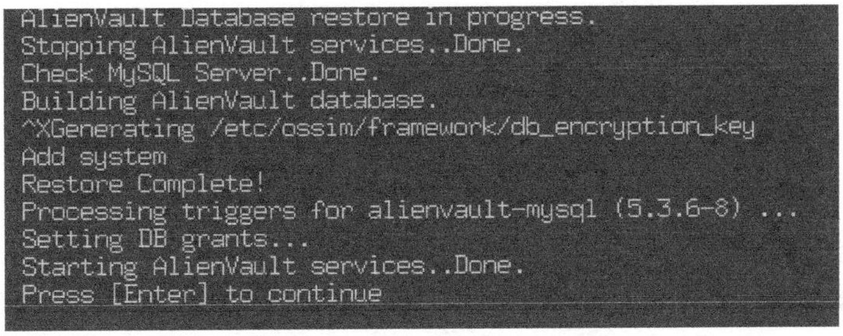

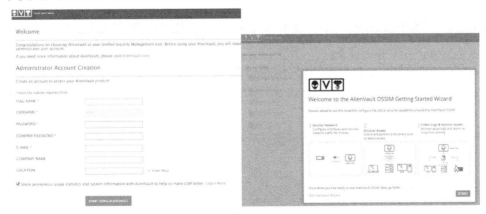

图 10-13　停止 AlienVault 服务

恢复出厂设置后，再次登录 Web UI，首页变成图 10-14 所示的形式。

图 10-14　初始化用户和启动配置向导

进入系统后，重新启用配置向导。为了验证是否生效，首先打开 AlienVault 消息中心界面，然后查看网卡流量和数据库 alienvault_siem 的大小，如图 10-15 所示。

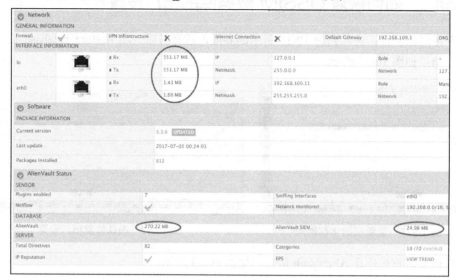

图 10-15 在 AlienVault 配置中心查看网卡流量和数据库大小

「Q265」 影响 OSSIM 数据库的性能因素有哪些?

OSSIM 系统采用 MySQL InnoDB 引擎，对性能影响最大的因素是磁盘 I/O，其次是内存及 CPU。如果服务器使用了 SSD（固态硬盘），那么磁盘 I/O 问题基本可以忽略不计，因为它的 I/O 性能比机械硬盘强，所以将机械硬盘更换为 SSD 是提升 OSSIM 性能最快的方法。如果采用机械硬盘，那么推荐采用 RAID 0 的方式提升磁盘性能。

「Q266」 如何利用 MySQLReport 监控数据库性能?

MySQLReport 是采用 Perl 语言编写的 MySQL 数据库监控脚本，它将 MySQL 数据库的运行状态值（show status）以更友好的方式显示出来，可以用来方便地查看 MySQL 数据库的运行状况。下载并运行该脚本，操作如下：

```
#wget http://hackmysql.com/scripts/mysqlreport-3.5.tgz   // 下载 mysqlreport 压缩包
#gunzip mysqlreport-3.5.tgz | tar xvf -                   // 解压缩文件
#cd mysqlreport-3.5
```

运行方法如下所示：

```
# ./mysqlreport -user root -password jITglVxAQB
```

效果如图 10-16 所示。

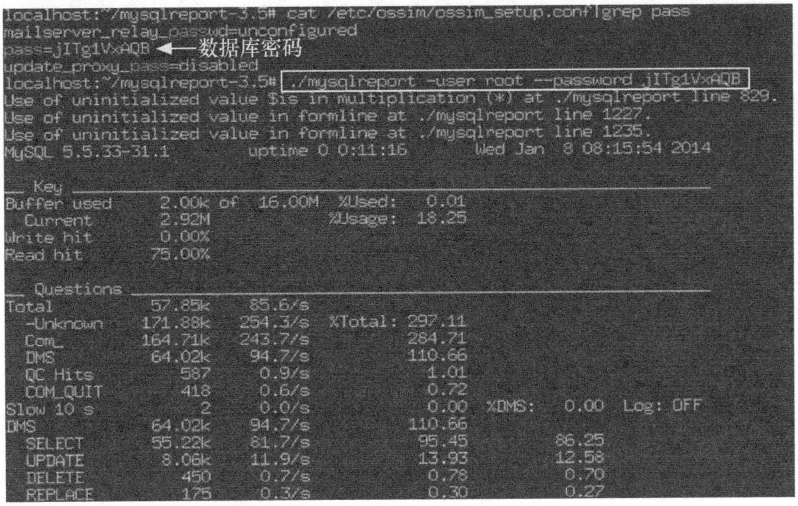

图 10-16　MySQLReport 运行效果

如果需要监控远程主机（192.168.11.150）上的 MySQL 数据库，则需添加主机选项：

```
#./mysqlreport --host 192.168.11.150 --user admin --password PASS
```

如果需要查看 MySQLReport 的所有选项，则执行下述命令：

```
#./mysqlreport --help
```

『Q267』　如何设定 OSSIM 数据库的自动备份时间？在什么位置查看备份数据？

OSSIM 数据库的自动备份时间设定在每天的 01 时 00 分，可通过 Web UI 中 CONFIGURATION→ADMINISTRATION →MAIN 中的 Backup start time 选项来修改，如图 10-17 所示。

此处的备份数据是指表 alienvault_siem.acid_event 的内容，这些内容是从 acid_event 事件数据库中读出的。

备份数据可在/var/lib/ossim/backup 目录中找到，它们都是*.sql.gz 压缩格式，如下所示：

```
alienvault:/var/lib/ossim/backup# ls
delete-20180407.sql.gz  delete-20180410.sql.gz  insert-20180409.sql.gz
delete-20180408.sql.gz  insert-20180407.sql.gz  insert-20180410.sql.gz
delete-20180409.sql.gz  insert-20180408.sql.gz  ossim_setup.conf.1522205497
```

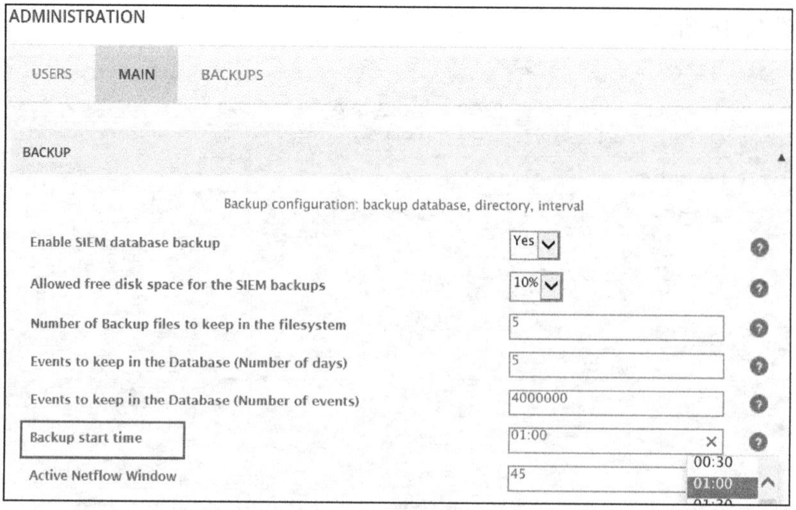

图 10-17　修改自动备份时间

可使用 ADMINISTRAT10N→BACKUPS 菜单查看备份数据，如图 10-18 所示。

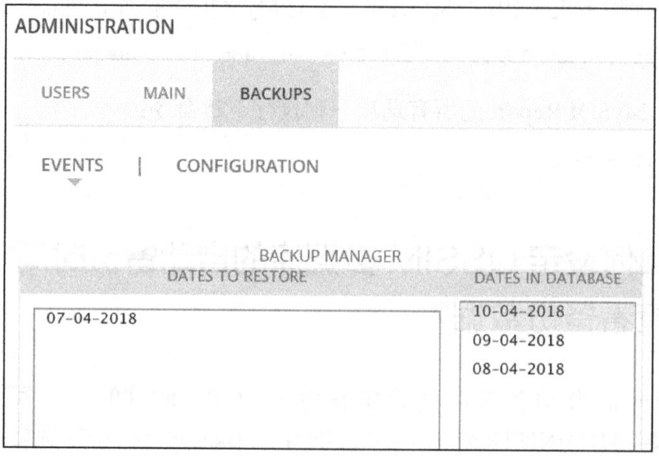

图 10-18　查看备份数据

「Q268」 /etc/ossim/server/config.xml 配置文件记录了哪些关键信息？

OSSIM 通过/etc/ossim/server/config.xml 配置文件来定义后台连接数据库和关联分析规则文件的路径，它记录了以下信息：

○　server.log 日志；

○　数据源名称、端口号、密码、数据库名及本机 IP 地址；

○　关联指令配置；

○　IP 信誉文件。

该文件的详细配置如下所示。

```
<?xml version='1.0' encoding='UTF-8' ?>

<config>
        <log filename="/var/log/alienvault/server/server.log"/>
    <framework name="alienvault" ip="192.168.109.100" port="40003"/>
        <datasources>
            <datasource name="ossimDS" provider="MySQL" dsn="PORT=3306;USER=root;PASSWORD=XgS7DDnBwi
;DATABASE=alienvault;HOST=127.0.0.1"/>
                <datasource name="snortDS" provider="MySQL" dsn="PORT=3306;USER=root;PASSWORD=XgS7DDnBwi
;DATABASE=alienvault_siem;HOST=127.0.0.1"/>
                <datasource name="osvdbDS" provider="MySQL" dsn="PORT=3306;USER=root;PASSWORD=XgS7DDnBwi
;DATABASE=alienvault_siem;HOST=127.0.0.1"/>
<!-- if you need a server without DB, uncomment this and comment the other lines -->
<!--
    <datasource name="ossimDS" provider="MySQL" dsn="PORT=3306;USER=root;PASSWORD=XgS7DDnBwi;DATABASE=al
ienvault;HOST=127.0.0.1"/>
        <datasource name="snortDS" provider="MySQL" dsn="PORT=3306;USER=root;PASSWORD=XgS7DDnBwi;DATABASE=al
ienvault_siem;HOST=127.0.0.1"/>
-->
<!-- NOTE: in a server without DB, you can't do cross correlation, so you don't need OSVDB DB
-->

        </datasources>
        <directive filename="/etc/ossim/server/directives.xml"/>
        <scheduler interval="15"/>
    <server port="40001" name="alienvault" ip="0.0.0.0" id="564d4ebf-43aa-77dc-cd89-ad46e62ddd90"/>


    <reputation filename="/etc/ossim/server/reputation.data"/>
</config>
```

「Q269」 OSSIM 系统中出现"MySQL:ERROR 1040:Too many connections"报错提示时如何处理？

如果出现"MySQL:ERROR 1040:Too many connections"报错信息，说明 OSSIM 的负载较大。对此可采用多个服务器来分摊负载，并临时修改 MySQL 配置文件/etc/mysql/my.conf 中的 max_connections 值，将默认值 100 修改成 256。重启服务后查看最大连接数的命令如下：

```
mysql>show global status like 'Max_used_connections';
```

注意，max_connections 参数的最大值为 1024。

新装的 OSSIM 系统默认也只有 1024 个连接，当服务器的负载较大时，可修改配置 /etc/security/limits.conf 文件，在其中添加以下两行：

```
root soft nofile 65535
root hard nofile 65535
```

编辑完后保存并退出。

「Q270」 如何用mytop监控MySQL数据库?

mytop 是 OSSIM 系统默认提供的一款数据库监测工具，其操作方法如下。

1. 进入 OSSIM 服务器控制台。

首先输入 root 用户名及密码，然后进入 AlienVault Setup 界面，选择 Jailbreak System，然后选择<Yes>选项，进入完整的"#"提示符环境。

接下来用 cat 命令查看 MySQL 的 root 用户的密码。

```
#cat /etc/ossim/ossim_setup.conf|grep pass
```

2. 输入如下命令，运行 mytop。

```
# mytop  -u root  -p 密码  -h 127.0.0.1 -d alienvault
```

注意，OSSIM 的 MySQL 数据库默认不允许远程访问，所以这里使用的地址为 127.0.0.1。

当出现如图 10-19 所示的界面时，表示操作成功。

```
MySQL on 127.0.0.1 (5.5.33-31.1)                    up 0+00:16:50 [21:18:16]
Queries: 5.0      qps:    0 Slow:    0.0    Se/In/Up/De(%):    6060/00/00/00
             qps now:    0 Slow qps: 0.0  Threads:    7 (  2/  9) 150/00/00/00
Key Efficiency: 0.1%  Bps in/out:  0.2/ 23.6    Now in/out:    8.4/ 2.2k

     Id      User      Host/IP          DB      Time  Cmd Query or State
     --      ----      -------          --      ----  --- --------------
    393      root      localhost alienvault        0  Query show full processlist
    394      root      localhost alienvault        0  Sleep
     25      root      localhost alienvault       15  Sleep
     36      root      localhost alienvault       25  Sleep
     30      root      localhost alienvault      252  Sleep
    252      root      localhost alienvault      289  Sleep
    251      root      localhost alienvault      296  Sleep
      1 event_sch      localhost                979 Daemon Waiting on empty queue
```

图 10-19　用 mytop 监控 MySQL 资源

mytop 中快捷键的用途如下所示。

○　s：设定更新时间。

○　p：暂停画面更新。

○　q：退出程序。

○　u：查看某用户的线程。

○　o：反转所有行的排列顺序。

在使用 mytop 来回监控多个数据库时需要输入繁琐的参数，可使用下面的小技巧将这些经常用到的参数写入文件中，然后再由 mytop 自动读取。

例如，当前目录为/root，首先在当前目录下新建.mytop 文件，操作方法如下。

```
#vi .mytop
user=root
pass=fHCtNi4dKN            // 该密码可自己指定
host=127.0.0.1             // 本机环回地址
db=alienvault
delay=10
port=3306
resolve=0
```

保存并退出后，在命令行下直接输入 mytop 命令就能监控数据库 alienvault 的状态。

『Q271』 如何远程导出 OSSIM 数据库的表结构？

要远程导出 OSSIM 数据库的表结构，可使用如下命令。

```
mysqldump -u 用户名 -p 密码 -d 数据库名 表名 > 脚本名;
```

来看一个例子。假设服务器 IP 为 192.168.150.100，客户机 IP 为 192.168.150.21。

首先，在 MySQL 数据库中输入以下命令：

```
mysql>grant all privileges on *.* to 'root'@'192.168.150.21' identified by 'a12
34567b' with grant option;
mysql>flush privileges;
```

接着在客户机（192.168.150.21）输入以下命令：

```
#mysqldump -h 192.168.150.100 -uroot -pa1234567b alienvault >dump1.sql
```

如果只需要导出单个数据表结构而不含数据，则输入以下命令：

```
#mysqldump -h 192.168.150.100 -uroot -pa1234567b -d alienvault >dump2.sql
```

『Q272』 在使用 ossim-db 命令时出现 "Access denied for user 'root'@'localhost'（using password:NO）"提示，该如何解决？

步骤1　关闭数据库。

```
#/etc/init.d/mysql stop
#mysqld_safe --user=mysql --skip-grant-tables --skip-networking &
```

此时已经不需要密码了，因此可以直接执行下面一条命令：

```
# mysql -u root mysql
```

接着重新设置密码。

```
mysql> UPDATE user SET Password=PASSWORD('newpassword') where USER='root';
mysql> FLUSH PRIVILEGES;
mysql> quit
```

步骤 2 重启数据库。

```
# /etc/init.d/mysql restart
```

步骤 3 输入新的密码，再进入系统。

```
# mysql -uroot -p password: <新设的密码>
```

修改/etc/ossim/ossim_setup.conf 中的密码，然后就可以用 ossim-db 命令正常登录 MySQL 了。

『Q273』 如何模拟负载？

对于 OSSIM 模拟负载测试，可使用基准测试工具 sysbench（通过 apt-get install sysbench 命令安装）来测试 OSSIM 数据库的性能。

sysbench 采用 OLTP（联机事务处理）模拟事物处理的负载。下面是一个百万级数据表的例子。

```
#sysbench --test=oltp --oltp-table-size=1000000 --mysql-db=test --mysql-user=root
prepare
sysbench v0.4.8: multi-threaded system evaluation benchmark
No DB drivers specified, using mysql
Creating table 'sbtest'...
Creating 1000000 records in table 'sbtest'...
```

当数据准备完毕之后，接着运行 8 个并发，在 60s 内以只读方式运行基准测试。

```
#sysbench --test=oltp --oltp-table-size=1000000 --mysql-db=test --mysql-user=root --
max-time=60 --oltp-read-only=on --max-requests=0 --num-threads=8 run
```
使用该负载测试工具可测试整个 OSSIM 系统的稳定性，为今后的运行打下良好基础。

『Q274』 当 MySQL 进程的 CPU 使用率过高时，如何优化？

当 OSSIM 中 MySQL 进程的 CPU 使用率过高时，可以从以下几个方面来优化。

采用 show processlist 命令找到导致 CPU 使用率过高的 SQL 语句。

- ❏ 打开慢查询日志，分析那些执行时间过长，且占用资源过多的 SQL 语句。CPU 使用率过高多数是由 Group By、Order By 语句所致，因此对这几个语句进行优化。

- ❏ 优化并定期分析表。

- ❏ 优化数据库对象。

- ❏ 调整 MySQL Server 的一些参数，比如 key_buffer_size、table_cache、innodb_buffer_pool_ size、innodb_log_file_size 等。

○　如果数据量过大，则可以考虑使用 MySQL 集群。

○　使用 Memcached 缓存。

○　使用 show processlist 命令查看 MySQL 连接数是否超过了设置。

```
alienvault:~# echo "show processlist;" | ossim-db
Id    User   Host       db    Command Time   State  Info    Rows_sent    Rows_examined
d
1            event_scheduler localhost    NULL    Daemon 5739  Waiting on empty queue  NULL
21    root   127.0.0.1:56713 alienvault       Sleep  5              NULL    0       0
34    root   127.0.0.1:56732 alienvault       Sleep  8              NULL    0       0
1361  root   127.0.0.1:58622 alienvault_siem  Sleep  128            NULL    0       0
2752  root   127.0.0.1:60623 alienvault       Sleep  191            NULL    0       0
2755  root   127.0.0.1:60629 alienvault       Sleep  175            NULL    0       0
2756  root   127.0.0.1:60630 alienvault       Sleep  174            NULL    0       0
2757  root   127.0.0.1:60631 alienvault       Sleep  169            NULL    0       0
2889  root   127.0.0.1:60775 alienvault       Sleep  153            NULL    0       0
3048  root   127.0.0.1:60989 alienvault       Query  0       NULL   show processlist
```

『Q275』 如何启动 OSSIM 数据库的慢查询日志?

在 OSSIM 系统中，默认只启用了错误日志，其余种类的日志都未启用。当遇到以下情况时，需要启动慢查询日志。

○　当 OSSIM 数据库需要调试时。

○　监控 SQL 语句的执行情况。

○　检查数据库是否执行了某个查询。

在 OSSIM 服务器中打开日志记录功能的方法如下:

```
#vi /etc/mysq/my.cnf
```

在 my.cnf 配置文件的 Logging and Replication 选项（第 53 行）下方启用 log=/var/log/mysql/mysql.log。

保存文件后重启 MySQL 服务器即可查看日志。

MySQL 中的 general_log（一般查询日志）默认为关闭状态。但在分析 OSSIM 数据库故障时需要将它开启。如果是临时开启，只需连接到 MySQL，输入以下命令即可:

```
mysql> show variables like 'general_log';
```

如果需要跟踪 SQL 的执行记录，则需进行如下操作:

```
mysql>set global general_log_file="/tmp/general.log";    //设置路径
mysql>set global general_log=on;      //开启 general log 模式
mysql>set global general_log=off;     //关闭 general log 模式
```

如需永久开启，那么可将/etc/mysql/my.cnf 文件中的 general_log=on 语句启用。

当开启 general.log 后，数据库的所有操作都将记录/tmp/general.log 文件中。

若想启用慢查询日志，则需启用 /etc/mysql/my.cnf 文件中的 slow_query_log=on 和 slow_query_log_file=/var/log/mysql/mysql-slow.log 两条语句，为此可输入以下命令：

```
#tail -f /var/log/mysql/mysql.log
#tail -f /tmp/general.log
```

建议在负载较轻时使用 OSSIM 查询日志记录功能。

『Q276』 如何使用 mysqldump 完整备份 OSSIM 数据库？

要使用 mysqldump 工具备份 OSSIM 数据库，可执行如下几个步骤。

步骤 1 检查磁盘是否有足够剩余的空间。

步骤 2 利用 mysqldump 命令在 OSSIM 本机上进行完整备份，操作命令如下。

```
#mysqldump -u root -ppassword  --all-databases >/root/mydump-2018-2-10.sql
```

上述命令中的 password 表示 MySQL 管理员密码。

步骤 3 重建数据库。

```
#alienvault-reconfig  -c  --rebuild_db
```

注意，alienvault-reconfig 是一条完整的命令，后面的参数-c 和--rebuil_db 为 alienvault-reconfig 的配置参数，它们之间用空格隔开。上述命令的执行过程比较复杂，首先它会备份 ossim-setup.conf 配置文件，更新/etc/issue、/etc/motd.tail、Framework Profile、Cron 文件，配置 Sensor Profile 以及更新 OSSEC 插件的 Reference，然后再重启 ossim-server、squid3、Nagios3、nfsen、ossim-agent 服务，直到最后配置完成。

步骤 4 导入备份数据。

```
#mysql -u root -ppassword < /root/mydump-2018-2-10.sql
```

可将步骤 2、3、4 合并为一条命令，方法如下。

```
VirtualUSMAllInOne:~# mysqldump -p`grep ^pass /etc/ossim/ossim_setup.conf | sed 's/pass=//'` --no-autocommit --single-tra
nsaction --databases alienvault | gzip > alienvault.sql.gz
VirtualUSMAllInOne:~# ll
total 1339648
-rw-r--r-- 1 root root  41227195 Feb 21 04:54 alienvault.sql.gz
-rw-r--r-- 1 root root 664471111 Feb 21 03:24 alienvault_dump.sql
-rw-r--r-- 1 root root         0 Feb 21 03:39 alienvault_dump.sqlcv
-rw-r--r-- 1 root root 664275825 Feb 21 03:39 alienvault_dump.sqls
-rw-r--r-- 1 root root      8065 Feb 20 21:59 pci-toplogy
-rw-r--r-- 1 root root   1801988 Nov 19  2012 percona-toolkit_2.1.7_all.deb
```

注意，grep 后面的 "^" 这代表首行匹配。

『Q277』 如何用 XtraBackup 备份 OSSIM 数据库？

XtraBackup 是 Percona 的开源项目，用来实现热备份功能，能够备份与恢复 MySQL 数据库。XtraBackup 中包含下面两个工具。

○ XtraBackup：用于备份 innodb、xtradb 表，但不能备份数据表结构。

○ innobackupex：是将 XtraBackup 进行封装的 Perl 脚本，提供了强大的备份能力。

下面重点介绍 XtraBackup 的用法。

首先安装 XtraBackup。在异步社区的本书页面中获取 percona-xtrabackup 安装包，然后输入以下命令进行安装。

```
#dpkg -i percona-xtrabackup_2.1.4-657-1.squeeze_amd64.deb
```

然后新建目录/backup，接着输入以下命令进行备份。

```
# innobackupex  --user=root  --password=xxxxxx /backup
```

上述命令的执行过程如图 10-20 所示。

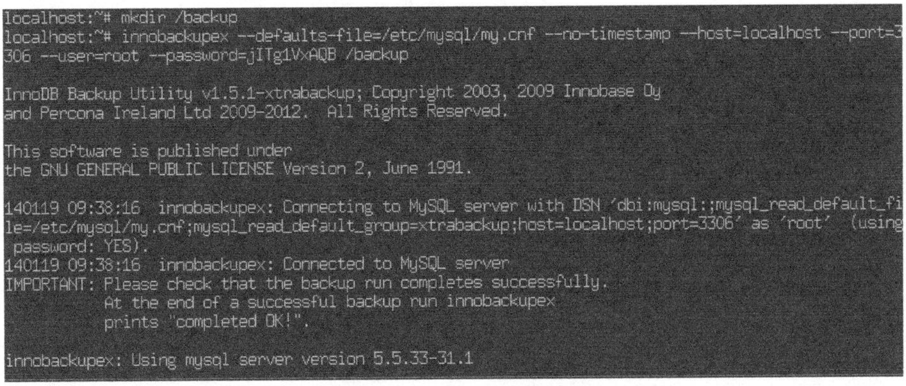

图 10-20　开始备份

经过一段时间后，该命令备份完成，在终端上会出现 "innobackupex:completed OK!" 的字样，如图 10-21 所示。

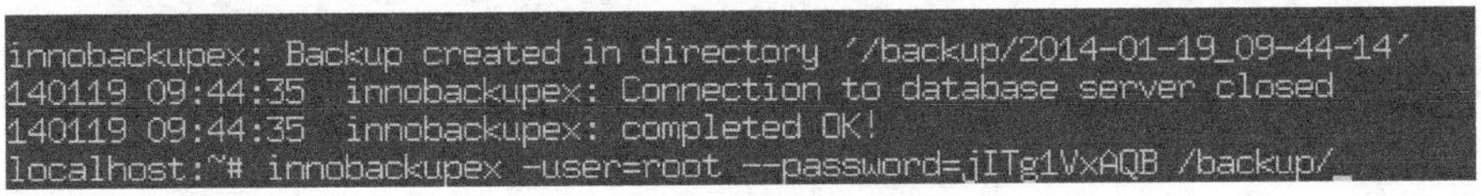

图 10-21　备份完成

「Q278」 如何用 mysqlslap 测试 OSSIM 数据库?

mysqlslap 是 MySQL 自带的基准测试工具，采用 Perl 语言编写，语法简单，容易使用。该工具可以模拟多个客户端同时向服务器发出查询更新。下面给出了 2 个测试实例。

实例 1 多线程脚本测试。

首先获取 MySQL 数据库的 root 用户的密码，本例中为"XhSksvpjKj"。

```
#mysqlslap -uroot -pXhSksvpjKj -concurrency=1000 -iterations=1 -auto-generate-sql
-auto-generate-sql-load-type=mixed -auto-generate-sql-add-autoincrement -engine=myisam
-number-of-queries=10 -debug-info
```

命令参数的解释如下：

○ –concurrency=1000——采用 1000 个并发线程；

○ –iterations=1——测试 1 次；

○ –auto-generate-sql——自动生成 SQL 测试脚本；

○ –auto-generate-sql-load-type=mixed——读、写、更新的混合测试；

○ –auto-generate-sql-add-autoincrement——自增长字段；

○ –engine=myisam——测试引擎为 myisam；

○ –number-of-queries=10——共运行 10 次查询；

○ –debug-info——输出 CPU 资源信息。

该命令的操作结果如图 10-22 所示。

实例 2 OSSIM 系统中自带的一段 SQL 脚本测试。

本段测试脚本在 OSSIM 系统中，路径为/usr/share/doc/ossim-mysql/contrib/plugins/sap.sql。

```
#mysqlslap -create=/usr/share/doc/ossim-mysql/contrib/plugins/sap.sql -query=/
usr/share/doc/ossim-mysql/contrib/plugins/sap.sql -concurrency=50,100,200 -iterations
=20 -engine=myisam,innodb -socket=/var/run/mysqld/mysqld.sock -uroot -pXhsksvpjKj
```

操作结果如图 10-23 所示。

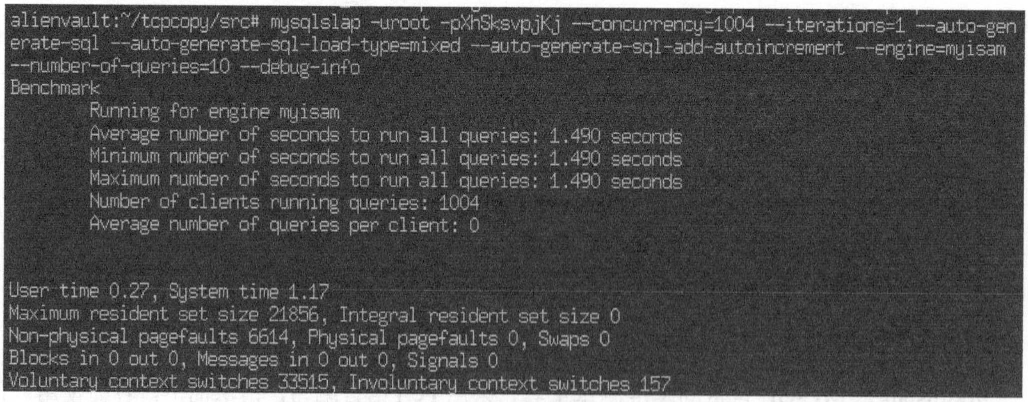

```
alienvault:~/tcpcopy/src# mysqlslap -uroot -pXhSksvpjKj --concurrency=1004 --iterations=1 --auto-gen
erate-sql --auto-generate-sql-load-type=mixed --auto-generate-sql-add-autoincrement --engine=myisam
--number-of-queries=10 --debug-info
Benchmark
        Running for engine myisam
        Average number of seconds to run all queries: 1.490 seconds
        Minimum number of seconds to run all queries: 1.490 seconds
        Maximum number of seconds to run all queries: 1.490 seconds
        Number of clients running queries: 1004
        Average number of queries per client: 0

User time 0.27, System time 1.17
Maximum resident set size 21856, Integral resident set size 0
Non-physical pagefaults 6614, Physical pagefaults 0, Swaps 0
Blocks in 0 out 0, Messages in 0 out 0, Signals 0
Voluntary context switches 33515, Involuntary context switches 157
```

图 10-22　mysqlslap 应用实例 1

```
alienvault:~/tcpcopy/src# mysqlslap --create=/usr/share/doc/ossim-mysql/contrib/plugins/sap.sql --qu
ery=/usr/share/doc/ossim-mysql/contrib/plugins/sap.sql --concurrency=50,100,200 --iterations=20 --en
gine=myisam,innodb --socket=/var/run/mysqld/mysqld.sock -uroot -pXhSksvpjKj
Benchmark
    Running for engine myisam
    Average number of seconds to run all queries: 0.032 seconds
    Minimum number of seconds to run all queries: 0.021 seconds
    Maximum number of seconds to run all queries: 0.203 seconds
    Number of clients running queries: 50
    Average number of queries per client: 16
```

图 10-23　mysqlslap 应用实例 2

『Q279』　当 OSSIM 系统数据库发生损坏时，如何重建数据库?

非法关机会导致 OSSIM 系统数据库发生损坏，可使用下述 3 个步骤重建 OSSIM 系统数据库。

步骤 1　编辑/etc/ossim/ossim_setup.conf 文件，将 rebuild_database 的值由 no 改成 yes。

步骤 2　运行如下命令。

```
#ossim-reconfig  -c
```

步骤 3　再将/etc/ossim/ossim_setup.conf 文件中 rebuild_database 的值由 yes 改成 no，并运行下列命令。

```
#alienvault-reconfig --rebuild_db
```

执行完上述 3 个步骤之后，数据库的重建工作完成。

『Q280』　如何查看 OSSIM 系统的 SIEM 数据库备份策略?

SIEM 事件数据库（acid_event）是 OSSIM 系统中非常重要的数据库，可在 CONFIGURATION→ADMINISTRATION→MAIN→BACKUP 中查看它的备份策略，它的备份文件在/var/lib/ossim/backup 目录下，其格式为 "ossim-backup-日期.sql.gz"。

『Q281』　OSSIM 系统出现 acid 表错误时如何处理?

OSSIM 数据库中的表在读取数据时可能会发生故障，尤其是非法关机时更容易发生故障，图 10-24 展示了一种故障实例，下面介绍针对这种故障的处理方法。

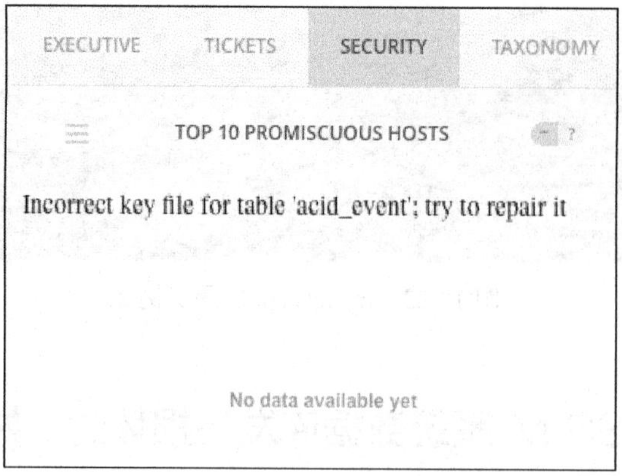

图 10-24　acid_event 表故障

首先，尝试使用 ossim-repair-tables 命令进行修复，如果无效，再采用 MySQL 中的修复数据库工具 mysqlcheck 来修复表。

接着获取数据库的 root 密码，命令如下：

```
#cat /etc/ossim/ossim_setup.conf|grep pass
```

在获取密码后执行如下操作（这里的密码为 BiUGe4N5uD）。

```
#mysqlcheck -o -u root -pBiUGe4N5uD -A        // -A 表示对所有库进行检查
```

该操作的执行时间比较长，切勿强行中断程序。

『Q282』 升级过程中数据库表意外损坏，该如何修复？

有时候在升级过程中系统会无法响应，这时可能会用到 Ctrl+Z 组合键终止升级，由此对数据库的表造成损坏。此时可使用 myisamchk 来检查/修复 MyISAM 表（.MYI 和.MYD），其命令如下所示。

```
alienvault:/var/lib/mysql/mysql# myisamchk -e *.MYI
Checking MyISAM file: columns_priv.MYI
Data records:       1763    Deleted blocks:        1
- check file-size
- check record delete-chain
- check key delete-chain
- check index reference
- check data record references index: 1
- check records and index references
……
```

我们还有可能会在 Web UI 中遇到 "Checking for corrupt, not cleanly closed and upgrade needing tables." 的错误提示，采用上面这条命令同样可修复该错误。

『Q283』　如何清理 OSSIM 数据库？

在很多情况下（例如分区不合理、数据量过大等情况），OSSIM 运行一段时间之后，alienvault 数据库会变得非常大，需要进行清理。清理该数据库的步骤如下所示。

步骤 1　停止 ossim-framework、ossim-server 以及 ossim-agent 服务。

```
#service ossim-framework stop
#service ossim-server stop
#service ossim-agent stop
```

步骤 2　手动备份数据库。

```
>mysql -uroot -p --all-databases > all_databases_2017-11-29_1.sql
```

步骤 3　停止 MySQL 服务。

```
#service mysql stop
```

步骤 4　将现有数据库中的数据同步到备份目录/mnt/disk1/var/lib/mysql-save/中。

```
#mkdir /mnt/disk1/var/lib/mysql-save/
#rsync -av --prooress/var/lib/mysql/ /mnt/disk1/var/lib/mysql-save/mysql
```

还可使用 rsync 命令将数据同步到远程主机（192.168.11.150）的/backup 目录。

```
# rsync -av --progress /var/lib/mysql/  root@192.168.11.150:/bakcup/
```

步骤 5　启动 MySQL 服务，删除数据。

```
#service mysql start
#ossim-db
mysql > drop database ISO27001An;
mysql > drop database PCI;
mysql > drop database alienvault;
mysql > drop database alienvault_asec;
mysql > drop database alienvault_siem;
mysql > drop database avcenter;
mysql > drop database categorization;
mysql > drop database datawarehouse;
mysql > drop database myadmin;
mysql > drop database mysql;
mysql > drop database ocsweb;
mysql > drop database osvdb;
mysql > drop database performance_schema;
#service mysql stop
```

步骤 6　从备份中创建新数据库文件。

```
#ossim-db < all_databases_2017-11-29_1.sql
```

步骤 7 重新启动下列关键服务。

```
#service mysql start
#service monit start
#service ossim-agent start
#service ossim-framework start
#service ossim-server start
```

『Q284』 存储在数据库中的资产 IP 地址被加密了吗，如何查看该 IP 地址呢？

在数据库中打开主机列表时，会发现 IP 字段内的信息是加密形式，如何以纯文本格式获取 IP 地址？其实，数据库中的资产 IP 地址信息并未加密，只是使用 inet6 以无符号格式进行存储，其形式如下所示。

```
[root@localhost ~]# ifconfig
eth0      Link encap:Ethernet  HWaddr 00:0C:29:8A:51:95
          inet6 addr: fe80::20c:29ff:fe8a:5195/64 Scope:Link
          UP BROADCAST RUNNING MULTICAST  MTU:1500  Metric:1
          RX packets:213650 errors:2 dropped:1 overruns:0 frame:0
          TX packets:3 errors:0 dropped:0 overruns:0 carrier:0
          collisions:0 txqueuelen:1000
          RX bytes:17011557 (16.2 MiB)  TX bytes:258 (258.0 b)
          Interrupt:19 Base address:0x2000
```

要查看资产的 IP 地址，可通过 inet_ntoa()函数进行数据格式转换，方法如下。

```
# echo 'select name,inet6_ntoa(admin_ip) from system;' |ossim-db
name      inet6_ntoa(admin_ip)
localhost         192.168.109.138
```

『Q285』 OSSIM 系统中的 Active Event Window（days）表示什么含义，该值设定为多大比较合适？

"Active Event Windows（days）"称为活动事件窗口，表示事件保存的天数，一般为 5 天。图 10-25 中的（a）所示为开源 OSSIM 的 Active Event Windows，图 10-25 中的（b）所示为企业版 OSSIM 的 Active Event Windows，可见企业版中保存的时间窗口和事件数据量要大得多。如果手动修改了这个值，就会打破整个系统的平衡。

超过 5 天的事件将自动归档到磁盘中，并被保存为 SQL 文件；也可以从归档文件恢复到数据库中。由于 OSSIM 经常需要多表联合查询，消耗的 CPU 资源比较大，建议将 "Active Event Window(days)" 的值设为 5 天。

Priority threshold:　0
Active Event Window (days):　5
Active Event Window (events):　4 M

(a) 开源 OSSIM

Priority threshold:　0
Active Event Window (days):　30
Active Event Window (events):　20 M

(b) 企业版 OSSIM

图 10-25　活动事件窗口数量的对比

「Q286」 如何显示 acid_event 表中的前 5 条记录?

显示 acid_event 表中前 5 条记录的操作如下:

```
#ossim-db
mysql> use alienvault_siem;
mysql>SELECT * FROM acid_event LIMIT 0,5;
```

注意，上线系统中的事件总量非常大，不建议经常使用 SELECT *方式查询，因为会严重影响系统性能。

「Q287」 为 OSSIM 添加扩展数据库时出现连接数据库错误，该如何处理?

为 OSSIM 添加扩展数据库时，若操作不当，可能会出现连接数据库错误的提示，如图 10-26 所示。这表示无法连接 alienvault_siem 数据库。如果能 ping 通对方，则可推测该问题是由防火墙引起的。

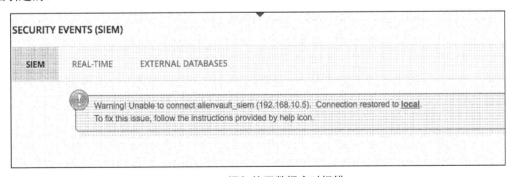

图 10-26　添加扩展数据库时报错

该问题的处理步骤如下。

步骤 1　编辑防火墙配置文件。

```
#vi /etc/ossim/firewall_include
```

加入下面这行内容：

```
-I INPUT -s <IP address> -p tcp -m state --state NEW --dport <database_port> -j
ACCEPT
```

步骤 2 执行下述命令。

```
# ossim_reconfig。
```

步骤 3 执行下述命令。

```
#iptables -nvL |grep 3306。
```

〖Q288〗 如何通过 MONyog 工具监控 MySQL 服务器？

MONyog 是一个监视 MySQL 错误日志的 MySQL 监控工具，它通过 Web 界面提供 MySQL 错误日志。MONyog 也可以通过邮件或 SNMP 发送警报，及时告知 OSSIM 平台上 MySQL 服务器的状态，以便在出现严重问题之前找到故障点。

下面在 Windows 平台上安装 MONyog 4.51。安装过程中注意 Web 服务器的端口号，默认端口号为 5555，如图 10-27 所示。为了安全访问服务器，最好在安装程序的客户机上输入 http://127.0.0.1:5555/进行访问。

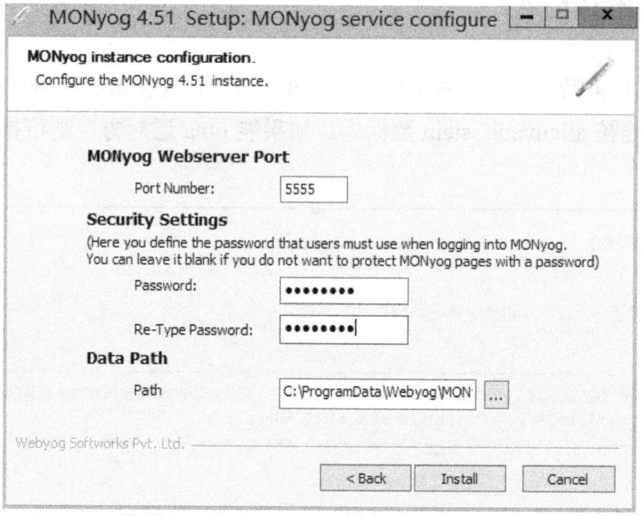

图 10-27　安装 MONyog4.151

接下来设置用户权限。OSSIM 默认不允许远程连接，如果需要 Web 监控，则必须赋予其用户权限。下面为 IP 地址为 192.168.11.12 的这台主机的 root 用户分配权限，使其能完全操作任何数据库中的任何表：

```
mysql>select user,host from mysql.user;              // 查看当前数据库的用户权限
```

```
mysql>grant all privileges on *.* to 'root'@'192.168.11.12' with grant option;
mysql>flush privileges;
```

进入 Web 界面后，单击 Register a new server 按钮，如图 10-28 所示。

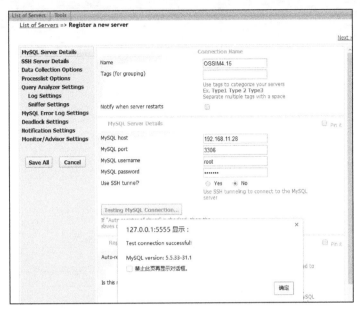

图 10-28　注册新服务器

用同样的方法可以添加多个 OSSIM 的 MySQL 数据库，这样可以查看多台主机的实时信息，如图 10-29 所示。

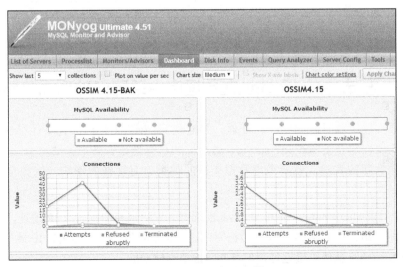

图 10-29　多数据库监控

查看每台机器上数据库的变化情况，如图 10-30 所示。

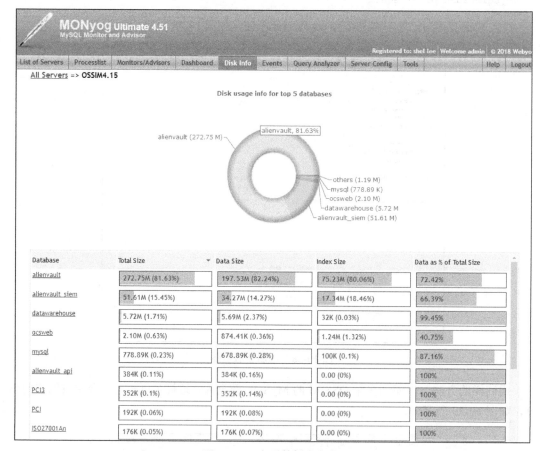

图 10-30　查看数据库变化

『Q289』 日志中的 IP 地址在数据库中采用何种形式存储？

数据源插件能实现日志的归一化处理，并通过 barnyard2 将标准化事件存储到数据库。归一化事件的属性包含了 scp_ip、sdt_ip、源地址和目标地址，其中需要将 IP 地址存入数据库。在设计数据库的表时，就要考虑数据类型的种类、对性能的影响（例如存储空间、查询开销）等。

下面先查看表 alienvault.event 和 alienvault.alarm，这两张表中都含有 IP 地址，但 IP 地址都不能以字符串（varchar）的形式存储在数据库中。主要原因是字符串形式的 IP 地址无法直接比较大小，以及 varchar 虽然可读性好，但是非常浪费存储空间。

下面看个实际的例子。

IPv4 为 32 位，通常使用点分十进制格式（如 192.168.120.65）来表示。如何把 192.168.120.65 地址存储到数据库中呢？基于以上考虑，把 192.168.120.65 存储到数据库中的方法如表 10-2 所示。

表 10-2　将 IP 地址存储到数据库中的多种方法

数据类型	大小	注释
varchar(15)	7～15 字节	可读性最好（192.168.120.65），但浪费存储空间
bigint	8 字节	可以将 IP 地址存储为类似于 192168120065 的格式，但可读性稍差，也比较浪费存储空间
int	4 字节	可读性差，存储空间占用少
tinyint	4 字节	用 4 个字段来分开存储 IP 地址，可读性稍差（分别为 192、168、120、65），存储空间占用少
varbinary(4)	4 字节	可读性差（0xC0A87841），存储空间占用少

综合考虑后可知，varbinary(4)这种数据类型最适合存储 IP 地址。在登录数据库直接查看 varbinary 类型的数据时，会发现其形式类似于内存地址。

「Q290」　如何通过MySQL Workbench连接OSSIM数据库?

MySQL Workbench 是为 MySQL 设计的 E/R 数据库建模工具。利用 Workbench 远程连接 OSSIM 的步骤如下所示。

步骤 1　编辑 my.cnf 配置文件。

```
#vi /etc/mysql/my.cnf
```

在 mysqld 域下方加入下面这条语句。

```
skip-grant-tables
```

保存并退出，然后重启数据库服务器。

```
# /etc/init.d/mysql restart
```

步骤 2　关闭防火墙。

```
#iptables -F
```

步骤 3　打开 Workbench，新建连接，在弹出的界面中输入连接名称、主机名、端口和用户名，然后进行连接测试，如图 10-31 所示。

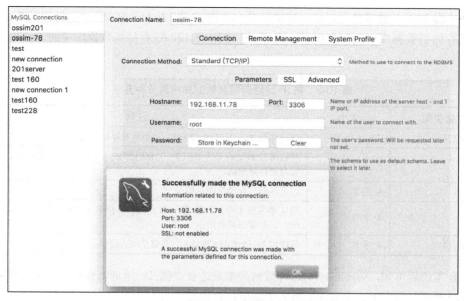

图 10-31　连接测试

本 章 测 试

下面列出部分测试题，以帮助读者强化对本章知识的理解。

1．下列选项中，（A）语句用于查询 OSSIM 数据库中以 hosts 开头的表。

　　A．show tables like 'host%';　　　　　　B．show tables 'host%';

2．XML 数据是（A），基于正则表达式工作，元素之间的关系通过嵌套方式来表达，其表现形式灵活，广泛用于 OSSIM 各种模块配置文件。

　　A．半结构化信息　　　　　　　　　　B．结构化信息

3．在 Web UI 的 Alarm 菜单下，报警分为 Delivery、Environmental Awareness、Exploitation、Reconnaissance、System Compromise 这 5 类，使用（A）命令可以列出这 5 类报警。

　　A．select * from 'alarm_kingdoms';　　　　B．select * from 'alarm';

4．在数据库中，按顺序显示所有事件报警分类的命令是（A）。

　　A．select * from 'alarm_categories' order by 'id' ASC;

　　B．select * from 'alarm';

5．OSSIM 系统配置文件存储在（C）表中，可通过（D）命令调取。

　　A．acid_event　　　　　　　　　　B．alienvault

　　C．config　　　　　　　　　　　　D．select * from `config`;

　　　E．select * from

6．下列（A）命令可以查询 API 里的数据。

　　　A．select * from 'current_status';　　　B．select * from 'system_status';

7．下列选项中不属于 MySQL 客户端工具的是（F）。

　　　A．phpMyAdmin　　　　　　　　　　B．Navicat

　　　C．HeidiSQL　　　　　　　　　　　　D．SQLyog

　　　E．MySQL-Front　　　　　　　　　　F．SecureCRT

8．MySQL 插件位于/usr/lib/mysql/plugin/目录中，扩展名为.so。（√）

9．OSSIM 数据库中的 IP 地址信息采用点分十进制格式存储。（×）

10．为确保 OSSIM 系统安全，可以在下列配置文件中修改 MySQL 数据库密码字段。（×）

　　　○　/etc/apache2/conf.d/ocsinventory.conf

　　　○　/etc/ocsinventory/dbconfig.inc.php

　　　○　/etc/ossim/idm/config.xml

　　　○　/etc/ossim/ossim_setup.conf

　　　○　/etc/ossim/server/config.xml

　　　○　/etc/ossim/agent/config.cfg

　　　○　/etc/ossim/framework/ossim.conf

　　　○　/etc/acidbase/databse.php

　　　○　/etc/acidbase/base_conf.php

　　　全部修改完成后重启系统生效。

11．如何查询一条 acid 事件？

操作数据库为 alienvault_siem，表为 acid_event，查询一条 acid 事件的操作命令如下：

```
mysql>SELECT * FROM 'acid_event' LIMIT 0 , 1
mysql> select * from `acid_event` limit 0,1;
+-----+-----+---------------------+------------+------------+----------+-------------+-------------+-----------+---------------+----------------+----------
| sid | cid | timestamp           | ip_src     | ip_dst     | ip_proto | layer4_sport| layer4_dport| ossim_type| ossim_priority | ossim_reli
ability | ossim_asset_src | ossim_asset_dst | ossim_risk_c | ossim_risk_a | plugin_id | plugin_sid | tzone | ossim_correlation | src_userna
me | dst_username | src_domain | dst_domain | src_hostname | dst_hostname | src_mac | dst_mac |
+-----+-----+---------------------+------------+------------+----------+-------------+-------------+-----------+---------------+----------

| 35  | 51  | 2017-12-12 11:25:24 |      0 | 3232238537 |        6 |           0 |           0 |        1 |             1 |
1 |        2 |        2 |          0 |        0 |      7011 |      40101 |    -5 |                 1 | NULL
| NULL |    NULL |      NULL |      NULL |      NULL |      NULL |      NULL |    NULL |
+-----+-----+---------------------+------------+------------+----------+-------------+-------------+-----------+---------------+----------

1 row in set (0.00 sec)

mysql>
```

12．如何在 OSSIM 数据库的 alienvault.event 表中查询事件记录？

操作数据库为 alienvault，表为 event，查询一条事件的操作命令如下：

```
mysql>SELECT * FROM 'event' LIMIT 0 , 1;
```

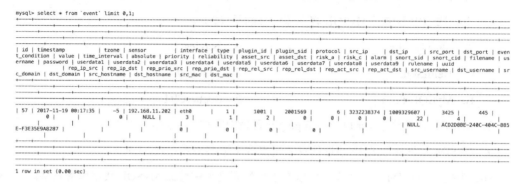

13．OSSIM 后台数据库能否换为 Oracle？

对于 SIEM 安全管理平台使用什么来存储事件这个问题，通常大家想到的是数据库，而且关系型数据库可以做到。随着事件数量的增大，无论是 Oracle 还是 DB2 关系型数据库，都会越来越不堪重负。

如果将所有日志不加筛选地直接入库，那么数据库肯定会被压垮。OSSIM 使用的是 MySQL+消息中间件+NoSQL 的存储模式，尽管可以从技术上改成 Oracle，但用开源数据库更加节省成本。

14．如何查询 OSSIM 数据库中以 host 开头的表。

```
#ossim-db
mysql>show tables like 'host%';
```

15．MySQL 中出现"Access denied for user 'roo'@'localhost' (using password:YES)"提示，该如何处理？

使用 ossim-db 命令时，会出现"Access denied for user 'roo'@'localhost' (using password:YES)"提示，如图 10-32 所示。

```
server1:/usr/share/ossim/include/upgrades# ossim-db
ERROR 1045 (28000): Access denied for user 'root'@'localhost' (using password: YES)
server1:/usr/share/ossim/include/upgrades# mysqldump --all-databases >/tmp/123.sql
mysqldump: Got error: 1045: Access denied for user 'root'@'localhost' (using password: NO) when tryi
ng to connect
```

图 10-32　数据库连接报错信息

解决办法分为 4 步，操作以及效果如图 10-33 所示。

```
server1:~/Desktop# ossim-db
ERROR 1045 (28000): Access denied for user 'root'@'localhost' (using password: YES)
server1:~/Desktop# /etc/init.d/mysql stop    ①
 * Stopping MySQL database server mysqld                                    [ OK ]
server1:~/Desktop# mysqld_safe --user=mysql --skip-grant-tables --skip-networking &    ②
[1] 29590
server1:~/Desktop# 140119 19:33:51 mysqld_safe Logging to syslog.
140119 19:33:51 mysqld_safe Starting mysqld daemon with databases from /var/lib/mysql

server1:~/Desktop# mysql -u root mysql    ③
Reading table information for completion of table and column names
You can turn off this feature to get a quicker startup with -A

Welcome to the MySQL monitor.  Commands end with ; or \g.
Your MySQL connection id is 2
Server version: 5.1.61-2~dotdeb.0 (Debian)

Copyright (c) 2000, 2011, Oracle and/or its affiliates. All rights reserved.

Oracle is a registered trademark of Oracle Corporation and/or its
affiliates. Other names may be trademarks of their respective
owners.

Type 'help;' or '\h' for help. Type '\c' to clear the current input statement.

mysql> UPDATE user SET password=PASSWORD('1234567') where USER='root';    ④
Query OK, 4 rows affected (0.00 sec)
Rows matched: 4  Changed: 4  Warnings: 0

mysql> FLUSH PRIVILEGES;
Query OK, 0 rows affected (0.00 sec)

mysql> quit
```

图 10-33　忘记管理员密码的处理步骤

16．如何查询 Web UI 的菜单权限？

需要查询的数据库为 alienvault，表为 acl_perm。操作之前首先进入数据库操作界面：

```
#ossim-db
```

默认使用的数据库为 alienvault，接着如下操作：

```
mysql>SELECT database();
mysql>SELECT * FROM 'acl_perm' LIMIT 0 , 30;
```

```
mysql> SELECT * FROM `acl_perm` LIMIT 0 , 30;
+----+------+---------------------+---------------------+--------+-----+--------------------------------------------------------------
| id | type | name                | value               | enabled| ord | description
ity_sensor | granularity_net | enabled | ord |
+----+------+---------------------+---------------------+--------+-----+--------------------------------------------------------------
| 1  | MENU | dashboard-menu      | ControlPanelExecutive     |   | Dashboard -> Overview
         1 |               1 |       1 | 01.01 |
| 3  | MENU | dashboard-menu      | ControlPanelExecutiveEdit |   | Dashboard -> Overview -> Manage Dashboards
         1 |               1 |       1 | 01.02 |
| 4  | MENU | dashboard-menu      | ControlPanelMetrics       |   | Dashboard -> Overview -> Metrics
         1 |               1 |       1 | 01.03 |
| 9  | MENU | configuration-menu  | PolicyPolicy              |   | Configuration -> Threat Intelligence -> Policy
         1 |               1 |       1 | 05.08 |
| 10 | MENU | environment-menu    | PolicyHosts               |   | Environment -> Assets & Groups -> Assets / Asset Groups
         1 |               1 |       1 | 03.01 |
| 11 | MENU | environment-menu    | PolicyNetworks            |   | Environment -> Assets & Groups -> Networks & Network Groups
         1 |               1 |       1 | 03.02 |
| 12 | MENU | configuration-menu  | PolicySensors             |   | Configuration -> Deployment -> Components -> Sensors
         1 |               0 |       1 | 05.06 |
| 14 | MENU | configuration-menu  | PolicyPorts               |   | Configuration -> Threat Intelligence -> Ports/Port Groups
         1 |               0 |       1 | 05.10 |
| 15 | MENU | configuration-menu  | PolicyActions             |   | Configuration -> Threat Intelligence -> Actions
```

17．如何在数据库中查询报警分类？

操作数据库为 alienvault，表为 alarm_kingdoms，操作命令如下：

```
mysql> SELECT * FROM 'alarm_kingdoms' LIMIT 0 , 30;
```

```
mysql> SELECT * FROM `alarm_kingdoms` LIMIT 0 , 30;
+----+------------------------+
| id | name                   |
+----+------------------------+
|  1 | Delivery & Attack      |
|  2 | Environmental Awareness|
|  3 | Exploitation & Installation |
|  4 | Reconnaissance & Probing |
|  5 | System Compromise      |
+----+------------------------+
5 rows in set (0.02 sec)
```

18. 如何在 OSSIM 数据库中查询事件分类？

操作数据库为 alienvault，表为 category，操作命令如下：

```
mysql>SELECT * FROM 'category' LIMIT 0 , 30;
mysql> SELECT * FROM `category` LIMIT 0 , 30;
+----+------+--------------------------+
| id | ctx  | name                     |
+----+------+--------------------------+
|  1 |      | Exploit                  |
|  2 |      | Authentication           |
|  3 |      | Access                   |
|  4 |      | Malware                  |
|  5 |      | Policy                   |
|  6 |      | Denial_Of_Service        |
|  7 |      | Suspicious               |
|  8 |      | Network                  |
|  9 |      | Recon                    |
| 10 |      | Info                     |
| 11 |      | System                   |
| 12 |      | Antivirus                |
| 13 |      | Application              |
| 14 |      | Voip                     |
| 15 |      | Alert                    |
| 16 |      | Availability             |
| 17 |      | Wireless                 |
| 18 |      | Inventory                |
| 19 |      | Honeypot                 |
| 20 |      | Database                 |
| 21 |      | Alarm                    |
| 22 |      | Analysis                 |
| 23 |      | Reports                  |
| 24 |      | Monitor                  |
| 25 |      | Correlation              |
| 26 |      | Correlation_Directives   |
| 27 |      | Cross_Correlation_Rules  |
| 28 |      | Tools                    |
| 29 |      | Dashboards               |
| 30 |      | Reports                  |
+----+------+--------------------------+
30 rows in set (0.00 sec)
```

用下列命令还可以查询事件子类：

```
mysql> SELECT * FROM `subcategory` limit 90,30;
```

19. 如何在 OSSIM 数据库中查询 OSSIM 系统的配置路径、端口、样式及用户配置信息？

操作数据库为 alienvault，表为 config，操作命令如下：

```
mysql> SELECT * FROM 'config' LIMIT 0 , 30;
mysql> SELECT * FROM `config` LIMIT 0 , 30;
+--------------------------+-------------------------------+
| conf                     | value                         |
+--------------------------+-------------------------------+
| acid_link                | /ossim/forensics/             |
| acid_path                | /usr/share/ossim/www/forensics/ |
| adodb_path               | /usr/share/adodb/             |
| agg_function             | 0                             |
| alarms_expire            | no                            |
| alarms_generate_incidents| no                            |
| alarms_lifetime          | 0                             |
| arpwatch_path            | /usr/sbin/arpwatch            |
```

```
| backup_base                       | alienvault_siem       |
| backup_conf_pass                  |                       |
| backup_day                        | 5                     |
| backup_dir                        | /var/lib/ossim/backup |
| backup_events                     | 4000000               |
| backup_events_min_free_disk_space | 10                    |
| backup_host                       | 127.0.0.1             |
| backup_hour                       | 01:00                 |
| backup_netflow                    | 45                    |
```

20．如何在 OSSIM 数据库中查询自定义报表类型及调用 PHP 文件路径？

操作数据库为 alienvault，表为 custom_report_types，操作命令如下：

```
mysql>SELECT * FROM 'custom_report_types' LIMIT 0 , 30;
```

21．如何在 OSSIM 数据库中查询仪表盘类型参数定义及引用图片位置？

操作数据库为 alienvault，表为 dashboard_custom_type，操作命令如下：

```
mysql>SELECT * FROM 'dashboard_custom_type' LIMIT 0 , 30
```

22．如何在 OSSIM 数据库中查询设备类型记录？

操作数据库为 alienvault，表为 device_types，操作命令如下：

```
mysql>SELECT * FROM 'device_types' LIMIT 0 , 30;
mysql> SELECT * FROM `device_types` LIMIT 0 , 30;
+-----+-------------------+-------+
| id  | name              | class |
+-----+-------------------+-------+
|   1 | Server            |     0 |
|   2 | Endpoint          |     0 |
|   3 | Mobile            |     0 |
|   4 | Network Device    |     0 |
|   5 | Peripheral        |     0 |
|   6 | Industrial Device |     0 |
|   7 | Security Device   |     0 |
|   8 | Media Device      |     0 |
|   9 | General Purpose   |     0 |
|  10 | Medical Device    |     0 |
| 100 | HTTP Server       |     1 |
| 101 | Mail Server       |     1 |
| 102 | Domain Controller |     1 |
| 103 | DNS Server        |     1 |
| 104 | File Server       |     1 |
| 105 | Proxy Server      |     1 |
```

23．如何查询"主机-IP"对的前 20 条记录？

查询 20 条"主机-IP"对的操作如下：

```
mysql>SELECT * FROM 'host' LIMIT 0,20;
```

24．如何查询事件中的 data_payload 数据？

操作数据库为 alienvault，表为 extra_data，操作命令如下

```
mysql>SELECT * FROM 'extra_data' LIMIT 0 , 30;
```

25．如何统计 acid_event 表中 sudo 事件的报警数量？

操作数据库为 alienvault_siem，表为 acid_event，sudo 事件的插件 ID 为 4005，操作命令如下：

```
mysql>SELECT COUNT(*) FROM acid_event WHERE plugin_id=4005
```

26．如何查询插件名称及插件引用？

操作数据库为 alienvault，表为 plugin，操作命令如下

```
mysql>SELECT * FROM 'plugin' LIMIT 0 , 30                    // 插件列表
mysql>SELECT * FROM 'plugin_reference' LIMIT 0 , 30          // 查询引用
```

附录 1

主要配置文件注释

/var/log/ossim/：日志目录。

/etc/default/monit：Monit 配置文件。

/etc/nagios3/apache2.conf：Nagios 的 Apache 配置文件。

/etc/apache2/sites-available/alienvault.conf：默认的 Apache 配置文件。

/etc/ossim/sites-available/ossim-framework.conf：OSSIM 框架配置文件。

/etc/ossim/framework/ossim.conf：框架配置文件。

/etc/snmp/snmpd.conf：SNMP 配置文件。

/etc/ossim/server/config.xml：服务器配置文件。

附录2

OSSIM 5 Web 界面菜单功能注释

OSSIM 5 中 Web UI 菜单功能的注释如下所示。

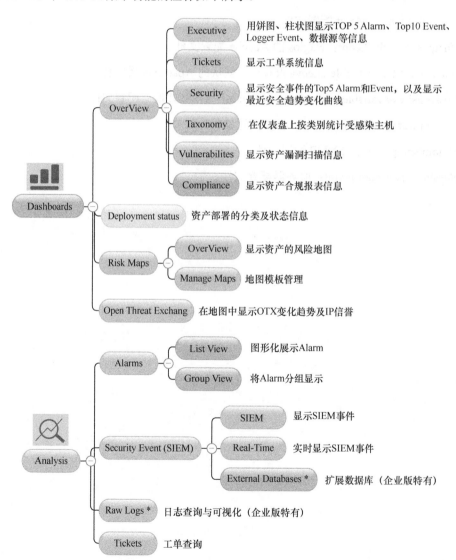

- Dashboards
  - OverView
    - Executive —— 用饼图、柱状图显示TOP 5 Alarm、Top10 Event、Logger Event、数据源等信息
    - Tickets —— 显示工单系统信息
    - Security —— 显示安全事件的Top5 Alarm和Event，以及显示最近安全趋势变化曲线
    - Taxonomy —— 在仪表盘上按类别统计受感染主机
    - Vulnerabilites —— 显示资产漏洞扫描信息
    - Compliance —— 显示资产合规报表信息
  - Deployment status —— 资产部署的分类及状态信息
  - Risk Maps
    - OverView —— 显示资产的风险地图
    - Manage Maps —— 地图模板管理
  - Open Threat Exchang —— 在地图中显示OTX变化趋势及IP信誉

- Analysis
  - Alarms
    - List View —— 图形化展示Alarm
    - Group View —— 将Alarm分组显示
  - Security Event (SIEM)
    - SIEM —— 显示SIEM事件
    - Real-Time —— 实时显示SIEM事件
    - External Databases * —— 扩展数据库（企业版特有）
  - Raw Logs * —— 日志查询与可视化（企业版特有）
  - Tickets —— 工单查询

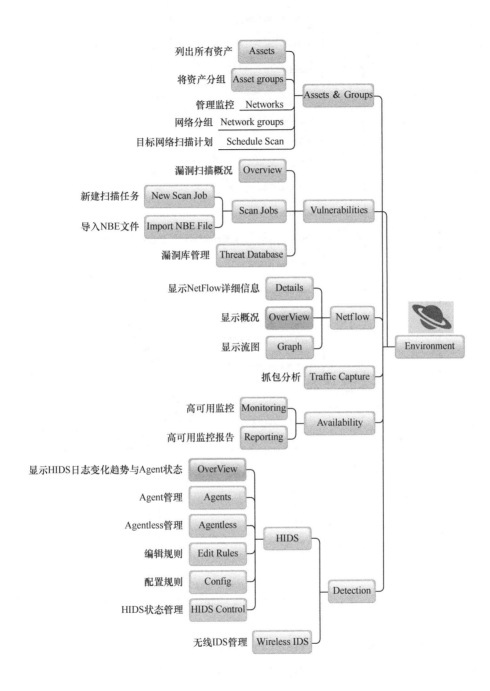

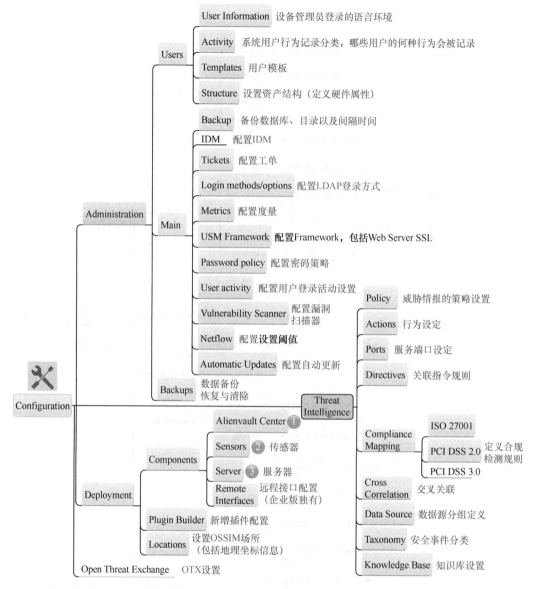

上图中的数字①、②、③分别对应 Alienvault Center、Sensors 及 Server，它们各自的解释如下。

①：显示 OSSIM 组件状态以及内存、CPU 占用率。

②：显示传感器状态，定义其名称、优先级、时区、资产管理任务、脆弱性评估、可用性监控、NetFlow。

③：设置服务器名，默认端口为 40001，安全事件记录选项（启用关联事件、交叉关联事件、存储事件、Alarm 转发、IP 信誉）启用 Alarm 转发和事件转发。

附录 3

终端控制台程序注释

下图为 OSSIM 5.X 的终端控制台菜单。

终端控制台程序通过命令 ossim-setup 来启动，这个程序的重点是前三项，功能注释如下。

Configure Network Monitoring　为传感器选择监听的网络接口

Network CIDRs　配置监控网段

Configure AlienVault Server IP　配置OSSIM服务器IP

Configure AlienVault Framework IP　配置OSSIM 框架IP

Configure Sensor

Configure Data Source Plugins　配置数据源插件

Configure Monitor Plugins　配置监控器插件

Enable Netflow Generator　在传感器上启用NetFlow

Smart Event Collector　启用智能事件采集器（OSSIM企业版特有）

清理旧系统日志　Purge Old System Logs　Maintain Disk and Logs

清除日志数据　Repair Logger Data　维护磁盘和日志

修复数据库　Repair Database

重置SIEM数据库　Reset SIEM databases

恢复数据库到初始状态　Restore database to factory settings　Maintain Database

升级数据库（企业版特有）　Upgrade Alienvault Database　维护数据库

查看系统日志　View system Logs

查看OSSIM组件日志，
包括Server、API、Agent、　View Alienvault Components Logs
Frameworkd、DataBase日志

监控系统性能　htop　Troubleshooting Tools

查看网络状态　netstat　故障排除工具

流量监控　bwm-ng

Maintenance & Troubleshooting

重启服务器　Server Service

重启代理　Agent Service

重启框架　Frameworkd Service

（OSSIM企业版特有）重启API　API Service

重启ASEC　ASEC Service

重启Alarm转发　Alarm Forward Service

重启数据库　Database Service

重启Apache　Apache Service　Restart System Services

重启HIDS　HIDS Service　重启系统服务

重启漏洞扫描管理　Vulnerability Assessment Manager Service

重启扫描器　Vulnerability Assessment Scanner Service

重启NetFlow　Netflow Service

重启Fprobe　FProbe Service

重启VPN　OpenVPN Service

重启Rhythm　Rhythm Service

附录 4

关键词汇英汉对照

OSSIM 的 Web UI 目前还没有完美的本地化解决方案，这给不少初学者（尤其是英文不好的初学者）带来了不少麻烦。下面是关键词汇的英汉对照，希望能对大家的学习有所帮助。

英　　文	中　　文
Action	动作
Actions on Objectives	行动目标
ACID（Analysis Console for IntrusionDatabases）	入侵数据库分析控制台
Alert	警报（级别较低）
Alarm	警告
Antivirus	杀毒（反病毒）软件
Antispyware	反间谍软件
Audit	审计
Availability	可用性
Agent Program	代理程序
APT（Advanced Persistant Threat）	高持续性威胁
Awareness	意识
Authorizing Official	授权官员
Brute Force	暴力破解（也称为蛮力破解）
BotNet	僵尸网络
Baseline	基线或基准
Baselining	基准化
checksum	校验和
Common Criteria	通用准则
Compliance	合规
Compromised	受损或损害
Credential	凭证
Incident	突发事件
Detector	检测器
Delivery	投送

续表

英　　文	中　　文
Data Source	数据源
Exploitation	攻击
Monitors	监视器
Defense in depth	深度防御
Event	事件
Event Field	事件字段
Event record	事件记录
Correlation	关联
Event Correlation	事件关联
Event Normalization	事件标准化
Installation	植入
Misconfiguration	用 OSSIM 发现配置错误（有时候漏洞是因协议过时造成的，但有时候漏洞是由于管理员疏忽或配置错误造成的。比如运行一个低版本的 Web 服务器程序、在防火墙上开了非法端口等，这些都会造成漏洞的出现）
Reconnaissance	侦查
Observable	网络观测，它能够观察到的攻击行为是威胁情报中最基本的信息，比如系统遭受到的破坏等
HIDS	基于主机的入侵检测系统，如 OSSEC
NIDS	基于网络的入侵检测系统，如 Snort、Suricata
Network Behavioral Analysis	网络行为分析
Vulnerability	漏洞
Vulnerable Protocol	脆弱的协议
Vulnerable Network Protocol	脆弱的网络协议
Vulnerability Assessment Data	脆弱性评估数据
Vulnerability Assessment（VA）	脆弱性评估
Recognizing Attacks on the IT Systems	识别 IT 系统上的攻击（无论在网络内部还是外部，很多攻击行为的特征是可以被管理员发现的，当一些可疑事件发生时，OSSIM 会通知管理员注意）
Exploit	漏洞利用
Exploit Target	攻击目标，即被攻击的系统
Virus	病毒
Log	日志
Logging	日志记录
RAW Log	原始日志
Application Debug Logging	应用程序调试日志记录
Threat Actor	威胁源

续表

英　　文	中　　文
Rascal Software（Rogue Software）	流氓软件
Rogue Security Software	流氓安全软件（也称为恐吓软件）
Destination IP Address	目的 IP 地址
unKnown Port	未知端口
Unexpected/Atypical Protocol	意外/非典型协议
Threat Intelligence	威胁情报
Regulatory Compliance	遵守法规
Payment Card Industry Data Security Standard（PCI DSS）	支付卡行业数据安全标准
Payload	有效载荷
Implement Environmental（Physical）and Operational Security	实施环境（物理）以及操作安全
Categorize	分类
Protect Sensitive IT Assets（Systems and Data）	保护敏感 IT 资产（系统和数据）
IP spoofing from the outside Distributed Denial-of-Service（DDoS）	来自外部分布式拒绝服务攻击的 IP 欺骗
Buffer Overflow	缓冲区溢出
SQL Injection Attacks	SQL 注入攻击
Information Context	情境信息
Scalability	可扩展性
Switched Port Analyzer（SPAN）	交换机端口分析器
Server/Sensor	服务器/传感器
Individual Case Analysis	个别事件分析
Worm	蠕虫